中国立春文化与二十四节气研究文集

余仁洪　执行主编

浙江工商大学出版社 | 杭州
ZHEJIANG GONGSHANG UNIVERSITY PRESS

图书在版编目(CIP)数据

中国立春文化与二十四节气研究文集 / 余仁洪执行
主编． — 杭州：浙江工商大学出版社，2019.5
ISBN 978-7-5178-3218-8

Ⅰ．①中… Ⅱ．①余… Ⅲ．①二十四节气－文化研究
－中国 Ⅳ．①P462

中国版本图书馆CIP数据核字(2019)第084307号

中国立春文化与二十四节气研究文集
ZHONGGUO LICHUN WENHUA YU ERSHISIJIEQI YANJIU WENJI

余仁洪　执行主编

责任编辑	徐　凌
封面设计	林朦朦
责任印制	包建辉
出版发行	浙江工商大学出版社
	（杭州市教工路198号　邮政编码310012）
	（E-mail：zjgsupress@163.com）
	（网址：http://www.zjgsupress.com）
	电话：0571-88904980，88831806（传真）
排　　版	杭州彩地电脑图文有限公司
印　　刷	杭州高腾印务有限公司
开　　本	787mm×1092mm　1/16
印　　张	17.5
字　　数	268千
版 印 次	2019年5月第1版　2019年5月第1次印刷
书　　号	ISBN 978-7-5178-3218-8
定　　价	45.00元

烂柯山

孔庙

中国立春文化与二十四节气研究文集

水亭门

古城新貌

橘乡风貌

梧桐祖殿

春神广场

春神句芒

贴春联

迎宾祭春

少男少女接春

开门迎春

接春

迎春祈福

悬挂二十四节气灯笼

诵读祭文

鞭春牛

诵读喝彩童谣

春播

赏春

踏春

巡村祈福

演戏酬神

民俗专家指导

中国立春文化与二十四节气研究文集

中国立春文化研究中心成立大会暨首届立春文化传承保护研讨会

揭牌仪式

本书编委会

主　　编：贵丽青　陈华文　何晓文

副 主 编：吴玉珍　宣炳善

编　　委：贵丽青　陈华文　何晓文　吴玉珍　宣炳善

　　　　　祝亚林　余仁洪　应土花

执行主编：余仁洪

中国立春文化研究中心　编撰

前　言

　　衢州市柯城区位于浙江省西部、钱塘江上游，1985年随衢州撤地设市而建区，是衢州市的政治、经济、文化中心，区域面积609平方千米，人口46.45万，下辖2个镇、7个乡、9个街道。

　　衢州市柯城区的历史可追溯至东汉初平三年（192），至今已有1800多年的历史，是国务院批准的国家级历史文化名城之一。柯城自古便是文化交融、繁盛之地，被誉为南孔圣地、围棋圣地和佛教圣地。孔子第48代嫡长孙孔端友奉诏南渡，宋高宗赐家衢州，故柯城区建有孔氏南宗家庙；城南烂柯山被誉为道家洞天福地，《晋书》所载"王质遇仙"传说即出于此；城北灵鹫山，是浙西著名的佛教圣地。

　　2016年11月30日，联合国教科文组织保护非物质文化遗产政府间委员会第十一届常委会正式将"二十四节气——中国人通过观察太阳周年运动而形成的时间知识体系及其实践"列入联合国教科文组织人类非物质文化遗产代表作名录。二十四节气是中国人通过观察太阳周年运动，认知一年中时令、气候、物候等方面变化规律所形成的知识体系和社会实践，是农耕社会生产生活的时季指南，是民族生存发展的文化时间。作为中国人特有的时间认知体系，二十四节气深刻影响着人们的生产方式、生活方式、思维方式和行为准则，是中华民族文化认同的重要载体，是全人类共同的文化财富。

　　以九华立春祭等为代表的二十四节气被列入人类非物质文化遗产代表作名录，成为衢州首个人类"非遗"。九华立春祭历史悠久，民俗积淀深厚，农耕文明特点显著。举办地浙江省衢州市柯城区九华乡梧桐祖殿，是我国唯一供奉春神句芒的殿宇。每年立春，这里都要举行隆重古老的"立春祭"仪式，祭祀春神，贴春牛图，通过迎春、鞭春、踏春、探春、尝青、戴春等仪式，祈求风调雨顺、五谷丰登、健康长寿、生活美满。

　　立春作为二十四节气之首，在二十四节气占有重要地位。《月令·七十二候集解》记载："立春，正月节。立，始建也，五行之气，往者过，来者续。于此而春木之气始至，故谓之立也，立夏秋冬同。"这段记载说明，《月令》一书是用五行的东方之木来解释立春日，即春木之气，象征草木生长，冬去春来，大地回春，一派生命气象。一年之计在于春，春季之首又在立春。春季分为六个节气，分别是立春、雨水、惊蛰、春分、清明、谷雨。立春之后，就要为新一年的农事与日常生活方面做准备。在官方层面，则有立春日在东郊迎气的礼仪。《礼记·月令》记载："立春之日，天子亲帅三公、九卿、诸侯、大夫以迎春于东郊。"这是迎接紫气东来，为整个国家祈福。在立春日，地方官员还要举行鞭春牛仪式，以鼓励农耕；民间往往还要举行祭拜仪式，或祭拜春神，或祭拜天地神，为新的一年祈福，立春节气寄托了人们对开启新的时间周期的美好期盼。

柯城区九华乡妙源村的梧桐祖殿是国内唯一供奉春神句芒的古建筑，具有极高的文物价值与文化价值，每逢立春之日都要举办梧桐祖殿祭春神句芒的庙会，村民自发举行祭祀春神句芒的仪式，祈盼来年风调雨顺、五谷丰登。九华立春祭因为祭春神句芒的传统仪式保留相对完整，民众参与性强，近几年逐渐引起了国内外的广泛关注，国务院新闻中心网站首页两次以英文刊登立春祭活动，中央电视台《新闻联播》《晚间新闻》均播出了九华立春祭相关新闻。2017年2月，柯城区政府与中国民俗学会达成协议，共同成立了中国立春文化研究中心。研究中心的成立，确立了柯城在二十四节气传承保护方面的国内领先地位，占领了立春文化学术研究的先机，为国内其他社区传承保护二十四节气树立了标杆，增强了立春祭在学术界的知名度和影响力。

二十四节气作为人类非物质文化遗产，是中国五千年灿烂文明及非凡创造力的集中体现与智慧结晶，是中国农耕历史发展和人类社会进步的永恒记忆，更是我们传承历史、继往开来、发扬光大的文化渊源和动力。本书的出版正是我们对二十四节气知识体系和系列文化的科学保护和有效传承，使其得到更好的弘扬，使我国这一优秀传统文化得到更多国人的关注，成为国人日常生活的重要组成部分，并成为人类共享的重要载体。让我们共同携手，在继承的基础上将先民文化遗产发扬光大，让中华文明的结晶在当代和将来迸发出更加灿烂、耀眼的光芒！为建设社会主义文化强国，为增强国家文化软实力，为实现中华民族伟大复兴的中国梦而共同努力！

中国立春文化研究中心

2019年3月

序

民俗系乡愁
——九华立春祭传承与保护纪实

徐继宏　余仁洪

（衢州市柯城区文化和旅游体育局）

句芒驻地，神韵九华

2016年11月30日，我国申报的"二十四节气——中国人通过观察太阳周年运动而形成的时间知识体系及其实践"被联合国教科文组织列入人类非物质文化遗产代表作名录。二十四节气的成功入选，不仅提升了我们的民族自豪感，增强了我们的民族认同；同时，二十四节气也成为世界认识中国的一个重要标志。

浙江省衢州市柯城区的九华立春祭于2011年入选国家级非物质文化遗产代表作名录，柯城区九华乡妙源村村民委员会是二十四节气申报人类非物质文化遗产代表作的十个社区代表之一。妙源村位于东经118度48分382秒，北纬29度06分113秒。这里山清水秀，景色宜人，庙源溪沿山脚流淌而下，将村落自然地打造成集小桥、流水、人家于一体的诗意景致。这里因有一个以梧桐祖殿为载体的二十四节气祭祀民俗活动而闻名全国。2017年立春日，这里曾迎来了金发碧眼的外国友人，也唤来了全国各地的民俗学者。这里还成立了全国第一个中国立春文化研究中心。

"东风带雨逐西风，大地阳和暖气生。万物苏萌山水醒，农家岁首又谋耕。"村里的老人告诉笔者，农历立春日为祈福日，它的主要活动由祭拜开始。九华立春祭是由村民自发组织的，当地村民每年都要举办祭祀活动，而且已经延续了近半个世纪。

柯城区文化广电新闻出版局局长吴玉珍说，衢州九华梧桐祖殿立春民俗活动通过"神"的造像来传播家耕文明和天、地、人的自然生态关系，弘扬其向往美好生活、顺应季节规律、掌握自然常识、适时动员家耕、发展农业生产等文化内涵，并以此为开端，带动二十四节气民俗活动，具有独特的意义，不仅使中华民族的家耕文化、家国情怀、乡愁记忆得以传承和弘扬，更重要的是增强了人们对自然生态以及祖先留下的优秀民俗文化的敬畏感。

九华乡乡长周小玲对此深有感触。九华乡不算富裕，但民风淳朴、民生和谐，家家户户至今都还保存着家谱、族谱，有着许多优秀的文化传承。

美丽的山村

九华乡始建于东汉初平三年（192），位于国家历史文化名城浙江衢州柯城区的西北部，地处浙江西部的钱塘江源头，为浙、闽、赣、皖四省辐辏之地。文化内涵丰富，积淀深厚。"九华"之名源于佛教圣地九华灵鹫山，灵鹫山自唐代起就建有灵鹫寺，明代在大猴岭寺院中建地藏王殿，清代时期寺庙不断扩建，形成上、下寺院建筑群。梧桐祖殿位于九华灵鹫山梧桐峰下。它所在的妙源村由原来的外陈村和寺坞村合并而成。妙源村东抵新宅村梓绥山，西倚七里乡高峰，南临茶铺村，北接坞口村，是一个山清水秀、人杰地灵、民风淳朴、文化底蕴深厚的小山村。山村主要由龚氏、苏氏、付氏三姓族人构成。村支书、九华立春祭传承人、梧桐祖殿执事龚元龙特地拿来了他们的家谱，一边小心翼翼地翻页，一边为笔者讲述春神句芒[①]的传说。

梧桐祖殿殿前有一条溪，溪中拐角处有一汪水潭，当地百姓称为"不肯去潭"。传说许多年前，春神句芒和雨神产生了分歧。有一天雨神发大水，把位于梧桐峰下的春神从山脚冲到现在的山下，大水冲了三天，春神就是不肯离去。村里的老人们突然想到，也许是春神喜欢九华这个地方。于是有人提议重新修建庙宇，让春神安顿下来，把春神供奉起来。这便有了现在的梧桐祖殿。据该殿碑文记载，现在的梧桐祖殿建于清代，重修于1933年。

梧桐祖殿是当地立春民俗活动的主要场所。我们在浙江省民间文艺家协会会员、民俗学者、国家"非遗"九华立春祭传承人汪筱联的陪同下，拾级而上，缓步迈入梧桐祖殿。"天时开首季东风解冻，年际跨一分大地回

---

①句芒是中国古代民间神话中的春神，主管树木的发芽生长，又名"勾芒""芒神""春神"等，不同典籍对其称呼不同。本书各篇论文中因引用典籍不同，对"句芒"有不同称谓，在此不做统一修改，后不赘述。

春"，这是当地一位书家为2019年立春祭撰写的长联。汪筱联一边介绍，一边提醒随行的人员跨入门槛时要低头躬身，以示对春神的敬畏。古时候，为了表达对春神句芒的敬畏，梧桐祖殿的修建者在进门处特意设计了一个门楣，提醒进殿的人都要躬身前行几步，含有尊重春神、敬畏自然之义。

进入主殿后，我们的视野豁然开朗，只见梧桐祖殿分前殿、后殿、东配殿和西配殿，面积700余平方米。前殿有一座近百平方米的大戏台，主殿为后桁架结构，现存面积500平方米，属清代建筑；主梁上绘有春神驾驭的两条飞龙；大门门券顶有石匾额，上有"梧桐祖殿"四字。进入大门即前殿，木雕以十字花纹为主，间有人物、鸟兽、树石、风景等图案。前殿面阔三间，进深九檀硬山顶，两屋顶稍矮，前殿通过正殿为两庑包厢（二楼）组成二厢房，贴附于次间屋顶之侧，主殿内斗拱、雀替、托脚等多有雕花，细碎繁缛，绽兰描彩，台口梁雕梅雀图、云水纹，配戏曲刀马人物故事。

汪筱联介绍，梧桐祖殿中主供春神句芒，两侧有祭祀民俗中春神的属神，北面供奉风伯、雨师、雷公、电母四神像，南面供奉衢州当地民间保护神四大灵公尉灵公（唐·尉迟公）、蔡灵公（宋·蔡伦）、杨灵公（唐·杨炯）和茅灵公（唐·茅瑞）。汪筱联特别指着"芒神灵祐"大匾说起了它的来历。几年前的一个夏天，汪筱联在梧桐祖殿瞌睡了一会儿，梦中突然出现了这四个字。一觉醒来，他找当地的一位书法家写下这四个字，做成了这块大匾。没想到的是，当村民看到这块匾额时都不约而同地说，好像之前挂的就是这四个字，真是巧合。

如今，梧桐祖殿已经成为九华乡妙源村的地标建筑。

优美的神话

九华乡乡长周小玲说，执掌立春祭民俗活动的传承人汪筱联身上有许多故事。2001年暮春，时年59岁的汪筱联正在九华乡参与省旅游资源普查工作，为躲避一场急雨，偶然来到妙源村梧桐峰下的梧桐祖殿，从此揭开了一段蒙尘已久的传说。

汪筱联回忆说，当时的梧桐祖殿被村里作为木材加工厂和碾米厂使用。因年久失修，已杂乱不堪。在躲雨的过程中，他意外地发现老宅的正面门额上有一块匾额，经雨水冲刷后隐约地显示出"梧桐祖殿"四个字，他很是好奇，于是向一旁的村民打听。村民告诉他，这里原是供奉"梧桐老佛"的殿宇，在20世纪六七十年代，神像被焚毁，大殿被当作大会堂使用，现被加工厂租用。据说，当时村里的一些老人怕这块匾额也被毁，便用泥土把匾额封了起来。后来，随着时间的推移，经过风吹雨淋，这个匾额又慢慢地显露出来。作为旅游资源调查和地方文史研究学者，汪筱联十分惊喜，从此与妙源村结下了不解之缘。在一次次遍寻村中老人调查考证后，汪筱联惊喜地发现，这座隐于深山的梧桐祖殿，印证了村民间口耳相传的美丽传说。

优美的神话显示了人类对春天的喜爱。据《礼记》《吕氏春秋》《山海经》等古籍记载，传说中的春神句芒是辅佐伏羲的大臣，死后成为东方之神、草木之神和生命之神。神话传说中，九华乡灵鹫山山岭主峰上多梧桐树，很得春神句芒的青睐。句芒既是创世神和造物神、掌管万物生长的木神、主管春天的春神，又是能给人"赐寿"的生命之神。句芒居住于此，使得山上的梧桐树以及其他树木都长得越发茂盛。山民感恩，便在山上盖起了一座庙宇，用巨大的梧桐树根雕了一个神像供起来，称为"梧桐老佛"。因山庙太小，后又建起了"梧桐祖殿"。

"句芒其实是远古时期以鸟为图腾的东夷部族的祖先神，华夏部族与东夷部族融合之后的华夏民族也将它当作崇拜的对象，让它乘上了双龙。衢州地区上古时期属于东夷族的姑蔑国，因此，在当地延续至今的立春祭祀活动，不但充满了丰富的农耕文化色彩，而且留下了远古东夷文化的痕迹。这很可能是全国唯一保存着的春神庙，一定要珍惜善待这份宝贵的文化遗产。"怀着激动的心情，汪筱联历时三年挖掘出民间祭祀"梧桐老佛"的民俗。

据清《（康熙）衢州府志·典礼考》记载，"每岁有司预期塑造春牛芒神。立春前一日，各官常服舆，迎至府县门外。土牛南向，芒神向东西。至日清晨，陈设香烛、酒果，各官俱朝服，赞排班，班齐，赞鞠躬。四拜，兴，平身。班首诣前跪，众官皆跪。赞奠酒，凡三。赞俯伏，兴，复位，有四拜。毕，各官执续彩杖，排列于土牛两旁。赞长官击鼓三声，擂鼓。各官环击土牛者三，赞礼毕。""府、县迎春，每年共支钱银一十二两。"

据考证，在中国神话和民间信仰中独具风采的祭祀春神句芒仪式，已在九华乡梧桐祖殿传承数千年之久。

美好的传承

立春祭祀活动是九华立春祭的重要内容，至今延续着祭春神、敬土地、鞭春牛、吃青菜、鸣炮"迎春"、悬挂二十四节气灯笼、接春、祭春、抬春神巡村赐福、尝春、踏春、探春、享春福、演戏酬神等传统，表达人们对风调雨顺、五谷丰登、财物丰盛等的期盼，其代代传承的民俗文化形式和祭祀载体梧桐祖殿在国内甚至全世界都是独一无二的，最早可以追溯到2000多年前的秦汉时期。

九华立春祭祀仪式十分考究。祭春开始，燃放礼炮，锣鼓奏乐，接着向春神敬献祭品，向春神敬献花篮，之后主祭献词，宣读迎春接福祭文，再由陪祭导唱祭春喝彩谣，众人向春神敬香，举香祭拜，向春神行鞠躬礼。汪筱联说，每年立春祭祀，村民们都会邀请亲友参加。现在更为可喜的是，村里的年轻人甚至衢州以外的年轻人每到"立春祭"这天，都会从四面八方赶来参加祭祀活动，感悟民俗文化活动的魅力，接受民间传统文化的熏陶。

2007年，时任中国民俗协会会长刘魁立第一次来到梧桐祖殿进行实地考察，对这座隐藏在大山深处的春神庙和保存最原生态的民俗文化形态的立春祭祀活动给予了很高评价。他在调研指导衢州梧桐祖殿立春祭祀工作时说："我们的祖先将二十四节气这一太阳历和阴历相结合，形成完整的时间制度，将劳动和生活紧密结合，证明了中华民族是尊重科学的民族，是智慧的民族。"

为了把美丽的神话和民俗传统文化找回来，柯城区及时恢复了九华梧桐祖殿立春祭祀的习俗。2004年，民间修复庙宇，复原春神像。2005年，梧桐祖殿恢复祭春。"梧桐老佛"春神句芒终于重现在世人眼前。在各方人士的共同努力下，2005年2月4日立春日，村民们在梧桐祖殿恢复了沉寂40年的立春祭祀活动。2011年5月，九华立春祭被国务院批准进入第三批国家级非物质文化遗产名录。2016年11月30日，我国申报的"二十四节气——中国人通过观察太阳周年运动而形成的时间知识体系及其实践"被联合国教科文组织列入人类非物质文化遗产代表作名录。2017年2月3日，丁酉年第一个立春日，中国民俗学会中国立春文化研究中心暨首届立春文化传承保护研讨会在衢州市柯城区召开。

汪筱联说："九华立春祭具有鲜明的农耕节气性、突出的传奇性、浓郁的地方性和悠久的历史性，体现了人类既敬畏自然又敢于改造自然、既热爱劳动又注意休闲、既勤劳致富又节俭积德的特点，倡导人与自然的和谐相处。"

吴玉珍则表示，九华立春祭作为华夏农耕文明的重要组成部分，已在三衢大地上延续了千年时光。

民俗就是人们遥望昨天的路标，这个文化符号真实、鲜活而又顽强。它沉淀着对久远昨天的回忆，也承载着对美好未来的憧憬。

一年一度的九华立春祭祀活动，就像妙源溪连绵不竭的流水，让立春祭祀这个古老且不朽的文化符号得以世代传承，并成为人类共有的精神财富，造福子孙后代。

目 录

立春节俗之审美管窥

黄若然①

（中国社会科学院研究生院文学系）

摘　要： 二十四节气，是华夏先民为了确立农业生产周期而创造的。立春作为节气之首，其节俗活动倡导天人感应、示情于礼。它既包含着动物类、植物类、人物类、时空类的审美意象，如青龙、土牛、童男、时间节点等，又阐发了气、和、实等中国传统美学意蕴。探讨立春节俗美学，有助于构建和弘扬符合当下社会发展的二十四节气文化，以便将其活态地继承、传播和发扬下去。

关键词： 节气　立春　审美　农业　仪式

　　二十四节气，属于中国传统历法之一。它起于夏商、发于西周、定于战国至西汉②，集古人观天务农之经、引社会生产生活之时，且延伸出多样的节俗文化。2016 年 11 月 30 日，"二十四节气——中国人通过观察太阳周年运动而形成的时间知识体系及其实践"被正式列入人类非物质文化遗产代表作名录。立春作为二十四节气之首，意味着严寒的终结与新春的伊始。从"立春"的定名，到由此而生的迎春、报春、打春等文化活动，无不包含着中国传统的审美意象及美学意蕴。

---

①作者简介：黄若然，中国社会科学院研究生院2017级博士生，研究方向为口头艺术的民族志。

②郑艳：《二十四节气探源》，《民间文化论坛》2017年第1期，第5页。

一、"立春"概念及其节俗

《汉书》言："正月朔，岁首；立春，四时之首。"立春，居于"分、至、启、闭"八大节气[①]里的首位，又名正月节、打春、芒神节等。若循阴历，约在冬至后46天或大寒后15天，按阳历则在2月3日、4日或5日。立春象征了新年新气象，还衍生出了与其相关的节日和风俗。从最初的官方迎气礼，到全民化的各类迎春活动，其内容多样且大多延续至今。

迎春礼，约始于周朝，《礼记·月令》载："立春之日，天子亲帅三公、九卿、诸侯、大夫以迎春于东郊。"[②]究其来源，学者简涛认为是在天人观、儒家礼学和月令准绳的社会环境下，结合郊祀礼、傩仪和出土牛等礼俗[③]形成的，但此时，土牛仅用于季冬送寒，尚未见于立春。另外，天子安抚臣民、载耒躬耕、祭祀青帝、暂休兵戎、命工习舞[④]。不过，文献所载皆是礼制规章，实际操作未必全如其述。

至汉代，迎春仪式分社会阶层进行，其活动场所和项目程序有所不同。除武官外，京师百官"衣青衣"，其他官员"服青帻，立青幡，施土牛耕人于门外"[⑤]，该土牛不仅送寒，还具有迎气的功能。百姓则"皆青幡帻，迎春于东郭外。令一童男冒青巾，衣青衣，先在东郭外野中"[⑥]。而迎礼的乐舞被定名为《青阳》歌和《云韶》舞。魏时，天子不再亲自迎春，仅"遣有司迎春于东郊"[⑦]；梁以后，官方重订迎春礼，祭祀牲口为牛，其仪类同大祀[⑧]。《荆楚岁时记》载："立春之日，悉剪彩为燕，戴之，帖'宜春'二字。"可见此时已出现了剪彩贴春花的风俗。

隋承前制，在祭坛方面愈发精益。唐以后，迎春礼的规模有增无减，进入鼎盛期。立土牛的习俗演化为鞭春牛，如元稹作生春诗："鞭牛县门

①八大节气：立春、立夏、立秋、立冬、春分、秋分、夏至、冬至。
②王云五主编：《礼记今注今译》（上册），中国台湾商务印书馆民国五十九年版，第203页。
③简涛：《立春风俗考》，上海文艺出版社1998年版，第30页。
④王云五主编：《礼记今注今译》（上册），中国台湾商务印书馆民国五十九年版，第203—206页。
⑤[南朝·宋]范晔：《后汉书》，中华书局1965年版，第3102页。
⑥[南朝·宋]范晔：《后汉书》，中华书局1965年版，第3204—3205页。
⑦[北齐]魏收：《魏书》（第八册），中华书局1974年版，第2737页。
⑧简涛：《立春风俗考》，上海文艺出版社1998年版，第56页。

外，争土盖蚕丛。"由于民众认为土牛的碎泥益于农耕蚕桑，故而争拾回家，并发展出抢春习俗。同时，宫廷内还开始流行剪春花等活动，如上官婉儿等人曾作《奉和圣制立春日侍宴内殿出剪彩花应制》；民间则开始吃春盘，杜甫《立春》云："春日春盘细生菜。"此时，兼有报春之人，唐杜甫《百舌》诗云："百舌来何处？重重只报春。"由此看来，文人还开始作涉春诗。

宋以后，鞭春牛的程序愈发规范化。首先，鞭牛的器具呈彩色，有五色鞭、彩仗等，词云："彩仗鞭春。"[1]其次，《土牛经》里对各人员和用具的位置都有要求，如各人须按阴阳岁站于牛的左右。最后，打春牛的动作也要讲究步骤，杨万里《观小儿戏打春牛》载："学翁打春先打头"，应先打春牛头，再打其他部位，最后将土牛整个击破。提及《土牛经》，它对春牛的颜色、策牛人衣服、策牛者站位等规则都做出了详细的规范：牛的颜色须以岁干色为牛头、岁支色为牛身、纳音为腹和蹄，而策牛人衣服和日干支相关等。若据此换算，2018年即戊戌年，纳音平地木，日为丁卯。所以，该年鞭春时，春牛的头身应皆是黄色，腹部、四蹄和胫腨均青色，角耳尾则分别用赤色；策牛人需要穿黄衣、围青色丝织腰带、内搭青色衬衣，站在牛的后面，阳岁人站左边、阴岁人站右边；春牛的笼头缰索长七尺二寸，用丝制成，牛鼻环取黄色。

自辽起，迎春多了祈福仓廪的撒谷豆环节[2]。明代，除了鞭春外，宫廷还设立春宴，实行以王权代神权的进春礼。至清代，迎春的节俗遍布全国，各地各阶层以不同的方式实行，但主要的活动是迎春、进春、鞭春、咬春等。清道光二十三年《阳江县志》载："俗谓幼者以豆撒牛可以稀痘。"[3]可见撒豆多了驱疫功能。辛亥革命后，立春仪式在官方暂停、民间仍存，直至21世纪，各地才正式地再度发起相关活动，如浙江衢州九华立春祭，每年通过抬春牛等活动迎新春。

---

[1]［宋］吴琚：《柳梢青·元月立春》，引自唐圭璋编《全宋词》(第四册)，中华书局1999年版，第2836页。
[2]［元］脱脱：《辽史》卷五十三，中华书局1974年版，第876页。
[3]丁世良、赵放：《中国地方志民俗资料汇编·中南卷》，北京图书馆1991年版，第838页。

由上可见，迎春虽出于相同的目的，但实施的过程因时间、地点、阶级而异，它是"官方礼俗和民间习俗并存的复合体"①。一来，官方礼仪作为社会的上层建筑，必须和社会的经济基础相适应，且需维护统治阶级的利益②，从而礼仪的具体流程随朝代而变化；二来，民间节俗因地域环境各异而种类繁多，又与生产力和生产方式相关联，在不同的气候和耕作文明下有较大的变化。自古至今，从最初的迎春，到后世的鞭春、报春、咬春、撒谷豆、舞春牛等，共有十几项迎春活动变异传承、交融共存。

二、立春节俗的审美意象

　　古人迎春，以顺时气。然涉天地之事必有言而未逮之处，须"立象以尽意"。出于移情作用，节气同阴阳五行、方位颜色、神灵信仰等符号相配，化生出形形色色的审美意象。据《礼记·月令》中的"孟春之月，日在营室，昏参中，旦尾中。其日甲乙。其帝太暤③，其神句芒。其虫鳞。其音角。律中大蔟。其数八。其味酸……"④，以及《后汉书》中的"立青幡""祭青帝"，可制表如下。

节气	五行	阳	阴	色	味	音	律	数字	方位	五帝	神灵
立春	木	甲	乙	青	酸	角	大蔟	八	东	太暤	句芒

　　以上各符号都对应着众多意象，如太暤形同"青龙"、句芒即为"青鸟"、甲乙与青色等属于"木"五行。此外，还有仪式元素如"土牛""童男"等动物和人物形象，且立春的本质是时间的节点，其活动需在东郊进

----

①张勃：《一部研究节日文化的力作——〈立春风俗考〉评介》，《民俗研究》2001年第3期，第171页。

②王力：《中国古代文化常识》，世界图书出版公司2008年版，第132页。

③太暤作为上古东夷的祖先和首领，是东方祖神，也是东方天帝青帝。在不同典籍中亦作大嗥、大暤、昊天、大皇、大昊等，后文不再另作说明。

④王云五主编：《礼记今注今译》（上册），中国台湾商务印书馆民国五十九年版，第201页。

行。综合而论，立春节俗的诸多意象可被归纳为四类：动物类、植物类、人物类、时空类。

（一）动物类

1.青龙

自周起，孟春时节，"天子居青阳左个，乘鸾辂，驾苍龙"①，以悦神灵。此处的"苍龙"虽指八尺以上的骏马，但龙俨然已成为春的象征之一——天子之所以"驾苍龙"，是为了"迎春于东郊，祭青帝句芒"②。青帝，即上述《礼记》中所载的"太皞"，其来历可溯至《山海经》中的伏羲后裔、巴人之祖，约在汉代，他与伏羲合并为一人。传说，帝王常化身为龙，太皞亦不能免俗，如《玄中记》云："伏羲龙身。"《左传》又载："大皞氏以龙纪，故为龙师而龙名。"③

龙非实体，仅是意象。闻一多先生认为，它是"原始的龙（一种蛇）图腾兼并了许多旁的图腾，而形成一种综合式的虚构的生物。"④就伏羲的龙图腾来源，学界说法不一。除闻一多先生的"龙蛇说"以外，范三畏教授提出：伏羲是先虎后龙，体现了从狩猎社会到农业社会的嬗变⑤。这当中有两处巧合，一是太皞之"皞"字偏旁，"皋"亦有虎义；二是虎在五行中属寅，为阳木，寅月始于立春、止于惊蛰，发春天之气象。但除寅的媒介外，虎与东方、木五行等再无瓜葛。刘安《淮南子》总结道："东方木也，其帝太皞……其兽苍龙。"⑥在汉五行学说里，东方、青色、龙等符号成为数位一体的固定搭配。

东方和青色相配，应是取草木茂盛之意，但缘何与龙相关？笔者揣测，有两点可能性：一是从新石器时代进入农耕社会后，古人为务农而夜观天象，最

---

①张双棣等译注：《吕氏春秋译注》（上），吉林文史出版社1987年版，第2页。

②［南朝·宋］范晔：《后汉书》，中华书局1965年版，第3181页。

③李梦生：《左传译注》，上海古籍出版社2004年版，第1079页。

④闻一多：《伏羲考》，上海古籍出版社2006年版，第32页。

⑤范三畏：《太昊伏羲氏源流考辨》，《西北民族学院学报（哲学社会科学版）》1955年第1期，第81页。

⑥刘康德：《淮南子直解》，复旦大学出版社2001年版，第89页。

晚至先秦已发现二十八宿，其中有角、亢、氐、房、心、尾、箕共七宿，春升自东，秋落于西。人们出于对自然的敬畏，拟其形象为动物，称"其形如龙，曰左青龙"①。二是"帝出乎震"，伏羲是雷神之子②，暗示着"四月而雩"的降水，故有辞曰："帝居在震。龙德司春。"③所谓"龙的原型是闪电，凤的原型是燕子"④，闪电紧跟着春雷，迎来春耕的好时节。既与春天、农事相关，便在五行上匹配东方和木。

《史记》曰："夏得木德，青龙止于郊，草木畅茂。"⑤华夏五千年里，青龙逐渐代表了王气，从氏族图腾发展为泱泱中华的象征，这归结于它在农耕社会中的功能。农谚云"二月二，龙抬头"，所指的就是这条东方青龙。它不仅是巫术性的动物崇拜，更是华夏先民为定春时而创造的原始意象，承载着观望农时、撒种耘作的民众意念，蕴含了春回大地、欣欣向荣的美好愿景。

2.青鸟

《山海经》里，几乎所有的神灵都被描写为兽或半兽形体，且大多与龙、鸟有关，如句芒就是东夷部族的鸟图腾，它"鸟身人面，乘两龙"⑥。《左传》载："青鸟氏，司启者也"⑦，汉后，句芒又名"青鸟氏"，辅佐太皞，重点掌管着立春的开启；至唐代，太宗于开元二十三年"亲祀神农于东郊，配以句芒，遂躬耕尽陇止"⑧；元二十四年，"依《春牛经》式，造作土牛芒神色相施行，其芒神貌像、服色、装束及鞭麖等，亦就年日干支，为其施设"⑨；清代，百姓买芒神春牛亭子置堂中，以宜田事⑩。据刘锡诚先生考

①《尚书考灵曜》，引自安居香山，中村璋八辑，《纬书集成（上）》，河北人民出版社1994年版，第366页。

②袁珂：《中国神话传说》，北京联合出版公司2016年版，第62页。

③[南朝·梁]沈约：《梁明堂登歌五首·歌青帝辞》，引自逯钦立辑校《先秦汉魏晋南北朝诗》，中华书局1988年，第2167页。

④中和：《中国的诞生》，复旦大学出版社2013年版，第62页。

⑤[汉]司马迁：《史记》（第四册），中华书局1959年版，第1366页。

⑥袁珂译注：《山海经全译》，贵州人民出版社1991年版，第226页。

⑦杨伯峻：《春秋左传注》(修订本)，中华书局1990年版，第1387页。

⑧杨钟义：《八旗文经》卷七，华文书局股份有限公司民国五十八年版，第198页。

⑨[清]翟灏：《通俗编附直语补证》，商务印书馆1958年版，第58页。

⑩[清]顾禄：《清嘉录》，上海古籍出版社1986年版，第2页。

证，现句芒信仰仅存于浙江衢州的梧桐祖殿①，其塑像维持了鸟身形态，刻有羽冠和羽翼。

关于鸟崇拜，陈勤建教授将其根源归纳为吃鸟食、使鸟田、拜鸟灵、用鸟历。其中的鸟历，与太阳历的功能相当，农人通过候鸟的迁徙和叫声来观察季节，以安排稻作。歌曰："龙精戒旦，鸟历司春。"②"鸟历"二字逐渐成了春官的别称。作为鸟崇拜的产物，青鸟"执规而治春"③，孕育了中华文明。少皞以凤鸟为纪，句芒乃少皞之子，在凤类中属鸢，《淮南子》云："凤皇生鸢鸟，鸢鸟生庶鸟，凡羽者生于庶鸟。"天子于立春祭青帝句芒时，需"歌青阳，八佾舞云翘之舞"④，《文献通考》曰："云翘舞为凤翔。"由此，青鸟具有了凤凰的意味，而句芒"乘两龙"或可看作龙凤纹的滥觞之一。

在古人观念里，鸟是太阳的助手，并缔造了"金乌负日"的神话。鸟对太阳的襄助，正合着青鸟对太皞的辅佐关系。单论"皞"字，"白"或"日"的偏旁，具有太阳之象。丁山先生认为，太皞，又名"昊天""大皇""大昊"等，皆为"皇天"之音转⑤，此名应源于上古的太阳崇拜。此外，"青鸟"意象还被用作西王母的信使——三青鸟，它穿梭于日下，故有光阴飞逝之喻。可见，鸟意象既承载了旭日东升的期盼，又表达了日月如梭之感叹，体现了一种季节循环的宇宙观。词云："人时颁凤历，农事视龙星。"⑥从卵生母题的生殖崇拜，到"象耕鸟耘"的农业传说，再到句芒的职规启春，鸟文化都富含着五谷丰登、国泰民安之意。"青鸟"喻示着时间的轮转，承载着万物的繁衍生息，作为立春的意象十分合宜。

3.土牛

自上古时期，土牛便被用于儺仪，后逐渐进入季冬和孟春仪式。牛以土塑，

①刘锡诚：《春神句芒论考》，《西北民族研究》2011年第1期，第34页。

②[宋]郭茂倩：《乐府诗集》卷四，中华书局1979年版，第53页。

③刘康德：《淮南子直解》，复旦大学出版社2001年版，第89页。

④[南朝·宋]范晔：《后汉书》，中华书局1965年版，第3181页。

⑤丁山：《中国古代宗教与神话考》，龙门联合书局1961年版，第372页。

⑥[宋]苏颂：《春帖子·皇帝阁六首·其一》，引自苏颂《苏魏公文集》，中华书局1988年版，第386页。

应是出于阴阳五行说——十二五月，丑为阴土，亦是牛形。针对牛如何送寒的问题，刘锡诚先生对"丑为牛，牛可牵止也"一说表示不满，他认可宋代高承的解释："出其物为形象，以示送达之，且以升阳也。"①孙系旦则注："牛为土畜，又以作之，土能胜水，故于旁礴之时，出之于九门之外，以穰除阴气也。"综观以上，牛属于土五行，故以土克水，送严冬之阴气，升立春之阳气。

但是，牛的阳气又从何而来？《周易》曰："坤像地任重而顺，故为牛也。"牛既受轭负重，能增进嘉谷，人们便将牛比作承载万物的宽厚大地。宋虞俦《和汉老弟迎春》云："谁道土牛鞭不动，也能脚底散阳春。"明区大枢《除前立春》云："土牛出地气，勾芒逐严冬。"牛足之下，大地德合无疆地蕴生出阳气，催旺祥和之春。从出土牛到鞭土牛，前者是为送寒，后者是为迎气，在这功能的过渡之间，牛也从阴属性转向了阳属性。

除了迎气外，土牛还多了驱疫的寓意，《辽史·礼志六》载："司辰报春至，鞭土牛三匝……撒谷豆，击土牛。"②这或许是对傩戏功能的继承。至清代，清宣统元年刻本《从化县新志》载，儿童为散疹，于立春以豆撒土牛③。此外，《武林旧事》记载，在立春之鞭春后，"御药院例取牛睛以充眼药"，目的五行归肝，属木，色青，与春文化相契合，故而取牛睛以驱眼疾。当然，此药方仅出于古人对牛和眼睛等涉春元素的臆测，当代人毋须模仿。

牛本是冬天的象征，却逐渐被用于春礼，这与它在农业文化中的地位脱不开关系。古传炎帝发明农业，他"牛首人身"，种五谷为民食。春秋以后，牛耕渐渐普及化，以至于商鞅令"盗马者死，盗牛者加"。在抢春环节中，百姓争拾鞭春后的碎土，以征得新春的好兆头，有诗云："但得碎身资稼事，岂须功效载农书。"④清代行春，男子妇人争摸土牛以占新岁造化，谚云："摸摸春牛脚，赚钱赚得着。"⑤以丑牛迎春、鞭牛至碎片、摸牛的肢

①刘锡诚：《春神句芒论考》，《西北民族研究》2011年第1期，第46页。

②[元]脱脱：《辽史》卷五十三，中国书局1974年版，第876页。

③丁世良、赵放：《中国地方志民俗资料汇编·中南卷》，北京图书馆1991年版，第694页。

④[宋]吕陶：《观打春牛和韵》，见赵杏根《历代风俗诗选》，岳麓书社1990年版，第48—49页。

⑤[清]顾禄：《清嘉录》，上海古籍出版社1986年版，第1页。

体，目的都是祈求物产丰饶。

总之，土牛在五行中驱送寒冬，在周易文化中迎接阳气，在农业文化中增加收成，在傩文化中辟邪逐疫，这些功能皆被纳于立春仪式。牛意象更对中华民族的精神塑造产生了不可忽视的影响，人们一方面期望获得人不具备的特殊动物能力，另一方面又出于对人性的失望而拔高兽性。在口头文学中，涉牛的神话角色会带有繁衍生育的功能，如牛头西王母；涉牛的传说人物则大多勤劳艰苦，如牛郎。我国祖祖辈辈面朝黄土躬耕不辍，像牛一般勤劳、善忍、沉默。

（二）植物类——木

孟春之季，草木萌发，是植物当令的好时节。所谓"某日立春，盛德在木"①，孔颖达疏："四时各有盛时，春则为生，天之生育盛德在于木位，故云盛德在木。"此时，木是天地之气的主宰，而立春节俗又有祈求风调雨顺、五谷丰登之举，其图腾内涵自然离不开木意象。涉春诗中，亦常见植物报春之句，如"梅花报春信""三桃竞报春"等。

在迎春过程中，前文所述的青帝、句芒等俱是五行属木。提及青帝，建木也值得一究，《山海经·海内经》记载："建木……其实如麻，其叶如芒。太皞爰过，黄帝所为。"②青帝经过的建木，立于南海的黑水青水之间，百仞无枝，生满青叶，是连接天与地的天梯。曾有学者认为建木象征着阳具③，此说虽契合春之阳气，但毕竟只是附会的猜想。无论是基于弗洛伊德泛性论，还是乾坤阴阳的比附，我们不可狂热地将高耸的柱状物一概视为男性生殖器的象征。《吕氏春秋》云"建木之下，日中无影"，何新先生认为建木是最早的测时圭表④。如此，青帝、建木、时间、四季，各符号之间有了微妙的关联。

句芒，更是身兼木神之职。《春牛祝文》云："祭于勾芒之神，惟神职此木行。""句芒"一名，取"木生句曲而有芒角"之象。若拆开单字，"句"指草木初生时那拳状的幼芽，做"勾"则意味着须蔓盘曲。"芒"

---

① 王云五主编：《礼记今注今译》（上册），中国台湾商务印书馆民国五十九年版，第203页。
② 袁珂译注：《山海经全译》，贵州人民出版社1991年版，第334页。
③ 吴泽顺：《建木考》，《求索》1993年第2期，第71页。
④ 何新：《揭开〈九歌〉十神之谜》，《学习与探索》1987年第5期，第68页。

是种子壳上的细刺，也有"芒之为言萌也"①的说法，其象为草木，后世唤"草"为"芒"，如"芒鞋"便是"草鞋"。总之，句芒体现了春天的万物初生之状，它不比夏之融显，而仍显缱绻。

迎春礼的具体时辰和地点，也暗示了木的意象。在时间方面，《后汉书·祭祀志》载："立春之日，夜漏未尽五刻，京师百官皆青衣……"②这"夜漏未尽五刻"，处于昼夜交接之前。冬至夜漏共六十刻，且郑玄注《周礼·春官》记载："夜漏未尽，鸡鸣时也，呼旦以警起百官，使夙兴。"鉴于鸡鸣的时辰，笔者猜测"夜漏未尽五刻"应在寅卯之时，而寅属阳木、卯为阴木，都承载了对植物旺盛生长的寄托；就空间而言，蔡邕对迎春的东郊之地注释道："东郊去邑八里，因木数也。"③在五行之中，东方属木，色青，故而迎春的位置也朝向木气。

（三）人物类——童男

汉立春时，除了立土牛外还造土人。《后汉书·祭祀志》载："立青幡，施土牛、耕人于门外，以示兆民。"《论衡·乱龙篇》曰："立春东耕，为土象人，男女各二人，秉耒把锄。"④归根结底，节气是为农民服务、替百姓谋福祉的，制造一些农人泥像便是代表人的含义。男女之数相等，是为阴阳和谐。把耕人和土牛放置在一起，则是天人合一、祈愿丰收。

在男女之外，童男意象尤为值得关注，因它与立春的"少阳"之气最为契合。立春仪式里的童男最早出现于汉代，《后汉书·祭祀下》载："令一童男冒青巾，衣青衣，先在东郭外野中。迎春至者，自野中出，则迎者拜之而还，弗祭。"⑤由迎春之人向他敬拜，可见该童男应代表了某位春神，刘锡诚先生认为这位神灵正是句芒⑥。古人在探索世界的过程中，每逢未知事物只能凭经验权衡事物，他们将动物模拟成人形，再将模拟成的人形附会出更多的形象。如

①［清］陈立：《白虎通疏证》（上），中华书局1994年版，第176页。
②［南朝·宋］范晔：《后汉书》，中华书局1965年版，第3102页。
③［清］孙系旦：《礼记集解(全三册)》卷十五，中华书局1989年版，第413页。
④黄晖：《论衡校释》卷十六，中华书局1990年版，第702—703页。
⑤［南朝·宋］范晔：《后汉书》，中华书局1965年版，第3204—3205页。
⑥刘锡诚：《春神句芒论考》，《西北民族研究》2011年第1期，第45页。

此，句芒可以是鸟，可以是木，甚或是童男，方达到"天地人只一道也"[1]。

出于万物有灵论，人们将人的灵魂对象化，并推及动植物，奉其为人格神。无论青帝的人龙合一，抑或句芒的人首鸟身，都是人、动物、植物的形象复合体。而一旦动物崇拜和神话色彩被剥落，神便跌落神坛，降格为人。汉代的男童尚只是一种对句芒信仰的比附；至唐代，句芒的形象被彻底化为男童；宋以后，迎春诗文中常见"芒童""芒儿"等称呼，如元代丁复的诗句"睥父及芒儿，束手就律吕"便是如此。从句芒到汉代芒神，再到牵春牛的牧童，句芒的身份完整地经历了动物（鸟）/植物（木）—人—神—人的演变过程。

所谓"人之受命，化天之四时"，董仲舒宣扬天人感应，认为人与季节之间可以交流。同时，我国自古将孩童视为纯洁和希望的象征，老子曰："圣人皆孩之。"天人合一和婴孩崇拜都是神话思维的延续，它没有理性的论证，只是直觉的象形。无知的孩童，在人们的联觉心理中化为无欲无求的形象，显示出见素抱朴、至善至真的意境。时至今日，浙江衢州立春祭时，会严格选拔24名童男童女接春，以孩童体现对春天之始的感应。

（四）时空类

1.东郊

"东郊"一词，在周代特指东都王城以东，后泛化为国都或城市以东的郊外。从周天子率领三公九卿诸侯大夫在东郊迎春，到清乾隆延庆州的"随文武各官出东郊，设宴坐饮"[2]，"东郊"持续千年地承办了立春仪式。该方位逐渐意指植被苍翠的场所，以至于成为涉春诗文里的空间意象。不同于"江南"的形容柔美、"北国"的意涵天凉，"东郊"在大多数时候饱含着生机蓬勃的春气。

据学者简涛考据，清代的"东郊"地点不一，如辽宁盖平在东岳庙、浙江嘉兴在东塔寺等，凡位于东部的地点都可能被选作迎春场所[3]。在这些

---

① [宋]程颢、程颐：《二程遗书》，上海古籍出版社2000年版，第231页。
② 丁世良、赵放主编：《中国地方志民俗资料汇编·华北卷》，北京图书馆出版社1989年版，第17页。
③ 简涛：《立春风俗考》，上海文艺出版社1998年版，第121页。

仪式里，"东郊"二字也不是具体地点，它如同满怀离绪的"长亭""南陌""水北"般，只是一个空间代名词——一个堪合春意的东方场所。立春仪式之所以选定东郊前文已有提及，是因东方、青色、木等意象的互渗交感，它暗藏着颜色、神话、植物等元素。

实际上，在立春以前，东郊就已成为祭祀场所。先秦《祭辞》云："以正月朔日迎日于东郊。"该句显示出东郊的两个功能，一是迎接太阳，二是迎接新气象。毕竟，日出自东方，东郊因方位被赋予否极泰来、万物皆新之气度，加以正月朔日即年初一同样是新年的开始，二者共同赋予了东郊之"新"态。此外，与城市相对的"郊"的环境，又使它具有了天然的意味。

古代文人歌颂春时，总会不可避免地提及东郊。唐诗云"东郊始报春"①，宋词曰"满目东郊好，红葩斗芳"②。反之，一旦满怀寥落之意，那么诗文里的东郊必定是衰败之象，吴均云："君不见东郊道，荒凉芜没起寒烟。"③江淹吟："注欷东郊外，流涕北山垌。"④这些诗句未必真的与东郊有实际联系，而只是取其意象，借抒情怀。

东郊与春天一样，在文化上还暗示着人之韶华，诗云："不逐世间人，斗鸡东郊道。"⑤东郊是立春仪式举行的场所，它一方面有着光阴初始的意象，另一方面承载着幼童至成年期共同的节日记忆。本着对旧日的追忆、对人物的感念，东郊也逐渐成了送别诗的常用意象，如唐代杜甫的"送客东郊道，邀游宿南山"⑥等，但它不同于"长亭"的纯粹空间意象，而是与时间相

①［唐］王绰：《迎春东郊》，引自周振甫主编《唐诗宋词元曲全集·全唐诗（第5册）》，黄山书社1999年版，第1932页。

②［宋］无名氏：《十二时》，引自唐圭璋主编《全宋词（下）》，中州古籍出版社1996年版，第2494页。

③［南朝·梁］吴均：《行路难》，引自邬国平选注《汉魏六朝诗选》，上海古籍出版社2005年版，第512页。

④［南朝］江淹：《伤内弟刘常侍》，引自俞绍初、张亚新校注《江淹集校注》，中州古籍出版社1994年版，第81页。

⑤［南朝］江淹：《效阮公诗十五首》（其二），引自俞绍初、张亚新校注《江淹集校注》，中州古籍出版社1994年版，第22页。

⑥［唐］杜甫《遣兴五首》，引自周振甫主编《唐诗宋词元曲全集·全唐诗（第4册）》，黄山书社1999年版，第1548页。

关，存有对故人美好往昔的追忆。

2.时间的"节点"

《说文解字》云："节，竹约也。"①节气之"节"，本意是竹节。层叠的竹节，形象地比喻了循律累加的时序。时间如一道完整的线条，而"不同的时间只是同一个时间的各部分"②。在以"年"为单位的时间线段里，春、夏、秋、冬四个季节是接近平均分配的四个刻度点；这四个点又分别被拉长成一条线，立春节气是春季线段中的一个小而鲜明的刻度点，也是全年的第一个节气点。汉语里，"春秋"可用来喻指一年，"立春"却只是气候上的十五天，或日历上的一天，又或节日里的一个瞬间。

二十四节气的目标，如刘晓峰教授所言，是为循环的时间安排出合理的刻度。在它漫长的形成过程中，从圭表测日，到冬夏二至、七十二候，再到从月数中取最小公倍数③，全年的时间刻度就像直尺上的分米、厘米、毫米刻度般，愈来愈密集、愈来愈精细。它先是区分了冬与春，人们在立春时节立土牛驱寒，进行一种向冬天告别的仪式；再是区分了同一季节里的立春、雨水、惊蛰、春分、清明、谷雨，民众对立春、清明的重视度远胜于另四个节气；最后，立春日里的各时辰亦有讲究，整场仪式都倾注于"夜漏未尽五刻"，而"三时不迎"④。

时间的"节点"，不同于线段那纯粹空间的"刻度"，除了分界功能，它还多了一层暂停的意味。中国传统道家思想认为"有无相生"，人们从无数时间点里选定节日的同时，节日也反衬出平凡的日常，它作为寻常生活的"暂停"，倒使日常之"有"获得存在的可能。这与英国人类学家利奇所说的"同一类型的前后节日之间的间隔是一段'时期'……我们是通过创造社会生活的间隔来创造时间的"⑤是一个道理。当立春截断严寒的洪流，春意在这一刻无声无息地酝酿，如同表针跳动前的一秒，给人以凝固的错觉。

①［汉］许慎：《说文解字》卷五，中华书局1963年版，第95页。
②邓晓芒：《康德〈纯粹理性批判〉句读（上）》，人民出版社2010年版，第197页。
③刘晓峰：《二十四节气的形成过程》，《文化遗产》2017年第2期，第1—2页。
④［南朝·宋］范晔：《后汉书》，中华书局1965年版，第3204—3205页。
⑤史宗：《20世纪西方宗教人类学文选》，上海三联出版社1995年版，第501页。

正所谓"空间是暂停的一个同义词",民众在节日里暂时放下手头的工作,时间似乎因此有了宽度。这种暂停的能力"是通过创造性生产本身而编织起来的。这种暂停是一种主动的、灵巧的,常常是紧张的状态……"①。一方面,节日的仪式感给人肃穆的暂停,众人整装静待礼仪的开启、凝神注目于迎春礼,精神呈放空状;另一方面,节日的娱乐感带来狂欢的暂停,当争抢土牛的碎片时,百姓再次忘记了日常里流动的琐碎。在这些时间化的仪式上,日晷的光影悄然变幻,但人的意志是静止不动的。

古人创立节气,以序四时。"人是悬挂在自己编织的意义之网上的动物",时间的规则也"是一个人为的概念"②。在绵延的时间里,树木的生长过程只是时间经过的表象,但在人的生命冲动里,人为的节气使时间被衡量和暂停,它既能作为计时的单位,又是生命通过的纪念。如此一来,人生有了循环的周期,时间亦有了四季的轮回。

三、立春节俗的美学意蕴

节气作为中国传统文化之一,其自身与节俗活动皆契合着众多美学理念。在我国,老子美学是中国美学史的起点③,而清代实学是中国古典美学的终点④。立春概念及其节俗文化,全面阐发了"气""和""实"之美学意蕴,在感性里堪称有始有终。

(一)气

所谓"节气",其形式在"节",核心是"气"。宋代王应临《玉海》言:"五日为一候,三候为一气,故一岁有二十四气。每月有二气,在月首者为节气,在月中者为中气。"⑤有学者认为:"气是中国天文学的核心。"⑥节气、气候、空气都离不开"气",庄子曰:"通天下一气耳!"在

---

①［美］罗洛·梅:《自由与命运》,中国人民大学出版社2010年版,第213—215页。

②史宗:《20世纪西方宗教人类学文选》,上海三联出版社1995年版,第498页。

③叶朗:《中国美学史大纲》,上海人民出版社1985年版,第23页。

④张传友:《清代实学美学研究》,复旦大学2006年博士学位论文,第46页。

⑤丁緜孙:《中国古代天文历法基础知识》,天津古籍出版社1989年版,第297页。

⑥陈久金、杨怡:《中国古代的天文与历法》,商务印书馆1998年版,第80页。

太阳黄道位置所引起的气候变化里，"气"乃二十四时节的存在状态和流动媒介。

立春乃阳气之始，柔弱却能生出刚强，推至纯阳之夏又渐萎，秋之阴气陡生，移往极阴的冬至，完成了一个太阳周期的运转。所谓"万物负阴而抱阳，充气以为和"，阴阳看似对立，实可看作同一物的不同变异。虽然，春之"阳"与秋之"阴"互生，但有阳才有阴、先存才能亡。当春乃发"生"，我国有"妙手回春""万古长春""长春不老"等成语，"春"字俨然已成为象征生命之气的符号。《史记·律书》云："气始于冬至，周而复始。"①可见，古人心中的节气起点并非立春，而是冬至。杜甫云："冬至阳生春又来。"冬类似于一场序幕，为春气做铺垫。民谚道："立春阳气生，草木发新根。"②若季冬是阴阳之交，则立春是升阳的初始时间。汉代董仲舒云："春者少阳之选也。"③故而，立春所初升的阳气应是"少阳"。

在立春仪式中，无论众人唱青阳歌、鞭春牛，还是祭太皞、句芒，都是对少阳之气的迎接、顺应与转化。本着对"生"的追求，迎气的礼仪相当繁缛。以汉时为例，首先，在仪式的地点，迎春礼是全国性的仪式④，而立夏、立秋、立冬只在京城洛阳举行；其次，就抚慰政策，立春迎气后须按制度赐予朝臣布帛，以示悯恤苍生；最后，武官因有肃杀之气而不能参与仪式。此外，立春禁止杀伐，汉章帝元和二年庚子诏："律十二月立春，不以报囚。"⑤

所谓"气聚则形成，气散则形亡"，在民众的口语里，生存是"为了一口气"，尊严亦是"争口气"，而死亡则是"没气了"。立春正值万物复苏之际，民众皆求养气进补，故有"春盘""咬春"等习俗，它们以阴阳五行为基，自成一套食疗体系，多以葱韭等辛温食物来发散阳气。《黄帝内经》载，春省酸增甘以养脾气、秋省辛增酸以养肝气，然而当代的养生学说里，又有肝属木，故春宜疏肝气之说。这些矛盾的养生论，实则折射出人们在理

①［南朝·宋］范晔：《后汉书》，中华书局1965年版，第3127页。
②萧放：《二十四节气与民俗》，《装饰》2015年第4期，第13页。
③［汉］董仲舒：《春秋繁露·天人三策》，岳麓书社1997年版，第124页。
④简涛：《立春风俗考》，上海文艺出版社1998年，第35页。
⑤［南朝·宋］范晔：《后汉书》，中华书局1965年版，第152页。

念幻相中对气候的顺从。

总之，"气"是我国概括万物本原的一个范畴，立春之气构成了节俗表演者的创造力、执行者的驱动力、整场仪式的生命力。宗白华先生通过庄子之"天，积气也"的判断，认为阴阳之气"织成一种有节奏的生命……这节奏内在于天地的动静、四时的节律、昼夜的来复、生长老死的绵延，体现为大自然的一切生命运动以及人自身的生命活动"。古云"阳春布德泽，万物生光辉"①，天地以元气开春，春气滋生，万物则荣。

（二）和

史伯曰："夫和实生物，同则不继。"②四季的太阳周期性变化使地球上形成了多样的地理环境和物质种类，各物和谐地按相似的运动节律得以生存。若说"天生五材，民并用之，废一不可"③，那么节气亦同理。二十四节气各具特征，即便同季亦不尽相同。立春亦有各形各色的事物，但它们能协调统一地综合生产，形成了和谐美满的氛围。

和，是中国传统文化理想与审美原则，且典型地体现为行礼过程。④在迎春的仪式里，天子、臣民、神祇、节气等相互渗透，在音乐的伴奏里达到天地之和。春日虽和，和却不同。从植被到动物自有多样性，而立春的节俗活动亦丰富多彩。在人声鼎沸的仪式里，祭的是青鸟、剪的是玄鸟、打的是土牛、求的是牛气；在寻常巷陌的住宅里，人们贴字画、吊春穗、食春盘，这些不同的举措和谐统一地引领人们通往春天。

春耕秋收的过程，让人们懂得"反者道之动"，故不如"中庸"。所谓"喜怒哀乐之未发，谓之中；发而皆中节，谓之和"，达到了中和，则"天地位焉，万物育焉"。"中"需要兼容并蓄，"和"要求有机统一，这种侧重于对事物居中不倚的思想显示于节气及其活动中，即春耕秋收、循时顺气。当今，虽然社会生产体系日益工业化，拥有温室大棚等不依赖自然环境的设备，但人们更希望食用应季果蔬。后汉崔寔《四民月令》云："及进浆

①[清]翟灏：《通俗编附直语补证》，商务印书馆1958年版，第45页。

②张周志：《中国哲学原典导读》，中央编译出版社2015年版，第23页。

③[春秋]左丘明：《左传》，岳麓书社1988年版，第243页。

④张法：《中国美学史》，四川人民出版社2006年版，第24页。

粥，以导和气。"在饮食起居上顺应时气，不仅利于身心，还可降低生产与运输方面的能源消耗，以甄和祥。

五行生时节，阴阳合聚气，阴阳二气此消彼长，又相伴相生。不论阴盛阳衰、阳升阴落、阴阳平衡，都是不同状态的总体和谐。四季之更迭往复是一大"和"，立春的草长莺飞是一小"和"。若再细分，立春时节里，风和雨顺是"天和"，万物萌生是"地和"，人们对时气的恭顺是"人和"，天地人三和，方道法自然。

（三）实

自古以来，国人的思维崇实重用。叶燮云："美学之盛也，敦实学以崇虚名。"[1]"实学精神"从实学到美学，到清代才定型，但在人的精神感知里却发源已久。它"从宋明理本体论到气本体论"的演变，也建立在"气"上，这"气"却已不是神秘的混沌之气，而是实有之物。受农耕环境影响，古人持循环的天人观，而一年的循环需要靠气候来贯通。实学提倡"经世致用"，而立春节俗之实用性，可归纳为劝农、抚民和祈福禳灾。

就物质层面，节庆的仪式为"察悬象之运行，示人民以法守"[2]。中国自古属于农业国家，故文化的起源和传播都与农业脱不开干系。农时和节气的关系密切，颁历授时是统治者的要务。周天子亲率众臣迎春于东郊，目的是"为国之大计，不失农时"，即规范和强化臣民们的时间观念以使五谷丰登。举国君民待立春的重视程度，体现了该节气的实用价值。作为岁首，立春是夏耘、秋收和冬藏的基础，《豳风·七月》云："春日载阳，有鸣仓庚。女执懿筐，遵彼微行，爰求柔桑。"[3]春之举趾，是后诗中"八月其获""十月纳禾稼"的充分且必要条件，以达到诗末的"跻彼公堂，称彼兕觥"。诗中的春种、采桑、获稻等生产生活行动皆在时令，农人们贴合着节气的序列，周而复始地劳作。

就精神而言，一方面，只有在生产力维稳的基础上，民众才可能安定。《汉书·谷永传》载："立春遣使者循行风俗，宣布圣德，矜恤孤寡，问民

①王振复主编：《中国美学范畴史》第3卷，山西教育出版社2009年版，第234页。
②柳诒徵：《中国文化史》（上），东方出版中心1988年版，第44页。
③王云五主编：《诗经今注今译》，中国台湾商务印书馆民国六十年版，第213页。

所苦，劳二千担敕，劝农桑，勿夺农时。"①统治者们一边宣传农事，一边以节俗观念来安抚民心，以实行更加有效的统治。另一方面，节俗的"狂欢"可抚慰民众，它是个体自由得以宣泄的空间。虽然与西方狂欢节不同，立春节日具有"全民性""仪式性""插科打诨"等狂欢化特征②，却唯独没有"等级消失"的平等性，它甚至还成了显摆社会等级的表演——在祭祀的高台上或席棚里，政府官员们饮酒祭祀，民众只能站立围观③。但是，立春的热闹氛围足以堙没生活中的琐事，各种民俗活动皆表达出民众对新生活的企盼。

正如阿德勒所言：人类所经验到的不是单纯的环境，而是环境对人类的意义④。作为人为制定的历法，节气起源于农耕文明，其存在目的是服务于人。从最初的"平气法"⑤到隋代的"定气法"⑥，古人从无数个时间刻度中选定这二十四个节气点，为的是把握自然、增益农产。因此，与其说务农者参照节气，不如说是节气的确立必须要遵循当地的农业生产时序，才能满足农人的物产实需。

四、结语

二十四节气，是华夏先民为了确定一个农业生产周期而进行的创造，被誉为"中国第五大发明"。立春作为节气之首，具有一定的代表性，其节俗倡导天人感应、示情于礼，蕴含着"一天人，合内外"的中国文化特质，其审美意象可分为动物类、植物类、人物类、时空类，含青龙、土牛、童男、时间的节点等元素，且阐发了中国传统美学意蕴，如气、和、实等。这些节俗审美均表达了农业社会下的阴阳五行思维和春耕秋收愿景，且对当今二十四节气文化之弘扬具有指导意义。

---

①[汉]班固：《汉书》，中华书局1962年版，第3443页。
②夏忠宪：《巴赫金狂欢化诗学研究》，北京师范大学出版社2000年版，第66—68页。
③简涛：《立春风俗考》，上海文艺出版社1998年版，第111页。
④[奥]阿德勒：《自卑与超越》，光明日报出版社2006年版，第003页。
⑤平气法："十五日为一节，以生二十四时之变。"参见刘康德：《淮南子直解》，复旦大学出版社2001年版，第103页。
⑥定气法：由隋代刘焯提出，自春分点起，黄经每隔15°为一个节气，即今天的二十四节气。引自刘晓峰《二十四节气的形成过程》，《文化遗产》2017年第2期，第7页。

有人认为，立春等节气正日趋消亡，只是习俗仍存在罢了，且"非遗"的身份才使它幸受关注。但实际上，即便当今社会生产体系日益工业化，情况也仍如刘宗迪先生所言：只要农民还在耕地，月份牌上就会一直标注着节气，节气便不会消亡①。一方面，农业生产方式会使节气长存；另一方面，若将节气奉为圭臬，试图全盘复古，又恐失于过猛。竺可桢院士曾申二十四节气之弊："盖我国版图之广，气候之文亮，农事之始终，各地断不能一律。"②传统不应止于固守，更当予以超越，故应深入挖掘其科学依据和文化价值，建构起符合当下社会发展的节气文化，将其活态地继承、传播和发扬下去。

①刘宗迪：《二十四节气制度的历史及其现代传承》，《文化遗产》2017年第2期，第14页。
②竺可桢：《改良阳历之商榷》，见竺可桢《竺可桢全集（第一卷）》，上海科技教育出版社2004年版，第395页。

春的行装 梦的衣裳

——浅谈立春服饰及其文化意蕴

柯 玲[①]

（上海国际设计创新研究院，东华大学）

摘 要： 立春服饰包括了迎春仪式和立春祭礼中句芒神、官员、妇女、儿童及演员等人的服饰。立春节日庆典在我国历史中的流行时间很长。立春服饰的服与饰中，饰的特点尤为鲜明。立春服饰丰富多彩，包含了富有节气色彩的剪彩、戴花以及簪幡、戴胜、春鸡、春娃等一系列的服饰和装饰。立春服饰显示了礼俗一体、官民同乐，服饰二字、轻重有别，妇女儿童、服饰主体等特点。立春服饰中蕴含了人们祈求风调雨顺、趋吉避凶、顺应天时等文化心理和人生梦想。

关键词： 立春 服饰 文化意蕴

一、服饰含义及其与节气的关系

服饰，是装饰人体的物品的总称，包括服装、鞋、帽、袜子、手套、围巾、领带、提包、阳伞、发饰等等。服饰既是人类生活的要素，能满足人们的物质生活需要，也是人类文明的标志，代表着一定时期的文化。这里的"一定时期"通常被理解为特定的历史阶段，但对服饰而言，尤其是对秉持着天人合一理念的中国传统服饰而言，将"一定时期"理解为"时令"更为适切。因为，与时令密切相关的历法文化是中华文明中十分璀璨的内容，

①作者简介：柯玲，上海国际设计创新研究院研究员，东华大学服装与艺术设计学院教授，非物质文化遗产教育研究中心主任。主要从事文艺民俗学、汉语国际教育、"非遗"保护及教育等研究。

本文为2018 年上海市设计学 IV 类高峰学科开放基金项目"非遗服饰文化的传承与教育研究"的阶段成果之一。

二十四节气是属于全人类的非物质文化遗产代表作。节气服饰已成为业内引人注目的话题。

汉字的"节",本义指草木枝干间坚实结节的部分。譬如竹子、草芥,若没有"节"的支撑,既无法自立、更谈不上成长,"节节高"是植物的本能。节气和节日都是时间概念,但节气是时节和气候的合称,节日则是生活中值得纪念的重要日子。节,是人类时间链条中的特殊日子,平常的日子如竹节之间光滑顺畅的部分,不经意即随风而逝,而"节"则是平常中不寻常的部分,是令人难忘的那些特别的日子。历史因为有了这些"节",便显示出了意义,人类因为有了这些"节",一步一步前行的足迹就十分清晰。

服饰,总是属于一定节气的。服饰不仅要与服饰主体合体、合身、合气质,还要符合特定的时令节气,顺应节令的变化发展,这是着装的基本原则。当然,服、饰二字,侧重又有所不同:"服"主要指衣服,侧重于服饰的保暖、遮掩等实用功能;"饰"主要指装饰,主要用于增加人们形貌的华美,多为一些外在的装饰、修饰,恐怕还包括外衣外套。当然,居于最高处的头巾头饰一类的头部装饰最为醒目。可见,"服"是必不可少的基础标准,"饰"是锦上添花的高级要求。也可以说,服饰之"服"主要满足人们的生理需要,而服饰之"饰"主要满足人们的精神需求。因而,寻常日子人们可以不修边幅,仅满足于"服"的实用功能,但在特别的日子,或者说在特殊的日子,人们必然会在"饰"上多花心思。或许,我们可以说,节气之于时日与服饰之于人生的关系相类似,并且人类的服饰还是自然物候之于人体的某种印记。

二十四节气是中国人生活中的特殊日子,它有机融合了天文、物候、农事及民俗,被列入联合国世界非物质文化遗产名录,彰显了我们的先辈高超而又巨大的生产和生活智慧。单就服饰而言,二十四节气中留下了古人不少习俗以及与服饰相关的谚语。既有立春的簪花剪彩、清明的戴柳习俗,也有"打了春,赤脚奔""吃了端午粽,就把寒衣送""春天捂,秋天冻""白露身不露,寒露脚不露"等节令性的穿着养生谚语,更有类似"清明不戴柳,死了变老狗;清明不戴花,死了变老鸦"等具有强制性的服饰谶语;而那一句充满关切与温情的"秋凉别忘添衣裳",几乎是全民喜爱、老少咸宜的问候语。服饰是二十四节气文化元素中无法忽略的因子。异彩纷呈的服饰习俗也是中华历法文化遗产中魅力四射的一个组成部分。放眼世界，穿着细事绝非等闲，联合国的"非遗"名录中一直不乏服饰的影子，如联合国第一批非物质文化遗产名录中，玻利维亚奥鲁罗狂欢节中富有安第斯文化的特色服饰就是亮点之一。

二、立春节气服饰概览

立春位于二十四节气之首，也是四时与八节之始，对于以农业文化为主要背景的国人来说，在相当长的一段时间内，立春几乎是当之无愧的"中华第一节"，因为"一年之计在于春"，只有过了春之节，人们方能长大一岁。古人将立春视为"岁始""春节"，从周代到清末，都以立春为一岁之大典，就官方角度而言，其重要性甚至超过了新年，"立春大于年"名副其实①。以农历一月一日为一年之始的元旦，则被称为"年节"。民国以后，立春、春节、元旦各自剥离，岁节与年节合二为一，传统的迎春活动转移到农历的春节，于是立春节气的重要性渐渐淡出，仅在一些偏僻地区还保留着一些残存的遗俗②。根据有关资料，我们将立春的服饰分为以下几类。

春神服饰：立春服饰中，不仅人类有特定的春饰，春神也有自己的服饰。春神名为句芒，其服饰不仅富于变化，可以因时因地而异，而且有着特别的象征意义。句芒形象各地有别，据说句芒服饰年有不同（看来句芒神是一位喜爱打扮的神灵）。山东迎春祭句芒时，可根据句芒的服饰预告当年的气候状况：句芒戴了帽子则表示春暖早到，光头则预示要春寒料峭，穿鞋则预示春雨多多，赤脚则兆示春雨稀少。浙江衢州的九华立春祭中，鞭打春牛的"芒神"不像古礼所规定的那样由男童扮演，而是由一名12岁少女来装扮。其脚上穿着蒲鞋，下身穿着无裆的套裤。春神的头发平梳成两条小发髻，挂在两耳的前面，披一件白色斗篷③。

①李金水主编：《中华二十四节气知识全集》，当代世界出版社2009年版，第42页。
②周志：《品物皆春——春季节气与造物文化》，《装饰》2015年第4期，第22页。
③王霄冰：《民俗文化的遗产化、本真性和传承主体问题——以浙江衢州"九华立春祭"为中心的考察》，《民俗研究》2012年第6期，第119页。

至于迎春盛典上的服饰，则因身份不同而不同，可分为成人服饰和孩童服饰两个部分。立春服饰中，相较于"服"，"饰"的内容显得更加丰富多彩。

官员服饰：立春服饰是官方礼俗，也是民间立春习俗的重要内容。官员迎春的服装有着比较严格的要求，例如在东汉时期要穿青衣，戴青帻，清代要穿吉服或者朝服。明清时京兆尹和各府衙官员都必须将官服穿戴整齐，去"东郊"的东直门外五里的"春场"去迎春，举行迎春礼仪后进宫朝贺并接受赏赐。春饰是立春节俗中的重要组成部分，不论是在官方礼俗还是在民间习俗中，都发挥着重要作用。在清代的迎春礼俗中，官员要胸佩春花，或者在帽子上戴春花。在民国时期，由于迎春礼仪的消失，官员戴春花的礼俗自然也不复存在。但是当迎春礼仪在某些地区恢复之后，春花也随之再度出现，例如在四川新津民国时期举行的迎春礼上，跟随在仪仗队后的警备队员的枪上便插着春花。这充分说明立春戴花是迎春礼仪中官员服饰的一个组成部分。

百姓服饰：民间的春饰分为两种情况，一种是妇女佩戴的春饰，例如春蝶、春蛾、春燕、春花、春杖等；一种是儿童佩戴的春饰。民间妇女立春时的装饰和佩戴十分丰富多彩。女性天生的气质决定了她们将成为春饰中的主要角色。在汉代就出现了立春的头饰，《炙毂子录》载："汉之迎春髻，立春日戴。"①妇女于立春前后佩戴春饰，是自晋代以来盛行不衰的习俗，在清代亦十分流行。妇女们不仅"竞剪彩为春蛾戴之"，而且"亦以春幡春篓，镂金簇彩，为燕蝶之属，问遗亲戚，垂之钗环"。民国时期编写的地方志中关于戴春的记述已不多见，可见此俗在民国时期已开始衰微。我国自古有"女为悦己者容"之说，妇女装饰打扮，一般并非出于公众和社交场合的需要。封建社会时期中国妇女社交的场合极少。但立春节气却是例外。女子可以为春色而容，为公众而容。迎春礼仪的观春活动正如全民参与的庙会和娱神活动一样，不仅"不分贵贱"，而且"男女混杂"。例如在河北吴桥县，"迎春东门外教场，走马做戏，男女咸集，满路花红"。立春儿童的佩饰主要是春鸡和春娃。这些立春饰物不仅精巧可爱，具有美感，而且寓意深长，凝结着良好的愿望。春鸡，一说是燕子，有道是"燕子衔来春天"，燕

---

① 王睿：《炙毂子录》（线装本），清顺治间刻本1册（25），说部第二十三。

子是具有报春功能的飞鸟；一说是公鸡，谐音"吉利"之"吉"以及饥饿之"饥"。儿童立春服饰花样还包括春蛾、春燕、春花、春杖、春娃等。它们是立春节日的形象标志，有着独特的形式、深刻的寓意和响亮的名称，不仅昭然醒目，而且富有美感。

演员服饰：立春是农耕的重要时节，牛是迎春典礼上的重要角色，当然也会披红挂绿。立春对于农人的意义更是非同寻常，浙江立春祭角色中自然少不了一位"老农"，他身穿蓑衣，头戴斗笠，这正是一个富有区域特色的"老农"的装束。而一般老年人都穿着平常的服装，青壮年要参加抬佛巡游活动的，则穿黄色绸服，戴黄巾，儿童们（共八男八女）都穿着绿衣绿裤，头戴竹枝编成的花环，脸上化了妆。以艳丽的服饰迎春，以鲜艳的色彩装扮春天。

可见，立春是一个需要十分注重修饰，并需要非常懂得如何选择与制作饰品的节气。粗略分类，立春饰品分为以下几样。

一是剪彩花。彩为色泽鲜艳的丝帛织品。昔时被作为材料做成花果形象，这种技艺在汉朝时就已十分发达，剪彩一词沿用至今。东汉王符在《潜夫论》中曾讥讽花彩之费，可见当时剪彩即已盛行[1]。晋代新野君一族以剪花为业，用染色的丝绢制成芙蓉花，将蜡捻成菱藕的形状，所剪的梅花更是宛若实物。晋惠帝曾下令宫女在立春日将染成五彩的通草花插在发髻上，作为装饰。荆楚一带的民俗，皆于立春之日，剪出彩燕戴在头上。唐朝制度，立春日郎官、御史以上的官员赐"春罗幡胜"，对宰辅、亲王、近臣赐"金银幡胜"，入宫拜贺之后就可以带回家里。民间剪彩的题材，根据当时诗歌所形容，"绮罗纤手制，桃李向春开"（宋之问《剪彩》），"可知剪彩花取用的意象，以花树蜂蝶禽鸟为盛"。由此我们完全可以想见一幅画面，当时的女子，在立春时节，云鬓上斜插钗子，上面再簪以用彩帛剪成的燕子，以应节令。唐中宗景龙年间，立春日出剪彩花；景龙四年正月八日立春，中宗下令侍臣迎春，大内派出彩花，每人赏赐一枝[2]。

① 王符：《潜夫论》，北京燕山出版社2010年版，第53页。
② 周志：《品物皆春——春季节气与造物文化》，《装饰》2015年第4期，第22页。

二是簪春胜、戴春幡。剪彩花所取用者则多为丝帛，春胜的制作材料以金箔为主。春胜是古代妇女立春时佩戴的银首饰，形如三个菱形纵向相交，可以用来缠头发。立春日剪彩成方胜为戏，或为妇女的首饰。一说春胜的制作与佩戴在人日（正月初七）。所谓"人人新年，形容改从新"，以"胜"见"新"，可谓喜气洋洋。《酉阳杂俎》载："立春日，士大夫之家，剪纸为小幡，或悬于佳人之首，或缀于花下，又剪为春蝶春钱春胜以戏之。"该风俗直至宋朝未改。欧阳修有诗写道："共喜钗头燕已来。"王曾《春帖子》中写道："彩燕迎春人鬓飞。"南宋临安立春这天，女子都喜欢做春幡、春胜，缕以金线，色彩相错，做成紫燕黄蝶之类，用以赠送亲朋。《太平御览》中言："花胜，草化（花）也，言人形容正等，人着之则胜。"[1]学者扬之水认为，"作为祥瑞出现在汉画像以及其他装饰艺术中的胜，自是富含吉祥寓意，此意且绵延不断流衍于后世"。他进一步认为，尽管人日簪花胜，立春剪彩花，然唐代之后人胜与剪彩花的式样渐趋相同，而人日与立春的时日又常相后先，因此便有了二者合一的可能[2]。两相比较，立春剪彩花的服饰风俗流传的范围更广、时间更长。

入宋之后，风俗又有变，人日戴胜的风习已经不太流行，但立春戴春幡仍是岁首一景，甚至赐幡胜还成为立春时节宫中的一项制度。孟元老《东京梦华录》卷六"立春"中有记载："春日，宰执亲王百官皆赐金银幡胜，入贺讫，戴归私第。"由此可见，宋代幡胜不加细分，笼统地称作春幡胜[3]。春幡的制作，或镂金银，或裁罗帛，而常常缀于钗首。此风历经宋元，至明清仍有余绪。据史载，清代迎春时，官员也要戴春花作为标志。明代之春幡亦有实物出土可为例证[4]。今人观之，亦可感受到当时佩戴者的华丽妩媚之姿。

三是戴春鸡、佩春娃。戴春鸡之风俗应与春胜之风同源，早在唐宋时期便已出现。崔日用在《奉和立春游苑迎春应制》诗中便写道："瑶筐彩燕先呈瑞，金缕晨鸡未学鸣。"此后，这项宫中习俗逐渐流传到民间，并且随着时

①李昉：《太平御览》，河北教育出版社1994年版，第146页。
②扬之水：《读物小札人胜、剪探花、春幡》，《南方文物》2012年第3期，第21页。
③张晓红：《春幡·春胜·春帖》，《唐宋立春饰品》，《文史知识》2009年第2期，第136页。
④扬之水：《读物小札人胜、剪探花、春幡》，《南方文物》2012年第3期，第21页。

光流转，其含义也发生了变化，不仅增加了祛邪吉祥之意，而且佩戴对象也转而以儿童为主。每年立春这一天，人们为讨吉利，便将彩色棉布和棉花缝制成的公鸡饰品钉在儿童的衣袖或帽子上，名为"春鸡"，俗称戴"春鸡儿"。至今，这一古老的汉族民俗文化仍流传于中国许多地方的农村。除了戴"春鸡"，还有戴"春娃"之风，据民国《灵石县志》载，立春之时，以绢做小孩人偶，俗名春娃，让小孩佩戴；又制作小袋，内藏豆谷，挂春牛角，以之消痘疹之灾①。由此可知，春娃与春鸡类似，都是给孩子们辟邪祈福用的。

三、立春服饰的几个特点

通过以上对立春服饰的简单梳理，我们不难发现立春节气服饰有以下几个特点。

一是礼俗一体，官民同乐。立春节气中无论是迎春礼还是立春祭，官员总在现场以示隆重（这一习俗沿用至今），官民一起参与盛典的现象在历史上屡见不鲜，而且，官员在服饰上也遵从了民间戴春簪春的习俗。在中国长期的封建社会中，很多中国传统民俗被纳入礼的轨道，被深深地烙上礼的烙印，甚至衍化为一种礼仪制度，这是中国民俗的一大特点。中国传统的民俗是中国古代礼制的基础和原型。官方礼俗不断吸收民间习俗的营养，丰富和扩展自身，并增强民众的认同感。民间习俗是官方礼俗的基础，如果官方礼俗不能和民间习俗相联系，官方礼俗就会失去民众的参与和支持，就不会出现官民同庆的国家盛典②。许多仪式制度化的古礼，其实是对民俗的理性归纳和升华，当时流行的民俗是古礼坚实的地基。许多民俗就是这样，一旦被统治者看中，给予了一定的条理归纳和理性的训诂便成为"礼"。礼成后，又不断反馈于民间，引导民俗走向礼仪化、制度化。

二是服饰二字，轻重有别。丰富多彩的立春服饰资料中，其实真正关注服装的文字并不多，描述春装的资料十分寥寥，但人们对于春饰却表现出了极大的兴趣。可见立春之时，穿什么其实并不重要，但戴什么却极为重要。

---

①张廷兴：《中国民俗通志·服饰志》，山东教育出版社2007年版，第322页。
②杨东姝：《从文献史料中探寻迎春（立春）民俗及风俗礼仪》，《河南图书馆学刊》2011年第31期，第127—129页。

驱邪也好，除晦也罢，祈福也好，迎新也罢，令人目不暇接的春花、春胜、春幡、春鸡、春娃，携带着浓浓的春信，烘托着春的色彩和勃勃生机。春天，在人们的装饰中款款走来，真正是"万紫千红总是春"，应了一个"彩"字。剪彩为饰，也是为了与大自然的万千气象相呼应，正所谓"人面桃花相映红"。总之，在不同的节气簪戴不同的饰物，既有妆点容颜之效，又含应时祛邪之意。可见，我们祖辈的立春服饰恰如其分地暗合着天时与地气。

三是妇女儿童，服饰主体。现代散文家朱自清先生脍炙人口的作品《春》中有些句子令人难忘，很像是对立春仪式的写实："春天像刚落地的娃娃，从头到脚都是新的，它生长着。"二十四节气中的立春相当于节气家族中的娃娃，新春伊始包含了除旧布新之意。所以立春服饰也紧紧围绕着一个"新"字。新春、新年、新生代，儿童的春饰在天人合一中得以代代流传。朱自清又说："春天像小姑娘，花枝招展的，笑着，走着。"句芒神的外形正是如此，无论男女，浑身上下充满了活力与快乐。

就服饰而言，立春服饰中最有特点的正是女性和儿童的服饰。中国传统社会中女性地位低微，受约束颇多，公开场合抛头露面的机会更是很少。但在万物萌生、百草排芽的立春之际，人为的清规戒律似乎也不得不临时解除。妇女们戴春既是与同伴争奇斗艳，也是在公众场合下展示自己的青春美貌。山西《翼城县志》所载："士女剪彩为燕，名春鸡（燕），贴羽为蝶，名闹蛾，缠绒为杖，名春杆，各簪头上，以斗胜焉。"[1]直到清代，女子戴春的习俗依然流行于公众场合以及家庭日常中。民国时期，迎春文化式微，观春的公众活动随之消失殆尽，女子戴春的热情有所消退。尽管如此，家庭范围内的戴春还继续存在。据民国初年河南《郑县志》所载："民间妇女亦以春幡春笺镂金簪彩为燕蝶之属问遗亲戚，垂之钗环。"[2]笔者自身也清楚记得，幼时的家乡——苏北农村的阿姨、姑姑们戴春的图景。不同材质、不同式样的春花或插于发际，或夹在耳端。对女性来说，春饰无疑是她们的一种节日饰物。春饰的彻底消失或许是在改革开放之后，城乡交流密切，城市化

---

[1]《翼城县志》（铅印本），1929年版，第38页。
[2]刘瑞璘：《郑县志》，铅印本1931年版，第26页。

速度加快，已经式微的传统在与城乡对峙及中西碰撞中节节退缩，以至无踪无影。不过，与此同时，随着全球性文化寻根热潮的掀起，对非物质文化遗产保护的重视，有些美好的传统又在人们的呼唤中自信回归。

相比而言，儿童的立春服饰传统则保持得更为持久。儿童戴春鸡或者春娃的习俗至今依然流行。民国《葭县志》载："立春日，以缯缝作鸡形，着于小儿头上，曰春鸡。"①民国《灵石县志》载："立春用绢作孩形，俗名春娃，童稚佩之。"②在鲁西南地区，至今可见初春时节儿童棉帽上或者衣襟上缝着红布制作的春鸡。春鸡嘴上叼着一串黄豆粒，表示春鸡食豆，以祈驱除水痘。同为立春服饰，妇女和儿童的春饰命运却不相同，形成这种落差的原因可能在于这两种春饰功能的不同。妇女的春饰既是为了应景迎春贺春，也是为了展示她们的青春和美貌。儿童的春饰则不仅是一种具有美感的装饰，更重要的是还具有一定辟邪驱灾的功能，具有驱病和保佑儿童健康的特殊作用。儿童的春饰建立在民间信仰的基础之上，这一点与公众场合和节日气氛没有必然的关系。因而官方迎春礼仪以及立春节庆活动的消亡都没有太多影响到儿童春饰的继续存在。再者，与官方迎春礼俗紧密相连的撒痘习俗虽然已不复存在，但是为孩子祈求健康平安、驱除水痘病害的愿望并没有消失，"春鸡食豆"寓意着春鸡灭除水痘的相生相克关联，这个儿童饰物正好可以接替撒痘习俗的功能，表达母亲们的殷切愿望，因此便得以延续。同时"春鸡"的意义除了驱除痘疹之外，其发音与"春吉"同音，还有祝愿春天吉祥的意义，符合民间趋吉避凶的民俗心理。布制的春鸡是精巧的艺术品，精巧可爱，生机勃勃，富有美感，深受儿童和母亲们的喜爱。因此，儿童戴春鸡、春娃的习俗便长存至今③。

四、立春服饰的文化意蕴

普通服饰都有两大社会功能：一是区别身份地位；一是表示所处的场合。立春服饰除此之外还具有显著的节气性特征：展现春意，点染春景，渲

---

①陈瑄：《葭县志》，榆林东顺斋1933年版，第67页。

②李凯明修、耿步蟾纂：《灵石县志》（铅印本），1934年版，第22页。

③24节气网，2014年11月7日，http://www.24jq.net/lichun/jie1901。

染春情。立于岁首，人们展望年景，思考人生，春天无疑是人们想法最多的季节，立春服饰中寄托了人们的不少梦想，这便是立春服饰的文化意蕴。笔者认为，立春服饰所蕴含的人生理想包含以下几方面。

一是风调雨顺丰收梦。这是最具中国特色的人生梦想。农耕社会，农业为本，风调雨顺与国泰民安之间有着必然的联系。而这样的梦想，直接体现在句芒神的服饰之中。这个小童模样主宰草木及生命的神灵，其服饰被赋予了某种寓意。风雨本是自然现象，但在农业社会却至关重要，因为农民基本靠天吃饭，因而句芒的服饰被赋予了预测气象的功能。句芒的服饰所显示的预兆让人们有了一定的心理准备，让他们在日后从容应对不测风云。春寒、春雨以及春风等春季天气无论对人类还是对农事都是要事，人们对农事未知命运的关注也是对人类生存条件的关注，这在迎春礼或立春祭中被表现得淋漓尽致。"立春之日雨淋淋，阴阴湿湿到清明""肥不过春雨，苦不过秋霜""春寒风飕飕，夏寒雨断流"，而立春服饰穿戴中的春花、春胜则反映了人们对风调雨顺、春花烂漫、春燕纷飞、春意盎然的美好春天的无比向往。

二是趋吉避凶安康梦。二十四节气的每一气分三候，立春三候分别是东风解冻，蛰虫始振，鱼陟负冰。"一候东风解冻"，说的是东风送暖，大地开始解冻。而在立春五日后，蛰居的虫类慢慢在洞中苏醒，这就是所谓的"二候蛰虫始振"。再过五日，河里的冰开始融化，鱼开始到水面上游动，此时水面上还有没完全融解的碎冰片，如同被鱼负着一般浮在水面，这就是"三候鱼陟负冰"了。可见，立春时节，春天虽已到来，但冬天的寒冷还未消失殆尽，只有大地解冻才能使万物复苏，才能有万物生长的土壤。所以，立春服饰中蕴含了先人趋吉避凶、趋利避害的心理趋向。在生产力水平有限的传统社会，温饱之外，疾病是危及人们生存的又一重要威胁，先人悟出的"春捂秋冻"的防病保健传统传承至今。春季温暖湿润，给各种病毒的传播创造了有利条件，春季是水痘的高发季节，水痘又是非常容易流行的一种传染病，好发于儿童。春鸡食豆，立春服饰中儿童带"春鸡"其实是带有一点民间消灾色彩的保健举措。另有一说是"鸡"和"吉"同音，取吉祥之意。其次，立春位于二十四节气之首，在立春这天开始戴春鸡，也象征孩子从小开始便"吉"星高照了。再者，民俗上有鸡能食五毒之说，给小孩子们佩戴春鸡也有驱邪攘灾之意。还有一种说法，过去农村贫穷，一到春天，就出现粮荒，断炊的、出门讨饭的并不鲜见，农人穷怕了，让孩子在立春这天戴上春鸡儿，期盼将来能过上不愁吃穿的好日子，从此不再遭受鸡（饥）荒之苦。因此，立春这一天，小孩子的身上戴的春鸡越多，说明孩子受到的祝福也就越多。

三是顺应天时自由梦。"天人合一"是中国哲学的核心内容，顺天应时说起来容易，做起来却很难。春天是万物生长的季节，养生促长是春天的自然主题，也是人事的响应举措。《黄帝内经》云："故智者之养生也，必顺四时而适寒暑。"（《灵枢·本神》第八）说的就是有智慧的人必定会根据四时寒暑进行养生，而且只有顺应四时寒暑变化才能避免疾病。这种养生观为后代医药学家和养生学家们所继承并发展。《黄帝内经》云："春三月，此谓发陈，天地俱生，万物以荣，夜卧早起，广步于庭，被发缓形，以使志生，生而勿杀，予而勿夺，赏而勿罚，此春气之应，养生之道也。"[1]（《素问·四气调神大论》）所谓"被发缓形"，告诉人们春天应该披头散发，衣着应该宽袍大袖（在安全的情况下甚至可以不穿衣服），解除身体的一切束缚，任其自由生长。在迎春仪式中，冲破清规戒律，解除礼教束缚，官民同簪花，男女共迎春，这些看似有悖封建礼教的举动发生在立春节气其实正是应天之举。

无拘无束，天人相应，这种自由生长、物我两忘的境界无疑也是许多文人士大夫的自由人生梦想。《论语·子路、曾皙、冉有、公西华侍坐章》也可以看作这种"自由理想"的生动版本，原文为："莫春者，春服既成。冠者五六人，童子六七人，浴乎沂，风乎舞雩，咏而归。夫子喟然叹曰：'吾与点也！'"[2]暮春三月好天气，新缝单衣穿上身，约上弟子若干人，结队前往沂水边，游玩春台舞，乘兴而去尽兴而归，此乃极高的乐处，也是最大

---

[1]三月，是草木发芽、枝叶舒展的时节。在春季，天地一同焕发生机，万物因此欣欣向荣。人应当晚睡早起，多到室外散步；散步时解开头发，伸展伸展腰体，用以使情志宣发舒畅开来。披散开头发，解开衣带，使形体舒缓，放宽步子，在庭院中漫步，使精神愉快，胸怀开畅，保持万物的生机。不要滥行杀伐，多施与、少敛夺，多奖励、少惩罚，这是适应春季时令、保养生发之气的方法。

[2]曾点说：暮春三月，已经穿上了春天的衣服，我和五六位成年人、六七个少年，去沂河里洗洗澡，在舞雩台上吹吹风，一路唱着歌走回来。孔子感慨地说：我赞同曾点的意见。

的风流。但笔者觉得特别有意思的是曾点的人生理想竟然得到了注重积极进取、追求人与社会和谐的孔夫子的高度赞成，孔夫子毫不掩饰，直抒胸臆，由衷感叹，给弟子点了赞。在这里我们可以看到儒道两家心灵深处的相通之处。也许，在真正的自然面前，一切哲学的心灵都是相同的。据说诗人陈梦家当年在西南联大教书时，每回讲到"侍坐章"，朗读到"莫春者，春服既成"时，便情不自禁地挥动双臂，长袍宽袖，做飘飘欲仙之状，学生深受感染。《论语》的这一段"舞雩咏归"和孔子的"吾与点"，其实是自古以来文人儒士内心深处的"人文情怀"与"自由性灵"的写照。

同样是在立春之际，被贬谪海南的苏东坡作词《减字木兰花·立春》："春牛春杖。无限春风来海上。便与春工。染得桃红似肉红。春幡春胜。一阵春风吹酒醒。不似天涯。卷起杨花似雪花。"以欢快的笔触描写了海南绚丽的立春风光，描写了最富特色的立春节气品物和装饰，寄托了他随遇而安、豁达的人生态度。

追求丰收和喜悦，追求健康和平安，追求自由和人性，立春节气自然常常成为历代文人墨客的关注对象，人们或描摹或歌咏或评点。春饰是立春必不可少的点缀，春童、春姑是立春中最抢戏的主角，至于春官，虽然可能只出现在迎春祭祀等重要场合，但其簪春花、赏春饰，与民同乐同庆，赢得了更多的"人气"。春天，是人和的季节，二十四节气是连接"天地人"三才的纽带，贴近自然，追求本真，无论是服饰还是饮食，无论是生活还是思想，立春节气都给人们很多的启发。让人毫不意外的是，富有文化眼光的现代时装设计品牌已经有意无意地要"将二十四节气穿在身上"[①]，希望"从历史长河中掬一捧五彩的水"[②]谱写文化的春天。可见，春天是一个催人奋斗的季节，恰如朱自清《春》里的另一句："春天像健壮的青年，有铁一般的胳膊和腰脚，他领着我们上前去。"

①石鑫丽：《她把二十四节气穿在了身上》，CFW服装设计网，2015年10月8日，http：//art.cfw.cn/news/175709-1.html。

②文木：《回归质朴，大美自然：二十四节气服饰秀唯美亮相恭王府》，搜狐网，2017年6月8日，http：//www.sohu.com/a/147074720_534379。

一元初始在立春

——河北清音古曲中的节气歌与民俗生活

蒋　聪　祖京强①

（首都师范大学音乐学院，中国文物学会文博学院）

摘　要： 在河北地区流传较广的清音古曲中，有一些是与节气时令有关的小曲。这些节气歌不仅描述了时令特征，还蕴含了农耕、商业、社会交往、家庭和睦等生活哲理。本文对河北地区田野调查的节气歌进行整理，分析其中立春的段落，以及这些节气歌与当地民俗之间的联系。

关键词： 立春　时令　清音古曲　民俗

　　河北古老的地理称谓为"冀"。根据《尚书·禹贡》中所分古九州的记载，在夏代就已设有冀州，可见冀的历史是多么悠久。千百年来，虽有多次历史地理的变迁，但至今河北一带的行政和地理称谓依然沿用"冀"的叫法。河北保留了丰富的民俗文化。民俗研究涵盖了经济、社会、信仰和游艺②。本文以游艺民俗中河北的清音古曲为事项主线，从中选取与立春有关的词、谱为研究内容，以《采茶歌》《山坡羊》为例，感受民间乐曲对于今天所倡导的民族传统教育与传承的意义所在，领会千百年来仁义礼智信的社会传统观

①作者简介：蒋聪，首都师范大学音乐学院教师，博士毕业于德国马丁·路德哈勒维腾堡大学，研究方向为音乐心理学、音乐教育、民间音乐等；祖京强，中国文物学会文博学院教师，毕业于中国艺术研究院，研究方向为篆刻、绘画、书法、宗教文化等。

本文系2015年度教育部人文社会科学研究青年基金项目（项目号：15YJCZH071）、首都师范大学2018年本科教学建设与改革项目"精品通识培育课程"的成果之一。
②乌丙安：《中国民俗学》，辽宁大学出版社1988年版，第12页。

念的传承。这些流传至今的清音古曲在民间传唱，没有被现代音乐、国外音乐、前卫音乐所击垮。这些古曲的传唱人是民间的古曲爱好者，他们仍坚守着老规矩、老词曲，学与唱。正是这样一代一代民间音乐的爱好者将古曲保留了下来，我们今天才能听到、看到，才能继续传承下去。

一、河北的清音古曲

（一）河北清音古曲的采集分布

据不完全统计，这种古老的演唱曲种主要分布在保定市新市区、清苑区、满城区、安国市、博野县、蠡县，定州市，石家庄市正定县、鹿泉市、深泽县、辛集市、晋州市、藁城市、高邑、赞皇、新乐，沧州市沧县、任丘市、青县、黄骅市、盐山县，衡水市景县、武邑县、枣强县、阜城县，邢台市任县、宁晋县、隆尧县、清河县、临西县、南宫市，邯郸市邯郸县、永年县、曲周县等地。笔者在调查中听过几十个曲牌的数百首曲目，结识了许多传唱清音古曲的老人。这些老人以执着的精神热爱、收集并传承清音古曲。本文清音古曲中的立春部分只是其中的一小部分。这些来自民间的第一手清音古曲不仅仅是落在纸上的词曲，还包括民间各个年龄段不同爱好者一代代长期的坚持，他们自发坚持排练、学唱和交流，保存着演唱组织自然形成的规范和秩序，使得这富有历史沧桑感的古曲依然流传至今。曲调古老而明晰，声腔整齐而有力，节奏平和而坚毅，字字声声入心田，鼓声震震撼精神。民间曲乡情浓，寄予着深深的乡愁。

（二）河北清音古曲的特点

河北的清音古曲是一种以曲牌体形式演唱的曲种。清音古曲的唱词都是依字行腔、合辙押韵的，其历史可以追溯到清代康熙年间。经过代代口耳相传，历经三百年，清音古曲至今仍保留着口传心授的传承模式。在表演形式上，以歌唱为主，没有过多的肢体表演动作，延续了明清以来清曲坐唱的表现形式，继承了中国曲学中"清曲坐唱"这一特点。它既有独特的自身规范，但又别于文武场伴奏俱全的昆曲传统"清音桌"的演唱形式。有一人独唱、二人问答对唱、多人合唱、帮腔等多种演唱形式，无论人数多少都是坐唱。演唱时极重板眼，伴奏以简板、檀板、单皮鼓、梆子、碰铃等打击乐为主，保留了古老的"檀板清歌""击节演奏"音乐表演形式。当地民众一般在节假日或农闲时期演唱，有时聚在某家屋内或庭院，有时在乡间的空场，多时有近百人参与演唱，那种热闹的场面可想而知[①]。

二、立春节气歌

（一）节气歌

> 春雨惊春清谷天，夏满芒夏暑相连，
>
> 秋处露秋寒霜降，冬雪雪冬小大寒。
>
> 每月两节不变更，最多相差一两天，
>
> 上半年来六、廿一，下半年是八、廿三。

这段朗朗上口的节气诗歌家喻户晓，也是人们识记二十四节气最简单、最直接的方式。这首节气歌中包括了二十四节气的名称、出现的顺序和规律、节气与阳历之间的关系，由此人们可以根据阳历的日期推测节气的名称，从而依照节气休养生息，在传统的农耕社会中依照节气变化准备相关农事。

既然与阳历有关，我们便可以推断这首节气歌并非出自古人之手，其作者也不得而知。据一些研究者考证，这首节气歌的雏形大概出现于1949年12月由新华书店出版的1950年历书中[②]。然而，这并非第一首节气歌，早在20世纪20年代末，时任南京国民政府立法院统计处农业统计科长的张心一先生就编过节气歌[③]，其目的是在推广阳历的同时，让人们更方便地推算二十四节气。此后，在各地出版的历书中出现了各种版本的节气歌。有些短小精炼，仅作提示之用；有些则根据当地的农事特点，编写了具有地方特色的节气歌。随着时代的发展，新的节气歌不断涌现，以农事题材的节气歌最多，涉及养蜂、养鱼、养猪、养蚕、养花、果树管理、蘑菇生存等诸多生产活动。此外，物候、养生等题材也是节气歌主要涉及的主题。这些既是对前人经验的总结，也为人们现在的生产生活提供指导。

---

①蒋聪、祖京强：《曲牌音乐在河北部分地区民俗音乐中的个案研究——以曲牌〈山坡羊〉为例》，历史与田野——中国礼俗仪式音乐学术研讨会参会论文，2016年10月。
②张小妮、张隽波：《琅琅节气歌 作者他是谁？》，《家庭服务》2017年第11期，第56—57页。
③同上。

（二）节气歌的形式

也许是便于识记，也许是便于参考，这些现代的节气歌短则四句即涵盖了所有节气，长也不过一个节气一句。这与古代人们为一个节气作一首诗相比，更简练、更具有实用性。古人多用诗词描绘某个节气的生产劳动、生活场景、节庆习俗等，宋代的节令诗词[①]、元代的节令散曲[②]尤为突出。

节气歌的表现形式也不局限于口诀、歌谣或诗歌的吟诵形式，有些地方把这些词配上了旋律，久而久之便成了广为传唱的民歌，如河北滦南县的《节气图》和饶阳县的《二十四节气歌》[③]。《节气图》一共49段，每一节气分两段（四句）来唱，主要描述物候和农事，目的正如歌中所唱，是为了让"少年人"记住二十四节气"几时种几时收"的规律；《二十四节气歌》主要描述物候特点，每个节气唱一句。其他省（江苏、海南）也有类似的节气歌[④]。更有意思的是，清末同治、光绪年间的苏州弹词艺人马如飞把节气和二十四个戏剧相联系，形成了别样的《节气歌弹词》[⑤]。清乾隆初年，虽没有节气歌，但有《月令承应》戏本，分别在各节令上演。

（三）河北清音古曲中的立春节气歌

此次采集的节气歌分别来自邢台任县、定州以及保定清苑区、满城区一带。这两个版本的节气歌与前面介绍的节气歌在内容上并不相同，不以农事或物候为主要内容，更多涉及士农工商的社会生活，告诉人们不同节气应该做哪些事，比如：立春时商人可以开始各自的买卖；惊蛰时文人开始学习；谷雨时朋友促膝畅聊；夏至时关照商人的生意，不要浪费时间；小寒时多积德行善，救济穷人等。这些内容不同于清音古曲传统曲目的贤孝故事，不仅

[①]李懿：《宋代节令诗中的农村节俗考》，《农业考古》2017年第3期，第233—240页。
李豫凤：《从李清照诗词看中国传统节庆习俗》，《焦作师范高等专科学校学报》2016年第12期，第12—16页。

[②]宛新彬：《略论元代的节令散曲》，《古籍研究》2000年第1期，第91—96页。

[③]《中国民间歌曲集成·河北卷》编辑委员会：《中国民间歌曲集成·河北卷》，中国ISBN中心1995年版，第750—753页。

[④]王琳：《中国农本观念中的"稻作时令歌"研究》，《音乐与表演》2014年第4期，第13—20页。

[⑤]翟瀚：《〈二十四节气（一）〉邮票上的苏州弹词》，《中国集邮报》2015年6月12日，第5版。

一元初始在立春

035

表现了旧时人们丰富的文化生活，也折射出和谐的社会秩序。

1.《采茶歌》

邢台任县的节气歌以《采茶歌》为曲牌，共十二支曲子，每支曲子包括两个节气。各曲韵脚不同。每支曲子八句，每四句为一阕，上下阕格律相同。每阕四句各句所含字数依次是五字、七字、六字、五字，第一、二、四句句尾押韵。以下为"立春雨水"段，韵脚为a，为"发""花"辙。词中描绘了立春草木生发的景象以及商家开业、顾客行走的开市景象，还描写了雨水的物候特征，提及了田舍农耕的活动。

采访对象：刘缺花、薄密芹、卢春肖

采访时间：2017年7月

表现形式：清唱

采茶歌

立春生萌芽，和风皆动运转发。

商出行顾开市，万物随市价。

雨水更温雅，沿河开柳放杨花。

田舍工养牲口，春耕秋剎耙。

采茶歌

采集人：祖京强
记谱：蒋聪

$1=^{\sharp}F$ $\frac{4}{4}$

立春生萌芽，和风
皆动运转发。商出行
顾开市，万物随市
价。

2.《山坡羊》

定州、保定清苑区、满城区的节气歌以《山坡羊》为曲牌（见"立春"段），该曲为十六句式，曲格为前十句七言，第一、五句和双句尾字押韵，后六句四言，第十一、十三、十四、十六句押韵。词中描绘了立春万物生发的景象，并且把立春当作"过年"，是新的一年的开始，家人团聚，相互拜年，一派喜气祥和的场面。

采访对象：王利民、成彦娟、刘艳利

采访时间：2017年7月

表现形式：清唱

山坡羊

立春来和风更换，只催得万物新鲜，

天地间迎新辞旧，每个家欢乐过年，

斗柄回寅艮震间，一元复始来更换，

万象更阳春艳景，不似那旧月光天，

天增岁月人增寿，春满乾坤福满园，

立春过年，一夜双岁，五更二年，

立春过年，家家拜节，古来所传。

山坡羊

采集人：祖京强

记谱：蒋聪

一元初始在立春

三、两首节气歌中的立春民俗

以上两首立春节气歌的歌词给人最直观的印象有两个：一个是立春的新年喜气氛围；另一个是立春是自然和社会活动新的循环的开始。

（一）立春的年节含义

如今使用的农历正月初一为"春节"（过年），与立春无关。究其原因，可能与孙中山倡导的"行夏正，所以顺农时；从西历，所以便统计"有关。1912年改西历1月1日为新年，也称"元旦"。1914年将农历正月初一改称"春节"①。而这与古时的"春节"和"元旦"所指完全不同，古代的"春节"原为立春之日，"元旦"原为农历正月初一②。

据史料记载，立春于春秋时期被确立为一个节气，为二十四节气之首，但立春的"春节"意义并不起源于春秋时期。立春自汉代被称为春节，《后汉书·杨震传》记载"春节未雨，百僚焦心，而缮修不止，诚致旱之征也"，后"历代王朝大多将'立春'称为春节"③。岁首也随着汉武帝《太初历》的颁布而确定，为农历正月初一。由此，立春就和岁首有了更紧密的联系，两个节日相差时间不多；同时，立春也带有过年的意味④。由此，作为"春节"的立春延续了数个朝代，各地有不同的迎春礼。古时从官方到民间对立春这一节日非常重视。早在西汉，儒家经典《礼记·月令》就记载了立春时天子群臣所行仪礼："先立春三日，大史谒之天子曰：'某日立春，盛德在木。'天子乃齐（斋戒）。立春之日，天子亲率三公九卿诸侯以迎春于东郊。还反，赏公卿诸侯大夫于朝。"时过千年，明代《燕都游览志》记载"立春日于午门外赐百官春饼"，《帝京景物略》记载"五里春场场内春亭万历癸巳府尹谢杰建"，《明宫史》记载"立春前一日顺天府与东直门外迎春"，可见官方仪式的传承。民间主要以饮食记录为主，如《明宫史》记载"立春之时，无贵贱皆嚼萝卜，名曰'咬春'"⑤。互相宴请，吃春饼。而如

①邓娜：《中国传统春节述考》，《兰台世界》2011年12月，第72—73页。

②[宋]吴自牧："正月朔日谓之元旦，俗呼为新年。"《梦粱录》，第1页。

③陈荣：《春节习俗与古代冬春祭祀初考》，《青海师范大学学报》（哲学社会科学版）2009年第5期，第114—117页。

④同上。

⑤[清]周家楣、万青黎修，缪荃孙、张之洞纂：《（光绪）顺天府志（一）》，第294—305页。

今在北方，与立春有关的大型节庆活动已不多见，偶尔能在饮食上找到些许立春时令的影子。

在各地地方志（清、民国时期）的民俗内容中，往往把立春的活动放在正月的活动当中，一方面，由于立春和"元旦"（如今的正月初一）一般在时间上较为接近，立春具有了过年的意义；另一方面，对立春的重视也体现了农业社会对自然万象更新以及来年丰收的美好期盼。关于立春静态的文字记载可以找到很多，迎春礼在部分地区也都在保持或恢复中，但类似《山坡羊》节气歌这样仍在传唱的小曲已不多见。

《山坡羊》节气歌清晰地表现出"立春过年"的旧俗，说明了立春的"过年"意义，不同于现在正月初一的"春节"，同时也描写了辞旧迎新的喜庆气氛。"斗柄回寅艮震间"这句话可以追溯到西汉《淮南子·天文训》，古人通过对北斗天象的观察，第一次完整地记录了二十四节气的运行体系。二十四节气是根据太阳周年运动来确定的，即通过圭表来观察日影长度，由此反映太阳在黄道上的位置，以黄经作为黄道经度的度量坐标，立春为太阳黄经315°。其中"斗柄回寅"指北斗的斗柄由子向寅的方位旋转，"斗指子则冬至……故曰距冬至四十六日而立春……加十五日指寅则雨水"，这个过程解释了立春的由来，也有万物起始之意；"艮震"在八卦中是东北和东方，与十二地支中寅所代表的东北方向相对应，即"斗柄东指，天下皆春"（《鹖冠子》），预示春天的到来。"一元复始来更换"也说明了把立春作为一年的开始。

《山坡羊》中的"天地间迎新辞旧，每个家欢乐过年，一元复始来更换，万象更阳春艳景，不似那旧月光天，天增岁月人增寿，春满乾坤福满园"，也充分体现了民俗"福"文化的寓意。百姓家家能够"欢乐过年"，就是要"辞旧""迎新"，"立春"年节就是结束"旧岁"而"迎新"年，年复一年，期盼来年"阳春艳景"，有更美好的生活。我国民间有"祝福风俗"，文中的"旧月光天"指已度过的时光一去不复返。"福"是人们期盼的"春满乾坤福满园"，贴"福"字是过春节的传统习俗，过去"福"是指"福气""福运"，春节把"福"字贴在家里大门上，既增添了过年的喜庆，也表达了人们对新的一年幸福生活的期盼与祝愿①。贴"福"字看似简单，实际上反映了人们向往美好生活的心理状态，无论"旧月光天"怎样艰难，"春满"与"福满"的外象释放着人们的"情满"和"心满"的内象，"一元""更换"使得立春"欢乐过年"的面貌更新"万象"。

从《山坡羊》这段唱词中，可以分析出旧时的年节与立春有关，如"立春过年，一夜双岁，五更二年，立春过年，家家拜节，古来所传"；这段唱词还用到了经典对联"天增岁月人增寿，春满乾坤福满门"，它出自明代嘉靖年间状元林大钦之手②。民间小曲中记录的历史，如立春作为"春节"，口口相传上百年之久，这足以说明这段唱词的历史厚重，体现了民俗文化的魅力和持久性，以及民间音乐的情结至深。

（二）立春的迎新含义

立春位于二十四节气之首。从二十四节气的形成过程来看，立春是继"两至"（夏至和冬至）、"四时"（在两至之后添加春分和秋分）之后确定的"八节"（在四时之后添加立春、立夏、立秋和立冬，亦称"四立"）之一，大概形成于春秋时期③。八节的确立是二十四节气形成的重要环节。自立春之日起，风和日丽，万象更新，种粒生根，草木吐绿，这也是"春"字原始的含义。新的一年由此开始，正是"一年之计在于春"。所以，立春迎春不仅是迎接自然界新生命的诞生，也是迎接方方面面社会生活的开始。

笔者走访了河北一些地区，当地人一般都认为立春是农耕准备的开始，农事由此开始，比如定州有在立春剥花生种子皮、准备播种的习俗。除了农耕，还有一些其他的民俗，比如邢台任县家家户户门上和孩子身上也要拴红布，而且还保留着放鞭炮的习惯，鞭炮不是随意乱放，而是根据立春的具体时间才放。比如2018年立春的确切时间为2月4日5点28分，那么就在这个时间放鞭炮，以此消灾免祸，一年平平安安，迎接春天的到来。另外，立春之日还有一些禁忌，比如定州有立春不能躺在床上的说法，如果立春时躺在床上

① 乌尔沁：《中华民俗大观》，中国商业出版社2010年版，第11—12页。
② 林焕煜：《感受潮州的美》，《城乡建设》2016年第8期，第94—95页。
③ 郑艳：《二十四节气探源》，《民间文化论坛》2017年第1期，第5—12页。
萧放：《中国上古岁时观念考论》，《西北民族研究》2002年第2期，第85—96页。

可能预示一年易生病或诸事不顺，这点与另一位学者的调查相似①。还有祭祀信俗相关活动，如还愿应该在立春之前完成。这些民俗活动和如今正月初一的春节庆祝活动似乎完全一样，人们充分体会到《山坡羊》所描绘的喜庆气氛。这些民俗，不管是庆祝还是禁忌，都希望立春是一年好的开始，盼望新的播种和丰收，预示新的一年平安和健康。

在商业习俗方面，古代在"春节"节庆时期的商业活动没有现在频繁。按旧俗春节各店铺都要关门，一般到正月初五（"破五"）之后再开始营业。清代，在商品交易活动频繁的北京，店铺关门长则半个月，短则五日；后来店铺放假的时间越来越短，清代北京就有店铺初二开始营业的②。河北地区也大概如此，集市是民间重要的商业交易场所，也是综合的社会经济文化载体③。河北拥有棉纺、药材、皮毛、粮食等物产集散地。据统计，明代直隶（1928年之前河北称为直隶）平均每州县有集市9个；清代前期，平均每州县有集市12个，到光绪年间增加到14个④。一般五里之内的集市要错开时间。19世纪中叶至下半叶，定州的集市有11—12个，城集每旬4集，其余每旬2集⑤，即"五日一集"。正定农家有破五"狠穷"的习俗，经商的初五开始忙碌起来，以此送穷⑥。从这些资料可以看出，河北地区古代的商业活动远没有现在这样频繁，"春节"期间人们不再忙碌生意上的事情，而把更多经历投入节庆活动中，准备"立春过年"；破五过后可以开始新的生意。所以，立春标志着新年初始，也提醒人们在节庆之后要开始筹备新一年的生意，顾客也要

①［宋］吴自牧："正月朔日谓之元旦，俗呼为新年。"《梦粱录》，第1页。
②齐大芝、任安泰：《北京商业纪事》，北京出版社2000年版，第57页。
③乔志强、龚关：《近代华北集市变迁略论》，《山西大学学报》（哲学社会科学版）1993年第4期，第43—47页。
④龚关：《近代华北集市的发展》，《近代史研究》2001年第1期，第141—167页；
Gilbert Rozman： Population and Marketing Settlements in Ching China. Cambridge University Press， 1982， pp. 136—138.
⑤氽平清：《华北乡村集市变迁、社会转型与乡村建设——以定县（州）实地研究为例》，《社会建设》2016年第9期，第81—93页。
⑥张俊伟：《正定农家破五儿"狠穷"风俗》，袁学骏主编《河北春节习俗研究》，河北人民出版社2017年版，第316—320页。

置备新的物件，开始新的买卖，正如《采茶歌》中所唱："商出行顾开市，万物随市价。"

四、结语

虽然两段河北清音古曲的立春节气歌没有过多反映出河北一些志书中所记载的立春习俗（如河北《保定府志》记录"立春迎春观土牛饮春宴"；《定县志》记载"立春贴宜春帖，食春饼生菜，儿童放风筝"），但其足以让我们认识到立春在过去的节庆中和生活中的重要意义。根据小曲描绘的内容，我们可以想象出旧时立春民俗的场景，这些民俗在历史中也得到了印证；反过来，这又足以说明河北清音古曲悠久的历史，且至今仍保存完好。

本文所引用的两首立春节气歌不同于民国后创作的节气歌。后者更多反映的是农事，对每一种劳作有指导意义，体现出较强的农本观念，其传播范围可能因特定的劳作种类而受到局限；而河北清音古曲的节气歌关照了更多的社会群体，如商人、工匠、文人等，寄托了人们对新年生活的美好向往和祝愿。加之清音古曲的词具有古典诗词的特点及深厚的文化内涵，使其具有更高的审美情趣。

春牛的民俗谱系与文化认同

雷伟平　宋军朋[①]

（上海外国语大学贤达经济人文学院文化产业与管理学院文化产业管理系，
上海建桥学院新闻传播学院秘书系）

摘　要： 从谱系与文化认同的角度来看春牛会有很多新的发现。春牛有鞭打之牛、掌上之牛、舞动之牛以及失落之牛四大类，其中鞭打之牛是春牛谱系的核心，掌上之牛与舞动之牛是对打春牛的延伸与发展，失落之牛是文化重构的结果。鞭打春牛的习俗分布在全国的大部分地区；掌上春牛主要分布在西北与贵州的部分地区；舞春牛的习俗分布在广东、广西、云南、江西、湖南以及贵州的部分地区；失落的春牛主要分布在安徽省的南陵、芜湖、当涂、宣城以及江苏省的南京高淳。春牛谱系的形成是民族间文化尊重与文化接受的结果。春牛谱系与文化认同的研究是对民俗谱系理论的实践，对于研究二十四节气的谱系有着基础性作用。

关键词： 春牛　民俗谱系　文化认同

　　谱系是指宗族世系或具有同一来源的同类事物的历代传承，以及对上述世代关系加以记述的书籍[②]。文化认同是指人类对于文化的倾向性和认可，包括文化理解与共识、文化归属等内容，强调文化间的相互尊重、个人身份的

---

①作者简介：雷伟平，上海外国语大学贤达经济人文学院副教授；宋军朋，上海建桥学院讲师。

②冯永康、田洺、杨海燕等：《当代中国遗传学家学术谱系》，上海交通大学出版社2016年版，第2页。

认同和自我认同，以及以文化为凝聚力的群体认同等①。从概念上我们并不能发现谱系与文化认同之间的关系，但是由于认同性是民俗学的本质特征②，因此当将谱系观念引入民俗学时，二者就有了联系。田兆元认为："只有谱系的文化，才会是有认同的文化。民俗学的核心问题是认同性问题，谱系就是一种基本的认同框架。而民俗学注重叙事研究，叙事的谱系是民俗学的核心问题。"③因此，我们试图将该谱系理论应用到民俗事象春牛的研究中。

所谓"春牛"，是指用土制成的象征农事的土牛④，也有用苇或纸为材料扎成的牛。春牛这一民俗事项历史悠久，源于周朝时期的"春官"说春。历经汉、唐、宋、元、明、清，逐渐发展为以"塑土牛""鞭春牛""抢春牛"等为中心的民俗活动。因此我们一般都会将春牛与立春节气联系在一起，但是事实上它不仅仅与立春相关，也融入春节等多种庆祝活动中。如今，二十四节气已成为世界级非物质文化遗产项目，春牛跟随立春节气走向世界，成为世界性的文化遗产。"民俗的谱系学说对于我们认识民俗事象和非物质文化遗产的复杂形态具有特别重要的意义。"⑤因此，作为文化遗产，春牛谱系对于认识农耕文化具有重要的价值和意义。

学术界对于民俗事象春牛有一定的研究，以春牛为关键词在知网上可搜索到论文40篇，这些论文的研究内容包括某地春牛习俗的历史渊源、文化内涵、保护与传承等。典型的有黎国韬、邱洁娴的《春牛舞与立春仪考》，以广东的春牛舞为中心，"从历史文化渊源的角度考察，此舞与古代的出土牛、立春仪、鞭春牛等仪式与习俗之间存在着密切联系。"⑥陈家友的《春牛文化与原始图腾崇拜——以广西各地春牛民俗为研究指向》一文，探讨了"春牛民俗蕴涵的农耕稻作文化与原始图腾崇拜内涵"，详细阐述了广西各

①郑天一主编，郑晓云著：《文化认同论》，中国社会科学出版社2008年版，第8—41页。
②游红霞、田兆元：《凤舟的民俗叙事与文化建构——以湖北洪湖的凤舟文化为例》，《长江大学学报》（社会科学版）2016年第10期，第13—17页。
③田兆元：《民俗研究的谱系与研究实践——以东海海岛信仰为例》，《华东师范大学学报》（哲学社会科学版）2017年第3期，第67—77页。
④[清]李永绍著、兰翠评注：《约山亭诗稿评注》，齐鲁书社2015年版，第240页。
⑤田兆元：《论端午节俗与民俗舟船的谱系》，《社会科学家》2016年第4期，第7页。
⑥黎国韬、邱洁娴：《春牛舞与立春仪考》，《文化遗产》2012年第1期，第145页。

民族的春牛民俗；万义的《侗族"舞春牛"文化生态的变迁——通道侗族自治县菁芜洲镇的田野调查》，其以人类学为视角，认为湖南侗族的舞春牛习俗"是侗族立春时节的民俗活动，是侗族宗教思想、生活方式、农耕文化和民族特性的历史沉淀，是一种亚体育文化形态的活动形式"；谢玲的《内乡县衙"打春牛"的研究与保护》，探讨了"打春牛"这一立春习俗的历史渊源，并分析了保护这一习俗的对策和意义。就目前已有的研究来看，虽然学者能够以某地区为中心研究春牛习俗，但是还没有呈现春牛的全国谱系并进行研究的。

有鉴于此，我们以谱系为理论与方法论指导，以"非遗"申报地如浙江、河南、陕西、甘肃、贵州、江西、山西、宁夏、广西、广东、福建等地的春牛相关习俗为中心，试图将春牛的全国谱系呈现出来，以期发现各地之间的联系与文化认同。这对于春牛习俗的传承与发展有着重要的价值和意义。

我们知道，牛在农耕社会中是人们很重要的生产劳作伙伴，但是这里所讲的春牛，则具有仪式美术的性质。为此，将牛分为耕地之牛与民俗之牛，而民俗之牛又包括鞭打之牛、掌上之牛、舞动之牛以及失落之牛。如图1所示。

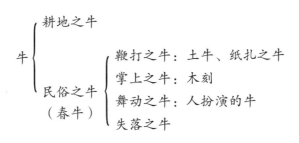

图1　牛的图谱

下面我们就根据图谱来进一步呈现春牛谱系，讨论不同民族间的文化认同。

一、鞭打的春牛：传统的传承谱系与文化认同

春牛谱系中的核心形态是用土塑或者纸扎的牛，民俗叙事中鞭打的春牛即是如此，也是人们在仪式中用美术化的牛替代耕地之牛的结果。在古代立春时，鞭春或打春是官方与民间重要的民俗活动，其历史悠久，几乎遍布全国，古代文献中多有记载，如：

《岁时广记》载："鞭春牛：《朝会要令》立春前五日，都邑并造土牛耕夫犁具于大门外之东。是日，黎明有司为坛，以祭先农，官吏各具彩仗，环击牛者三，所以示劝耕之意。"①

《皇明典礼志》载："有司鞭春：永乐中定每岁有司预期造春牛芒神。立春前一日，各官常服舆迎，至府州县门外，土牛南向、芒神在东西向，至日清晨陈设香烛、酒果、各官具朝服，四拜，兴班首诣前奠酒三，奠酒俯伏兴，复位又四拜，各官执彩仗排立于土牛两旁，赞长官击鼓三声赞，鞭春各官环击土牛者三。礼毕。"②

而在当下，鞭春牛习俗一般多分布在汉族聚居的地区，如河南内乡、湖北、浙江柯城、浙江遂昌、江苏、安徽、四川双流、北京、河北、黑龙江、吉林、辽宁、山西、山东（打春的娃娃、迎春的鸡）、河北邯郸、甘肃、陕西、云南、海南等地；除此之外，该习俗还分布在少数民族地区，如新疆的巴里坤、青海玉树、内蒙古中西部地区等。鞭春或打春是我们传统的立春习俗，形成了以春牛为中心的文化谱系。"民俗学的核心问题是认同性问题，谱系就是一种基本的认同框架。"③在文化的传播过程中，随着人口的移动，文化被携带到各地，逐渐得到各族人民的认同，是鞭打春牛的文化谱系，也是文化认同的谱系。

在汉族地区，春牛存在两种情况：立春祭祀仪式中的鞭打春牛，耍社火中的鞭打春牛。第一，立春祭祀仪式中鞭打春牛以浙江柯城九华立春祭为典型，分布在浙江、江苏、北京、山东、河北、四川等地；另外，云南多县均有"春祭鞭牛"这一习俗④。其几乎都是以历史上的鞭春仪式为基础，是对历史的继承，也有对历史的发展。第二，在耍社火民俗活动中，鞭打春牛是其中重要的民俗之一。社火是傩文化的表现形式，主要分布在西北地区，如甘

①[宋]陈元靓：《岁时广记》卷八，清十万卷楼丛书本。

②[明]郭正域：《皇明典礼志》卷二十，明万历四十一年刘汝康刻本。

③田兆元：《民俗研究的谱系观念与研究实践——以东海海岛信仰为例》，《华东师范大学学报》（哲学社会科学版）2017年第3期，第67—74页，第173—174页。

④中华舞蹈志编辑委员会：《中华舞蹈志：云南卷》（上册），学林出版社2014年版，第152页。

肃、陕西、山西等地。甘肃的庆城县、宁县，陕西的岐山县，在古代被称为豳州的地区有一种习俗被称为"鞭打春牛傩社火"，"过去，豳地有一种立春时分'鞭打春牛'的习俗，每逢立春那天清晨，一般多在祭坛外，提前用土塑成一头特大的牛，即春牛，由一人扮成芒神，用麻鞭抽打春牛，在场的群众争抢从春牛身上掉下来的土块：据说从春牛身上掉下的土块、碎纸片，可给各家各户带来吉祥平安，能使庄稼获得好收成。现在豳地在立春时祭祀春牛、鞭打春牛、闹春牛社火就是对这种傩仪的延续。"①

在少数民族地区，春牛的存在也有两种情况：鞭打春牛以汉族为中心；鞭打春牛为少数民族所接受。分别来看，第一，鞭打春牛的习俗仍以汉族为中心，如新疆的巴里坤，巴里坤是历代以来汉民族聚居的地区，而且在汉族移民到新疆的时候，大多以巴里坤为中心展开。因此，来自甘肃、陕西、山西的农业移民或者商业移民将很多习俗都带到了巴里坤，其中就包括鞭打春牛迎春的习俗。立春时节，牛王宫举行"春官老爷"打春牛庙会②。鞭打春牛的习俗在当下的发展是与文化旅游结合在一起的，在2008年，巴里坤举办了"丝路文化旅游观光会"，并展现了当地"鞭打春牛"的新春习俗③。还有内蒙古中西部地区如呼和浩特、包头、伊盟东胜区等，历来受到陕西、山西、河北移民的影响，虽然在仪式上稍有不同，但是其核心都是"鞭打春牛"。第二，少数民族在自身牛文化的基础上认同汉族的春牛文化，将其吸收形成具有本民族特色的鞭春牛仪式。如在青海玉树的曲麻莱等地区的藏族，每年春节都会举行赛牦牛活动。"该活动与汉族的'打春'仪式有关。当地习俗认为，每到岁序更新、春神降临人间的时候，春神先打发'勾芒神'牵着春牛来到人间，作为农牧民的保护神。为了迎接它，汉族风俗是让人扮'勾芒神'，鞭打象农事的土牛，由地方官行香主礼。居住在曲麻莱的各个部落仿效汉族习俗，也举行'勾芒神'鞭牛仪式。他们让扮'勾芒神'的人骑在春牛背上，扬鞭在草原上奔驰。以为春牛奔到哪里，哪里就会水草丰茂，虎狼

---

①《美术大观》编辑部：《中国美术教育学术论丛·民间美术卷3》，辽宁美术出版社2016年版，第264页。
②达力扎布：《中国边疆民族研究：第8辑》，中央民族大学出版社2014年版，第139页。
③《十二生肖艺术丛书·丑牛》，人民美术出版社2008年版，第45页。

远遁。年长日久，遂形成春节赛牛习俗。"①可见，春牛进入藏族赛牛文化的系统，是汉藏文化互动的结果，也是文化认同的结果。再补充一点："在藏区，有些寺院仍然保留春牛算的习俗，寺院每年都画出春牛图来预测农牧业的丰收与否、雨水充沛与否、植物茂盛与否、人们幸福与否，这也得到藏区农牧民群众的普遍青睐。"②春牛算是二十四节气为藏族所接受的一个印证，也成为藏族生活中重要的历算之一。

可见，鞭打春牛的习俗不仅在汉族地区流行，也在少数民族地区发展，是"鞭打春牛"的文化谱系的发展与认同的结果。

二、掌上的春牛：春官说春的叙事谱系与文化认同

春牛的第二种形式是那种木刻的小春牛，只有巴掌大小，称为手掌上的春牛。一般是春官手执春牛"说春"的送春形式。"说春"是一种传统的曲艺形式，是由春官走家串户进行的一种节令说唱活动，主要功能在于传递时间，将二十四节气的具体时间传递给老百姓，使百姓知悉耕种以及收获时间。一般是从冬至开始，到立春或春分时结束。在"说春"时，春牛作为农耕的象征物而出现，具有民俗意象的性质。田兆元认为，"民俗的谱系是一种有关联的集体行为。民俗谱系关注人类的某些共性，关注民俗活动的现实联系与互动。"春牛就是这样的共性所在，促使各地在相同的时间、不同的地域展开"说春"活动。"说春"主要分布在贵州的凤冈、湄潭、正安、绥阳、石阡、三穗、镇远等地③，四川的东北米仓山南坡，巴中市巴州区和南江县交界的道教圣地阴灵山一带及南江县朱公、黑滩两个乡镇④，陕西的安康地区以及汉中地区的南郑、勉县、西乡、城固等地，甘肃礼县龙林、大潭以及西和县石峡镇、平凉市的崆峒区等地，宁夏的西吉、隆德等地。

---

①周巍峙主编，赵宗福本卷主编：《中国节日志·春节：青海卷》，光明日报出版社2014年版，第33页。

②靖东阁：《"教育与宗教相分离"原则下藏区学校教育与寺院教育互补研究——基于甘孜、果洛等地的考察》，西南大学2016年博士学位论文，第66页。

③赵命育：《黔北的"说春"》，《民俗研究》2002年第1期，第194—198页。

④何浩源：《南江春倌"说春"贺新年》，《四川日报》2017年2月3日。http：//epaper.scdaily.cn/shtml/scrb/20170203/154238.shtml。

通过以上分析，我们发现从贵州东北部地区到四川北部、陕西汉中与安康、甘肃、宁夏之间有一个断裂，目前还没有找到相应的文献资料说明在重庆、湖北、四川的东部及东南部有"说春"的习俗，这些有待田野资料的补充。我们注意到，除了贵州的石阡等地之外，陕西、四川、甘肃、宁夏等部分地区延续了传统的掌上春牛"说春"的文化模式，形成了掌上春牛的"说春"谱系。贵州与四川、陕西、甘肃以及宁夏等4个省区形成的这种"说春"模式遥相呼应，是立春节气文化在全国发展的体现。

我们还注意到，在这个文化谱系中，除了陕西和四川两个汉族地区，其他都是少数民族聚居的地方。贵州石阡县等地是侗族的聚居地，而且春官不仅仅服务于本民族，还服务于仡佬族、苗族、瑶族等少数民族；甘肃的礼县等地和宁夏的西吉等地是回族聚居的地方。在甘肃礼县，分布着汉、回、藏、满族等多民族，在平凉有约33个少数民族，其中回族所占比重最大。宁夏西吉县是宁夏的回民大县，至2007年底，宁夏西吉县总人口数48万，其中回族26.3万人，占西吉县总人口的54.8%[①]，形成了极具特色的回族风俗文化。这里除了回民之外，还有汉、满、壮、东乡、蒙古、藏、土家7个民族[②]。十多年过去了，西吉的人口中，回族所占的比重应该仍然最大。再者，这些少数民族均对牛有着深厚的情感，有的还有相应的关于牛的节日，如：侗族的"斗牛节"，仡佬族、布依族、壮族、瑶族、苗族等的"牛王节"，藏族的"牦牛节"等。

由此可见，掌上春牛的说春模式在少数民族地区的传承是民族间互动与文化认同的结果，不同地区之间形成既有联系又有独特个性的传承谱系。这是谱系功能的外显，也是互动性与认同性的表现。

三、舞动的春牛：大众舞春的叙事谱系与文化认同

春牛的第三种形态是舞春牛。所谓舞春牛，也称唱春牛、春牛山歌，属民间传统舞蹈，重点在唱，边唱边舞。以山歌对唱为主要形式，以祝贺新春、赞

①西吉县政府办：《西吉县民族特色》，西吉县人民政府网，2017年9月21日，http://www.nxxj.gov.cn/zjxj/xjgk/mzts/201709/t20170921_490812.html。
②黄继红：《西吉春官词》，宁夏人民出版社2008年版，第1页。

颂牛犁、不违农时、催促农耕，祈求风调雨顺、丰衣足食、六畜兴旺等为主要内容，既歌既舞，生动活泼，欢乐诙谐，语言均为农事农活词语，兼夹着爱情故事①。春牛有一人、两人扮演之分，一人扮演的为两角春牛，两人扮演的为四角春牛。牛头牛身由竹片编织而成，黑布或灰布做套；绵纸做头和角，画上中眼。一人钻入布套则为两角春牛，两人一头一尾钻入布套中，则为四角春牛，边唱边舞。该习俗主要分布在江西的崇义，湖南的通道侗族自治县、汝城县，广东全境、广西全境、云南的文山壮族自治州、贵州的部分侗族聚居地等。舞春牛是汉族与其他民族共同拥有的习俗。

这一谱系的形成有两个方面的因素：一是舞春牛谱系随着移民的迁徙而形成；二是少数民族如侗族、瑶族、壮族等基于本民族的牛文化而形成的对舞春牛文化的认同。

先看第一个因素，移民传播了"舞春牛"文化。在江西的崇义县及其周围地区，根据当地"非遗"的申报材料，我们认为当地的舞春牛是移民"唐姓明朝正德年间从湖南迁入本地时，带入了这一民间习俗"②。另外，客家的迁徙也带动了舞春牛文化的传播。在民国《赤溪县志》卷八中提及明末清初广东客家的迁移时说，吾粤客族"于明季清初又多迁移于广属之番禺、东莞、香山、增城、新安、花县、清远、龙门、从化、三水、新宁，肇属之高要、广宁、新兴、四会、鹤山、高明、开平、恩平、阳春以至于阳罗、高、雷诸属州县，或营商寄寓，或垦辟开基，亦先后占籍焉"③。罗香林先生曾引《崇正同人系谱》卷一："广州属之增城、东莞、新安、番禺、花县、龙门、从化、香山、三水等县，又西江之肇阳罗、沿海之高、雷、琼、廉等州县，广西全省各州县，湖南毗连广东各州县，在皆有吾系，大抵皆在清初康、雍、乾各朝代，由梅州及循州之人，或以垦殖而开基，或以经商而寄寓。此盖为最后移殖者。"④可见，客家在明末清初时在广东的迁徙是较为普

---

① 贡儿珍：《广州非物质文化遗产志·上》，方志出版社2015年版，第333页。
②《崇义舞春牛》，江西省非物质文化遗产数字博物馆，http：//www.jxfysjk.com/show.asp?id=150。
③ 曹树基：《中国移民史（清、民国时期）：第六卷》，福建人民出版社1997年版，第379页。
④ 同上。

遍的现象，广西、湖南等地都有客家人的身影。广州派潭的舞春牛即是明末清初从江西长宁一带南迁到派潭客家人的习俗[1]。广东肇庆怀集县的春牛舞"于清朝光绪二年（1874）从广西贺州市传入下帅壮族瑶族乡"[2]。可见，舞春牛文化谱系的形成离不开人们的迁徙活动。

再看第二个因素，侗族、瑶族、壮族等少数民族基于自身关于"牛"的文化传统，认同客家或者说移民带来的舞春牛文化。在广东的怀集县聚居着汉族、壮族、瑶族，在广西聚居着壮族、瑶族、苗族、侗族等少数民族，湖南的通道、靖州等聚居着侗族，云南文山聚居着壮族等少数民族，而这些民族均有着丰富的牛文化，如壮族的"牛王节"、侗族的"斗牛节"、苗族的"芒蒿舞"、瑶族的"舞水牛"、水族的"斗角舞"、仫佬族的"敬牛王"以及桂东南地区的"唱春牛"等[3]。他们的生活中离不开牛，这些节日或者舞蹈都表现了人们对牛的热爱。因此当汉族移民带着春牛舞来到当地时，春牛舞容易为当地民族所接受和认同，并逐渐形成具有本民族特色的春牛舞。

综上，春牛舞谱系的形成与发展，离不开人口的迁移以及民族间的文化认同。

四、失落的春牛：春官送春的独特传承谱系与文化认同

"失落的春牛"是春牛谱系中独特的一支，是指原本在民俗叙事中春牛是象征物，但是由于外界的影响而出现断裂，之后在重构的过程中将春牛这一象征物遗失，如安徽省的南陵、芜湖、当涂、宣城，江苏省的南京高淳等地。这几个地方在地域上相邻，民风习俗上一致。所谓送春，是指人们通过敲锣打鼓、挨家挨户的方式，以五谷丰登、四季平安等吉祥语为主要内容进行表演、歌唱，表达人们的美好祝愿和期望。如果进行历史追溯，就会发现现实可能不仅仅如顾颉刚所言的"历史是层累地"造成的，也有如施爱东所指出的"历史是层减地"的情况发生。

---

①梁凤莲：《城市的拼图：广州市各区品牌文化研究》，花城出版社2013年版，第380页。
②盛海辉、维宁、志毅：《怀集的"非遗"珍存》，《源流》2012年第7期，第70—72页。
③陈家友：《"春牛"文化与原始图腾崇拜——以广西各地"春牛"民俗为研究指向》，《梧州学院学报》2010年第4期，第53—59页。

在历史文献中，安徽省的南陵、芜湖、当涂、宣城以及江苏省的南京高淳等地均有关于立春时春牛习俗的记载。

《（民国）南陵县志》载："立春：一日，县官率丞尉迎春于东郊，色役人舁土牛及芒神，为春官具冠服，士女聚观以穀撒之，中者谓之得岁。乐工制小春牛，鼓吹至搢绅家。名曰送春。"①这则材料中与本题相关的是"乐工制小春牛，鼓吹至搢绅家。名曰送春"。

《（嘉庆）芜湖县志》载："立春：先一日，县官帅丞尉迎春东郊，令色役人舁土牛及芒神。又为春官具冠服，控一长耳前导。复杂扮渔樵耕读四辈，逦迤绕郭行，青旗彩仗，舆卫甚都，村城男妇皆聚阡陌观之，儿童或持竹枝卹勿牛身以为笑乐。及日鞭春，色役人取牛腹中所实小牛，鼓吹至搢绅之家，云送春。"②在民国余谊密的《（民国）芜湖县志》中同样有关于立春的记载，在该条的后面有注，即"今按是俗光复后废止"③。这样看来，在1911年以后该习俗就废止了。这则材料中的变化是：色役人④成为主体，他们取牛腹中的小牛，并鼓吹至搢绅之家。

《（康熙）当涂县志》载："立春前一日，装神脸、扮台阁、鸣鼓乐，官吏迎土牛芒神于行春间外，名曰迎春；本日昧爽，太守以五花捧鞭之，名曰打春；碎其大者，取腹中小牛以送绅宦，名曰送春，官府行拜贺礼。"⑤这则材料是太守取小牛送绅宦之家，并没有说明是否有鼓乐。

《（光绪）宣城县志》载："敬亭山送春歌：年年春送人，何曾人送春。送人人尽老，送春春复新。"⑥虽然没有发现相应的习俗叙事，但是从这首诗的前半部分可以知晓，安徽宣城在清朝时期同样存在送春的习俗。

江宁是南京的古称，当时高淳县属江宁府，因此以江宁府志为准。《（同治）续纂江宁府志》载："通济门外岁建土牛厂：立春前一日，地方

①余谊密：《（民国）南陵县志》卷四，民国铅印本。
②[清]梁启让：《（嘉庆）芜湖县志》卷一，嘉庆十二年重修、民国二年重印本。
③余谊密：《（民国）芜湖县志》卷八，民国石印本。
④色役是指各种有名目（即色）的职役和徭役。参见朱立春：《中国历史常识全知道·家庭必备典藏版》，中国华侨出版社2015年版，第292页。
⑤[清]王斗枢：《（康熙）当涂县志》，清钞本。
⑥[清]李应泰：《（光绪）宣城县志》卷三十三，清光绪十四年刊本。

官出通济门，席殿迎之，自聚宝门入，诣府署席殿止。"①所以高淳县的习俗是以迎春为主。

由以上材料可见，在安徽省的南陵、芜湖、当涂、宣城以及江苏省的南京高淳等地，春牛均是立春节气的核心要素，当地形成了持春牛送春的民俗叙事谱系。但是，在1911年以后，经历新文化运动和20世纪六七十年代那段特殊年代之后，这一习俗几近不存。后来在国家申报非物质文化遗产项目政策的引导下，送春习俗逐渐得到恢复，并成为安徽省第三批省级"非遗"项目、南京市第一批"非遗"项目。当一种习俗长期被废除后，人们的记忆会变得模糊，这样就会引起民俗事项的断裂，恢复的过程是文化重构的过程，也是文化认同的过程。"非遗"项目的"送春"与以前的"送春"习俗有所不同，以前"送春"必然有核心物——春牛，而现在"送春"是"人们敲锣打鼓，挨门挨户唱春歌""春歌歌词为七字一句，句末押韵。演唱时多用当地方言行腔切韵。春歌内容多为祝福国泰民安、五谷丰登、四季平安之类的吉祥语。还要求送春者上门见啥唱啥，随机应变，上古下今，七十二行，涉及生产、生活的方方面面，堪称口头传唱的'百科全书'。"②现在的模式丢掉了春牛，保留了送春敲锣打鼓的形式，融入了歌唱的部分。

总之，以春牛迎春的习俗在安徽省的南陵、芜湖、当涂、宣城以及江苏省的南京高淳经历了从断裂到遗失的过程，经过重新建构，最终形成了以唱春官词为中心的送春模式。同样在这一空间下，新构建的文化谱系是在原来谱系的基础上形成的。因此，历史并非层累地造成的，而是通过放弃与增加并存以延续原来的谱系，并形成新的文化认同。

五、结语

在春牛的谱系中，鞭打之牛是春牛谱系的核心，掌上之牛与舞动之牛是对鞭打之牛的延伸与发展。鞭打春牛的习俗分布于全国大部分地区，除了广东、广西、云南、江西、湖南以及贵州的部分地区舞春牛之外，在全国大部

①[清]蒋启勋：《（同治）续纂江宁府志》卷八，清光绪六年刊本。
②《送春》，安徽省非物质文化遗产网，http：//www.anhuify.net/fyproject/TheThirdSY/641.html。

分地区的立春时节都能见到鞭打春牛的习俗；掌上春牛主要分布在西北与贵州地区；失落的春牛主要分布在安徽省的南陵、芜湖、当涂、宣城以及江苏省的南京高淳等地。春牛谱系的形成是在民族文化认同的过程中产生与发展的，这里有民族间文化的尊重与文化的接受两个方面，如藏族、回族、维吾尔族对文化的尊重，藏族、回族、侗族、瑶族、壮族等对春牛文化的接受，这样才有了全国春牛的民俗谱系。

总之，春牛谱系的形成离不开人们对立春文化的认同。这种认同正如田兆元认为的那样，认同实质上是人们观念上的变化。没有认同、没有观念上的变化，就没有春牛民俗谱系。春牛民俗谱系的研究是对谱系理论的实践，对于研究二十四节气的谱系有着基础性意义。

立春"忌口舌"民俗禁忌的文化寓意及其在构建现代和谐社会中的价值

徐 宏[①]

（南通大学艺术学院美术系）

摘　要：立春节气的民俗禁忌有不少内容，有些已经不合时宜，有些则完全可以在新时代新环境下重新诠释并推广发扬。立春"忌口舌"的民俗禁忌，包含了"含蓄宽容、兼容并包、求同存异、以和为贵"的文化寓意，是中国传统和谐观的体现。作为在民间有着非常好的传承基础的民俗，立春"忌口舌"完全能够且值得推广，对今日中国在现代化、城市群发展进程中构建现代和谐社会必将起到积极的作用。

关键词：立春　忌口舌　民俗禁忌　和谐社会

　　"立春"在中国古代曾被称作"春节"，代表新一岁的开始，是二十四节气中的第一个节气。从天文历法上来看，立春之日，太阳位于黄经315°，一般在阳历2月3日—2月5日之间。俗话说，"一年之计在于春"，在以农耕文明为基础的中国传统社会，"立春"是官方和民间极为重视的节日。早在三千多年前的周朝就有了立春之日天子亲率"三公九卿"、诸侯大夫，去东郊迎春、祭句芒神、祈求丰收的习俗，该习俗一直延续到清末民国初。四川《雅安县志》记载："立春先一日，有司迎春于东郊。即还署，乡农伪冠带

---

①作者简介：徐宏，东南大学艺术学院艺术学博士，南通大学艺术学院讲师。

舞公堂，说吉利语，谓之春官。鞭春牛，谓之打春。民国仍之。"①

前人学者关于"立春"的民俗研究，专著如简涛《立春风俗考》，论文如夏日新的《长江流域立春日的劝耕习俗》、朱培初的《立春传统民俗工艺》等，都对立春以及与之相关的民俗民艺，例如以迎句芒神、鞭春牛、劝农春耕为中心母题的"迎春""演春""打春"等官方祭祀活动，生嚼萝卜咬春、张贴春牛图、泥塑春牛像、用红纸红布剪葫芦祛病、吃春盘（春饼、春卷）等民间习俗，进行了深入的阐释与研究。但是关于"立春"的民俗禁忌，特别是立春"忌口舌"这一民俗虽有提及，但鲜有专门的研究。笔者以为，立春"忌口舌"的民俗不仅有着丰富的文化寓意，而且对于今日中国在现代化、城市群发展进程中构建和谐社会也有着重要的启示价值。

一、立春"忌口舌"民俗禁忌的文化寓意

（一）中国民间"立春"民俗禁忌的主要内容

民俗禁忌是一种社会心理层面上的民俗信仰，通常以否定性的行为规范呈现，虽然是精神性的，但是破坏禁忌会遭受惩罚，在某种禁忌广泛传播、为大众所认同的情况下，具有很强的威慑力。因此，在特定的历史环境下，民俗禁忌往往对人类社会的稳定和发展起着不可替代的作用。民俗禁忌在历史传承中，也在逐渐淘汰一些迷信或与新环境不相适应的内容，同时也随着新的社会形势、环境和人们的生产生活内容在发生转变，增加新的民俗禁忌内容。民俗禁忌能否得到传承，主要看具体的禁忌事项本身是否迎合了人们现实的生产生活。

具体到"立春"民俗禁忌，中国民间曾流行过的、有些仍在发生作用的，主要有：

第一，喜立春天晴而忌阴雨。农谚有"立春晴，一春晴；立春下，一春下""立春晴一天，四季雨水匀。立春雨淋淋，阴湿到清明""立春下雨是反春，立春无雨是丰年"等，这主要是从农耕生产的角度来归纳的，虽不一定准

---

①四川《雅安县志》，民国十七年（1928）石印本，《汇编：西南卷》第352页，引自简涛《略论近代立春节日文化的演变》，《民俗研究》1998年第2期（总第46期）。

确，但基本上汲取了当地气候物候规律与耕作经验，人们自然是"宁可信其有，不可信其无"了。明朝万历年间王象晋所编著的植物栽培书籍《群芳谱》这样解释"立春"之意："立，始建也。春气始而建立也。"立春日天气晴朗，的确能给人们带来吉祥兆头，即新的一年将会风调雨顺、五谷丰登。

第二，立春忌讳躺着、看病、理发、搬迁等。这主要是从人们安排日常生活的角度来归纳的，每一事项都有其历史传承的缘由，但也在新的社会环境下逐渐发生变化。立春被认为是"春气始建立"的日子，从吉祥文化的角度来说，人们应该站立或者坐着，精神饱满地迎接春的到来。但是出于祈吉祛凶的心态，为了图吉利，就忌讳看病，那可就是讳疾忌医了。现代人都知道，生病了，无论是在立春日还是其他日子，都得及时就诊。理发、搬迁，则不是急于一时的生活事项，既然有民俗禁忌，可免则免，但是正巧赶上了，也无须过于拘泥。

第三，立春这一天，旧时民间有出嫁的闺女不能回娘家的禁忌。据说是婆家怕儿媳将运气带回娘家。这显然是传统男权社会对于女性的一种约束，随着现代社会男女在经济、人格上的独立以及男女双方社会、家庭地位上的日益平等，这种禁忌自然而然就会失去约束力。另外，若某一阴历当年无立春日，民间称为"寡妇年"，不宜婚嫁；更为矛盾的是，当年若有两个立春日，既有宜婚嫁之说，又被称为"孤鸾年"，寓意再婚或婚姻不稳定。

例如，从2017年1月28日到2018年2月15日，为农历丁酉年"鸡年"，恰逢闰六月，全年长达384天，从而导致一年中包含了两个立春日，即正月初七（2017年2月3日）和腊月十九（2018年2月4日），民间将这种现象称为"双春年"或"两头春"。其实无论是无立春日，还是两头春，都是由中国特有的阴阳合历导致的正常历法现象，与吉凶祸福无关，但民俗禁忌的威慑力让普通老百姓还是选择能避则避，毕竟婚嫁生育都是人生大事！于是就出现一些年份扎堆结婚生子的现象。对这种立春禁忌，还是得让人们提高科学素养，才能渐渐消除其负面影响。

第四，立春"忌口舌"，不可口出污言秽语，要和和气气，喜迎春来到。中国民间认为，若立春时有口舌之争，则全年不吉，是非麻烦，诸事不利。有些讲究的人家，还会给家人推算命理，根据不同年龄、不同属相、不同情况进行"躲春"。古代命理学将"立春"视为冬尽春始立的季节相交之际，也是天干地支纪年法所说的值年太岁（祛除邪魅、奖善罚恶、掌理人间祸福之事的岁君、岁星、岁神）交接班之际，某一属相与其他属相相冲的，立春日最好谨慎些，躲起来不见生人或犯冲的人，躲过可能发生的口舌是非和灾病。这种隐忍、避让，虽带有一定的迷信色彩，但是对于在现实生活中化解一些人际矛盾还是有积极作用的。

对"立春"民俗禁忌中的"忌口舌"部分，本文将着重分析、比较和挖掘其价值。

（二）立春"忌口舌"民俗是中国传统和谐观的体现

中国传统文化特别讲究"礼仪"，官方和民间都注重共同遵守生产、生活、社交等方方面面的礼仪，倡导"以和为贵"，通过吉祥文化的传播来寄寓趋吉避凶、逢凶化吉的愿望，因此既有吉利祥和的说法做法，也有须谨记的各种言行禁忌。作为中国人特有的时间知识体系，二十四节气蕴含了数千年智慧且世代相传，深刻地影响着人们的思维方式和行为准则，是华夏文明注重"天人合一"和谐自然观的重要体现，而立春"忌口舌"这一民俗禁忌，实际上也是中国传统和谐观的体现。

中国传统文化原本是以本土的儒道互补为主流，两汉之际自印度传入的佛教不断与中国儒道思想融合，到了宋代更是形成了儒、释、道三教合流的局面。如图1所示，这幅由明朝成化帝朱见深于1465年创作的《一团和气图》，线条细劲流畅，顿挫自如，粗看似一笑面弥勒盘腿而坐，体态浑圆，细看却是三人合一：左为一着道冠的老者，右为一戴方巾的儒士，二人各执经卷一端，团膝相接，相对微笑，第三人则手搭两人肩上，露出光光的头顶，手捻佛珠，是佛教中人。这幅画作构思绝妙、造型诙谐，用高超的画技表达了中国传统文化中庸宽容、多元共生的

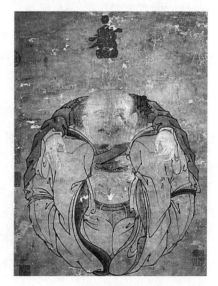

图1　一团和气图

特征。

立春"忌口舌"的民俗禁忌，应当放在二十四节气"非遗"项目的整体以及中国传统文化中去挖掘。由此，我们才能了解其中包含的"含蓄宽容、兼容并包、求同存异、以和为贵"的文化寓意。

中国古代农耕有四时八节之说，四时指的是春、夏、秋、冬四时，而八节则是二十四节气中的立春、立夏、立秋、立冬四立，春分、秋分、夏至、冬至，即所谓的二分二至。古人按照春夏秋冬四时的不同时令特点，来安排祭祀和重大社会活动，处处体现出"天人合一"的终极追求。早在三千多年前的周朝，中国人就遵循序时之礼，除了祭天地、日月、先祖之外，还有祭祀四时的传统：立春之日天子亲率三公九卿、诸侯大夫，去东郊迎春、祭句芒神祈求丰收；立夏之日到南郊迎夏、祭火神祝融；立秋之日到西郊迎秋，祭祀白帝少昊和秋神蓐收；立冬之日则到北郊迎冬，祭海神禺强。

据《后汉书·祭祀志》记载，东汉有"五郊迎气"的祭祀礼仪，车旗服饰均用与时令、方位相应的颜色，采用的乐、舞也与所祀神明相呼应，仪式隆重，时令色彩鲜明：

"立春之日，迎春于东郊，祭青帝句芒。车旗服饰皆青。歌《青阳》，八佾舞《云翘》之舞。及因赐文官太傅、司徒以下缣各有差。"

"立夏之日，迎夏于南郊，祭赤帝祝融。车旗服饰皆赤。歌《朱明》，八佾舞《云翘》之舞。"

"先立秋十八日，迎黄灵于中北，祭黄帝后土。车旗服饰皆黄。歌《朱明》，八佾舞《云翘》《育命》之舞。"

"立秋之日，迎秋于西郊，祭白帝蓐收。车旗服饰皆白。歌《西皓》、八佾舞《育命》之舞。并有天子入圃射牲，以荐宗庙之礼，名曰躯刘。杀兽以祭，表示秋来扬武之意。"

"立冬之日，迎冬于北郊，祭黑帝玄冥。车旗服饰皆黑。歌《玄冥》，八佾舞《育命》之舞。"[1]

我们从中可以看到，立春作为一岁之始，冬藏春立，正宜安抚滋养。因

①[南朝·宋]范晔：《后汉书》卷九十八·志第八·祭祀中。

立春『忌口舌』民俗禁忌的文化寓意及其在构建现代和谐社会中的价值

此在隆重的迎春仪式中，参与祭祀者是天子与诸文官大臣，代表杀伐征战的武将是不被允许参与的。相比之下，立秋因秋神蓐收主掌秋收和刑罚，古代军事备战从立秋开始，战争和行刑多在秋后。因此迎秋仪式就充满了秋来扬武、威武杀伐的气象。

其实，古人不仅在立春这一日尤其讲究和和气气，禁忌吵架相骂、作口舌之争，冬至日也有"忌口舌"的民俗，这同样都与"天人合一""阴阳调和"的和谐观相吻合。"冬至"是二十四节气中最早被制订出来的一个节气，也曾是孔子所向往的"郁郁乎文哉"的周朝历法中的新年。据《尚书》《周礼》等古代典籍记载，早在西周初，周公姬旦在洛邑（今河南洛阳）用"土圭法测影"测得天下之中的位置，并据此选定都城基址，并由此法测得一年中日影最长是"冬至"这一天。周朝所用的历法为太阳历，以冬至夜为岁末，冬至日为岁首。秦始皇统一全国后改用"夏历"，汉武帝刘彻选定天文学家落下闳的历法，于公元前104年颁行"太初历"，中国人才以农历十二月的最后一天为岁末，正月初一为岁首。但重视"冬至"的习俗在民间千百年来流传至今，因此有"冬至大如年"的说法。

根据中国传统哲学中的阴阳消长之说，冬至在一年中"阴极之至，阳气始生，日南至，日短之至，日影长之至，故曰'冬至'"，此后阳气逐渐增多，直到昼最长而夜最短的"夏至"，阳气之盛达到极点。而立春之日则是古人从冬至开始数九，到五九的末一天或六九的头一天。中国古代农谚常说"春打六九头，耕牛遍地走"，立春时节正是"一候东风解冻，二候蛰虫始振，三候鱼陟负冰"，也就意味着冬尽春来，气温逐渐回升，东风送暖，大地开始解冻，鱼虫开始活跃，万物复苏。

从冬至到立春，正是从隆冬到初春的过程，也是从阴气至极而阳气初生，生命活动由静转动、由衰而盛的阶段。这段时间就好比是农民育苗、孕妇受胎的阶段，需要小心呵护、精心调养，为初生的"阳"提供孵育的温床，使阳气逐渐生长壮大，那当然就不能吵骂动怒了。立春之后即将迎来大地回春的气象，是万物苗壮成长、生生不息繁衍的季节，就更不能轻易惹上口舌是非了。

（三）冬至、立春的"忌口舌"与惊蛰的"祭白虎、打小人"之比较

传统节气民俗也不完全是一味地让人们忍让甚至压抑情绪，而是讲究应

时而发。从冬至数九到立春，约在五九、六九之间，春气始立，因此禁忌口舌，而到了"春雷响，万物长"的惊蛰节气，也就是冬至数九、熬冬盼春过程的尾声，正应和冬至数九歌中所唱的最末一句"九九加一九，耕牛遍地走"，这一时节就有个"祭白虎、打小人"的民俗，帮助人们心理除虫，宣泄内心的负面情绪。

"春雷惊百虫"，从古代流传下来的农谚所说的"惊蛰清田边，虫死几千万"来看，惊蛰的农事主题是春翻、施肥以及灭虫。"惊蛰"时节各地民间都有形式内容大同小异的除虫仪式，比如浙江宁波旧时农家在惊蛰这一天会举行一种带有巫术性质的"扫虫"仪式。当然这种仪式也是象征性的，人们希望扫除的也不仅仅是害虫，各地的"射虫""炒虫""扫虫"等除虫仪式都带有祈求人畜无病、健康平安，庄稼无害、五谷丰登的寓意。

相传白虎是口舌是非之神，于惊蛰日出来觅食，开口噬人，犯之则遭小人恶语算计，以致年内诸事不顺，因此人们在惊蛰这一日祭白虎是期望化解是非。与此同时，民间还流行用木拖鞋拍打"小人"以驱霉运的做法，算是一种心理除虫仪式。广东民间及中国香港地区至今还保留这种巫术意味浓厚的习俗，例如香港铜锣湾及湾仔之间的鹅颈桥就是"打小人"的热门圣地，甚至还登上了各种官方旅游攻略。这种巫术意在驱逐、报复所谓的"小人"，一般由老婆婆先燃点香烛，步骤分成奉神、禀告、打小人、祭白虎、化解、祈福、进宝、打杯等环节，总之是为了保佑好人，同时不让"小人"好过。老婆婆手起鞋落，打得"啪啪"响，最后放入元宝盆烧为灰烬，整个过程恩怨分明，痛快淋漓，颇有心理疏导的作用。我们虽然不提倡迷信活动，但是也不能否认在一些精神困顿、无助的人群中，"打小人"这样的巫术仪式也具有一定的正面价值，毕竟这种仪式是帮助人们发泄掉郁结于心中的愤懑不平，并没有实质性地伤害所谓的"小人"。

通过冬至、立春"忌口舌"与惊蛰"祭白虎、打小人"的比较，以及之前的立春与立秋祭祀仪式的对比，我们清楚地看到中国传统文化是非常讲究因时而动的：在孕育、滋长的冬至到立春，注意隐忍、宽容、细心呵护；在矛盾产生的惊蛰，则努力化解是非；而在秋来扬武之际，则展现出威武杀伐之气。

二、立春"忌口舌"民俗禁忌在现代和谐社会建构中的价值

自从联合国教科文组织2001年公布首批"人类口头和非物质文化遗产"代表作以来，"非物质文化遗产"在短短十余年间便成为文化领域的热门词汇。我国自2011年6月1日起施行《中华人民共和国非物质文化遗产法》，体现了对"非遗"保护与传承的重视。2016年11月30日，中国申报的"二十四节气——中国人通过观察太阳周年运动而形成的时间知识体系及其实践"被列入联合国教科文组织人类非物质文化遗产代表作名录，在全社会引起强烈反响，关于二十四节气"非遗"的保护和传承也被纳入政府和学界的议事日程。

随着中国近现代社会环境的变迁，特别是进入21世纪以来中国现代城市化步伐的急剧加快，以农耕文明为基础的传统文化和生活方式已悄然发生改变。那么，属于中国全民记忆的二十四节气"非遗"，是否能够一如既往地在中国人的现实生活中，特别是在现代城市生活中，发挥促进"人与自然"和谐共生的重大作用？笔者以为，二十四节气是通过观察太阳周年运行规律、用阴阳五行观念来理解时间的流转，并基于直接的生产、生活经验而形成的时间知识和实践的体系，本身就具有活态性、丰富性、多样性的特征。因此，以中国古代"天人合一"的和谐自然观为核心的二十四节气"非遗"，完全能够扩展其内涵和外延，不断适应新时代的现实环境，融入现代城市生活，在人与自然的重构和谐关系中发挥作用。立春"忌口舌"民俗禁忌完全能够且值得推广，并在现代和谐社会建构中体现其价值。

二十四节气原本属于古老的农耕文明，但它所呈现的人与自然亲密无间的关系却是跨时空的。现代人固然在许多方面获得了先进科技带来的种种便利，然而也承担了工业文明带来的种种恶果，比如近年来席卷全国的雾霾。在节奏快捷的现代城市生活中，个体的精神常常处于紧张紧迫状态，冬春之际气候寒冷、阳光微弱、景物萧瑟，与一些人受到创伤后的心理世界异质同构，因此越来越多的现代城市人不能及时排遣消极情绪而患上了抑郁症。冬春之交，人们情绪容易不稳定，现代城市生活中不乏因为人口密集、交通拥堵、生活节奏快压力大而导致各种负面情绪爆发的情况，这是非常不利于社会和谐和个体健康的。

中医认为，人的生命运动是按自然界生命运动的总规律来进行的，即

"春生，夏长，秋收，冬藏"。上海市疾病预防控制中心卫生统计室发表的《2002—2007年上海市人群死亡与节气变化关系研究》发现，根据2002—2007年上海市人群死亡资料，计算不同节气的每天死亡数，采用圆形统计分布和超额死亡比，分析不同人群和死因的节气分布，得出人群死亡的节气超额死亡比从立冬以后增长明显，至小寒、大寒节气达到一年的最高峰，特别是年龄在65岁以上组、45—64岁组超额死亡比的峰值都出现在大寒、小寒、立春节气[①]。

因此，冬至、立春"忌口舌"的习俗，在今日中国更应提倡。为着自己和他人的身心健康，远离口舌是非，一团和气。在新时代新环境下重新诠释这样的民俗禁忌，具有非常重要的现实意义。

中国2010年上海世界博览会的主题是"城市，让生活更美好"（Better City, Better Life）。2016年5月11日，国务院常务会议通过《长江三角洲城市群发展规划》，规划期为2016—2020年，远期展望到2030年，长三角全面建成具有全球影响力的世界级城市群。中国在现代化、城市群发展进程中确实取得了举世瞩目的成就，展现出兼收并蓄、包罗万象、不断更新的特性，有助于促进人类社会秩序的完善。但是不可否认，高密度的城市生活模式不免引发空间冲突、文化摩擦、资源短缺和环境污染等问题，城市的无序扩展会加剧这些问题，并最终侵蚀城市的活力，影响城市生活的质量。

二十四节气"非遗"的传承，在历史上一直在不断地发展和更新，在进入现代化、城市化之后，仍有不少内容继续流传并焕发出新的生命力。近年来，因城市交通拥堵而出现"路怒族"，高速上别车、一言不合吵架斗殴，类似新闻频出；因工作压力大、城市生活节奏快而发生社交冲突，特别是从事服务业的快递员、外卖店家和顾客之间闹矛盾的事也屡见不鲜。笔者认为，二十四节气"非遗"通过人情人伦、家庭邻里、所食所祈、游历怀乡等文化内容所传达的和谐幸福观，将有助于对抗现代化大都市常见的"拥堵症""恐归症""冷漠症""抑郁症"等城市化病态症候。

现代城市文明中，立春的许多民俗已不多见。就笔者而言，除了吃春

---

① 赵嘉莹、宋桂香、韩明、方博：《2002—2007年上海市人群死亡与节气变化关系研究》，《人口研究》2010年第2期。

卷，印象最深的倒是立春"忌口舌"的民俗禁忌。笔者生长于浙江宁波，当地立春"忌口舌"民俗禁忌至今依然得到了很好的传承。祖父性格沉稳宽和慈爱，鲜有对儿孙发脾气之时，最重视立春当日和气平顺。父亲每到立春前一日就早早地嘱咐孩子们："明日立春，阿爷最讲究，你们不可惹是生非，不许吵骂，大家和和气气啊！"这样一代一代地活态传承中国美好的传统文化，不仅有利于家庭的和谐，而且从官方层面努力推广这种在民间非常有基础的民俗禁忌，对于整个现代和谐社会的建构必将产生积极的影响。

竹枝词中探立春

——兼论立春习俗的现代建构

方 云①

（华东师范大学社会发展学院民俗学研究所）

摘 要： 立春为二十四节气之始，在农耕社会时期具有多重意涵与表征，立春习俗也有着丰富的体系、内容与表现。然而随着时代的发展、社会的转型、城镇化进程的加速等因素，古老的立春习俗渐渐淡出普通民众的生活。当2016年"二十四节气——中国人通过观察太阳周年运动而形成的时间知识体系及其实践"被列入世界非物质文化遗产名录以来，节气节俗再一次回归民众视线。中国人作为二十四节气的实践者，如何传承、保护以及让节气更好地应用于当下生活，并构建新时期的内容与功能，值得学界认真思考与研究。论文试从具有民俗记录功能的竹枝词文献中梳理、解析曾经在中国劳动人民生产生活中发挥着重要功用的立春节俗，并尝试联结现代性语境，探讨立春节俗建构之可能性。

关键词： 竹枝词 二十四节气 立春习俗 节日建构

立春是一年二十四节气中的第一个节气。《广群芳谱》中对"立春"的解释为："立，始建也。春气始而建立也。""立"为开始之意，立春揭开了春天的序幕，象征春季的开始。立春自古便是非常重要的时间节点，它既是节气，又是节日，与农业生产有着极其密切的关系。在传统农耕社会中，从官方至民间，立春始终占有重要的位置，所以民间一直有"新春大如年""春朝大于年朝"的说法。

---

①作者简介：方云，华东师范大学民俗学研究所2015级博士生，研究方向为应用民俗学与非物质文化遗产保护、民俗博物馆。

随着时代的发展、社会的转型、城镇化进程的加速等因素，古老的立春习俗渐渐淡出了普通民众的生活。2016年，"二十四节气——中国人通过观察太阳周年运动而形成的时间知识体系及其实践"被列入世界非物质文化遗产名录，节气节俗再一次回归民众视线。中国人作为二十四节气的实践者，如何传承、保护以及让节气更好地应用于当下生活，是学界亟待思考与研究的问题。

从具有民俗记录功能的竹枝词文献中找寻立春习俗的诸多表征，挖掘、整理曾在中国劳动人民生产生活中发挥着重要调节功用的古老习俗，是民俗学将文献研究与现代性语境联结的尝试。以下通过对竹枝词文献的解析，探讨立春节俗活动重构的可能性。

一、作为民俗文献的竹枝词研究价值

竹枝词起源于古代巴蜀间的民歌。《乐府诗集》述："《竹枝》本出于巴渝。"①《太平寰宇记》《夔州府志》对"竹枝"均有记载。竹枝词自古有多种称呼，如"竹枝""竹枝子""竹枝曲""竹枝歌""巴渝曲"等；此外，"钦乃""渔歌""柳枝词"，又某某"百咏""杂咏"等也多以竹枝为体。

竹枝词这种诗体从民间流传至文人笔下，一般认为应归功于唐代诗人刘禹锡。"唐贞元中，刘禹锡在沉湘，以俚歌鄙陋，乃依骚人《九歌》作《竹枝》新辞九章，教里中儿歌之，由是盛于贞元、元和之间。"②这是对刘禹锡创作竹枝缘由的描述。他在建平（古郡名，今四川巫山县）做官时，见当地人唱着一种用笛子和鼓伴奏的歌曲，边唱边跳，唱得最多者即为优胜者。刘禹锡采用了他们的曲谱，制成新的竹枝词，体裁与七绝相似。据传这种民歌在唐代就已流行，为川鄂西一带的民歌，且和古代楚国民歌颇有渊源关系。后此种唱法失传，文人仿作为多，这些仿作的竹枝词大都描写乡土景物、民间风习或地方特产之类，带有浓郁的乡土色彩与民间气息。由于文人有了深入民众、向民歌学习的机会并加入了自己的创作，竹枝词才由民歌真正步入

---

①潘天宁：《词调名称集释》，中州古籍出版社2016年版，第358页。
②同上。

文坛，并异彩独放。

关于竹枝词的题材、内容和特点，清初王渔阳《带经堂诗话》卷二十九云："竹枝咏风土，琐细诙谐皆可人，大抵以风趣为主，与绝句迥别。"清末倪绳中《南汇竹枝词·序》提出："《诗》有六义，而风居其首。风有三义，曰风教、曰风俗、曰风刺；而风俗之风，实为国风之本义。"将竹枝词视为"风土诗"，已是今人的共识。周作人评述竹枝词为"可合称为风土诗，其以诗为乘，以史地民俗的资料为载，则固无不同"。词学大家唐圭璋亦述："宋元以降，竹枝词作者寝多，形式与七言绝句无异，内容则以咏风土为主，无论通都大邑或穷乡僻壤，举凡山川胜迹，人物风流，百业民情，岁时风俗，皆可抒写。非仅诗境得以开拓，且保存丰富之社会史料。"[①]

保存至今的历代竹枝词，是以书写文本形式保留下来的口传文化的重要遗产。于当今时代而言，竹枝词兼有史学、社会学、民俗学、历史地理和文学审美等的多重价值。从民俗学的角度看，竹枝词中有相当一部分内容是关于当地的风土人情和地理环境的，对一些少数民族的风俗习惯也多有记述。岁时节日、民间信仰祭祀、方言俚语、地方物产、风俗习惯等，在竹枝词中俯拾皆是，构成了一幅多姿多彩的民俗风情画。许多在现代生活中已消失的古老风俗与活动，可在丰富的竹枝曲中一探踪迹，立春习俗亦囊括其中。

二、竹枝词中的立春习俗

（一）竹枝词中的迎春仪式

从周代开始，直至清末民初，官家都把立春作为重要节日，举行种种迎春的欢乐活动。立春之日，东风解冻，正是劝农耕作之时。"国以农为本""民以食为天"是我国数千年的传统，自古每年立春，上至朝廷天子、下至府县官员，都要举行隆重的迎春仪式。《礼记·月令》中记"立春之日，天子亲帅三公、九卿、诸侯、大夫以迎春于东郊"。到了汉代，迎春已成为一种全国性的礼仪制度。《后汉书·礼仪志》说："立春之日，夜漏未尽五刻，京师百官皆衣青衣，郡国县道官下至斗食令吏皆服青帻，立青幡，

---

① 曲彦斌：《菁菲菁华录——历代采风问俗典籍钩沉》，大象出版社 2015 年版，第4页。

施土牛耕人于门外，以示兆民。"①东汉明帝永平年间还遵照西汉元始中的做法，于立春之日"迎春于东郊，祭青帝句芒"。可见，千百年前迎春活动已经多样化，并且形成了一套程式，世代相传。竹枝词中所见的迎春仪式主要为以下几种。

1.迎句芒

芒，芒神也，立春日迎之。传说中的句芒是掌管农事的神祇，其形象为鸟身人面，乘两龙行走。立春日所祭祀的主神就是句芒，祈求当年风调雨顺、国泰民安、五谷丰登等。隆重的"迎春"活动一般由鼓乐仪仗队担任导引；中间是州、县长官率领的所有僚属，皆穿官衣；后面是农民队伍，都执农具。众人来到城东郊，迎接先期制作好的芒神与春牛。到芒神前，先行二跪六叩首礼。执事者举壶爵，斟酒授长官，长官接酒酹地后，再行二跪六叩首礼。然后到春牛前作揖。礼毕，与来时一样热闹，将芒神、春牛迎回城内。而在清李振声的《百戏竹枝词·迎拗芒》中，则描述了民间迎芒神的诙谐逗趣："跣足科头迓立春，性情相反拗芒神。年年持赠丝麻好，几暖鹑衣百结人。"词中科头跣足，执丝麻鞭者，俗云"其恒与人相反"，故曰"拗芒儿"。

当下仍有许多地区也秉承迎春迎芒神的仪式。湖南吉首地区的祭春仪式中，由一人扮演春神向众人念五谷词、撒五谷。广西西林县壮族的"舞春牛"是当地人每年春节举行的祈福活动，其中有一个场面是，由两个人撑起一件似牛的道具装扮成春牛，春牛两侧各站一个持牛鞭的牧童（即句芒），春牛身上绘有相应年份干支的颜色，而牧童在前行时负责引导牛的走向。

2.打春牛

与"迎句芒"仪式相连的是"打春牛"，这是西周已兴的古老民俗，源于"土牛送寒气"的古仪。《礼记·川令》有"出土牛，以送寒气"的记载。后历代沿袭，唐宋尤盛，意在规劝农事，策励春耕。唐代的句芒神手执锄头，挥鞭吆喝打泥牛，表示立春已到，准备春耕。后亦有诗人卢肇"不得职田饥欲死，儿侬何事打春牛"及元稹"鞭牛县门外，争土盖春蚕"之句。北宋时，开封府要向皇宫进献春牛，各重要衙署都在门前置春牛，以示政府

---

① 《后汉书志五·礼仪志》注引《古今注》，中华书局1965年版，第3120页。

重视农耕。宋仁宗时期，鞭春牛之俗传播更广，成为我国民俗文化的重要内容。南宋时，临安府前置大春牛，皇帝驾临时，内官皆用五色丝彩杖鞭牛。宋徽宗《宫词》亦写道："春日寻常击土牛，香泥分去竞珍收。三农藉此占丰瘠，应是宫娥暗有求。"[1]民间立春日有将春牛击碎之俗，民众争抢春牛碎土，抱回家中以求祛病、宜蚕，祈求丰年。《济南府志》载："清康熙年间，立春日，官吏各具彩仗，击土牛者三，谓之鞭春，以示劝农之意焉。"清代宁洱迎春，有活牛、纸牛各一头，或牵或抬，随队而行，可任人鞭打。正如清曹信贤《魏塘竹枝词》所述："忆昨迎春演武场，青旗犹带北风凉。东皇原是温和性，偶尔闲人打不妨。"[2]演武场在宾阳门外，俗称"校场"。旧俗在立春前一日，邑宰率僚属拥春牛迎春。东门外店铺中有以花核瓦屑等物抛掷牛身之习俗，谓之"打春"。立春日，一般由知县率诸官员来到县署附近的农村，在那儿布置好耕牛与一块偃月形水田。知县牵牛扶犁做一番耕田的样子，表示新耕祈谷、劝农勤作、争取丰年之意。接着，将预先邀请来的一位老农用酒灌醉，授予他五谷秧苗，要他任选一种秧苗插田。于是，知县便宣布今年要播种老农选插的这种秧苗，这样就意味年成必定丰稳。最后，知县朝六合喜神方向掘开一沟，放水外流，官方有组织的仪式到此结束。

（二）迎春娱乐

1.迎春吉物

春书，是一种在立春日剪帖在宫中门帐上的书有诗句的帖子，即春帖子。唐张子容《除日》诗："拾樵供岁火，帖牖作春书。"《辽史·礼志六》载："立春，妇人进春书。"《酉阳杂俎》中亦载："北朝妇人立春日进春书，川青终为帜，刻龙像衔之。"春书为迎春吉物，宋代时多由翰林院拟写春辞，以绝句常见。清彭兆荪竹枝《楼烦风土词》中记："络帜青幡簇簇排，春书才进缀春钗。长官略副祈年请，发牒先勾中瓦街。"[3]词中出现了春幡、春书、春钗等诸多迎春吉物，并将拟春书之人物、地点、过程、用途

①[清]李于潢撰，高孔霖著：《汴宋竹枝词·风物纪》，广陵书社2003年版，第364页。
②丘良任、潘超、孙忠铨等主编：《中华竹枝词全编（一）》，北京出版社2007年版，第60页。
③丘良任、潘超、孙忠铨等主编：《中华竹枝词全编（一）》，北京出版社2007年版，第449页。

一一述明。春书为"迎春之礼，煊烂、清静存乎长官好尚，而土俗相沿，皆云此礼盛则年谷顺成。往往试之而验"。

有关最早的春贴可追溯至敦煌诗《立春》，记载如下："五福除三祸，万吉消百殃。宝鸡能僻恶，瑞燕解呈祥。立春著户上，富贵子孙昌。"[①]此诗写于敦煌写卷S.610背面，谭蝉雪考证为《桃符题辞》，并认为这是迄今为止所发现的我国最早的桃符题辞。敦煌诗歌《立春》诗句中的"宝鸡""瑞燕"可能是民众在立春日剪彩之物。通读诗作，它主要表现了立春日天气阴阳调和，体现了人们趋福避祸的祈福心理，表达了人们心中美好祝愿，类似后世的楹联。

民间喜好的迎春吉物还有小春牛。《东京梦华录》记："立春前一日，百姓卖小春牛，往往花装栏坐，上列百戏人物，春幡雪柳，各相献送。"清李于潢《汴宋竹枝词》中也证实了民间小春牛的装饰与馈赠之用："巧裁雪柳映花幡，红腊枝头落剪寒。门外青丝送生菜，打春牛小立雕盘。"[②]

2.报春与望春

春官是对说春人的俗称，多由乡村里的中老年男性担任。立春前几日，春官手执小锣、竹板，一边敲击一边口唱赞春词，挨家挨户送一张春牛图或财神图，意为送"春"上门。被送人家相赠几个小钱，称为"报春"，意为报知春已到来，须抓紧春耕。报春民俗的另一层用意在于把春天和句芒神接回来。客家地区则一般由男童来装扮"春官""春吏"以及"春神"，认为童男纯洁，符合神的心意，装扮春官、春神的男童亦可由此沾染"神气"，受到春神特别的护佑。

如清李声振《百戏竹枝词》中载："一样朱衣纱帽妆，倒骑牛背意堂堂。笑他抢地还应惯，赢得头颅号研光。"春官以秃人扮之，冠带而倒骑牛背，以戏谑的方式引来笑观。在城市里，则有艺人顶冠饰带，一称春官，一称春吏，沿街高喊"春来了"，俗称"报春"。无论士、农、工、商，见春官都要作揖礼谒。报春人遇到摊贩商店，可以随便拿取货物、食品，店主笑

---

①张锡厚主编：《全敦煌诗》卷九七，作家出版社2006年版，第4028页。
②丘良任、潘超、孙忠铨等主编：《中华竹枝词全编（五）》，北京出版社2007年版，第453页。

脸相迎。彭湘《晋风》中"腊前冠盖一番新，过市招摇例报春"则描述："翼城立春前一日，乐户扮春官一、春吏一，入绅户家报春。市贩悉走避，否则攫物无给值者"，嘲讽了这种变相的敛财方式。

望春是徽州地区独有的习俗，缘于汉族民间生育风俗，主要流行于安徽南部的歙县、黟县、休宁、祁门、绩溪等地。春，代表希望，有人丁兴旺、家族发达之意。立春前数日，出嫁女回娘家省亲，立春日必须从娘家返回。返回时，得乘青舆、着青衣，行动必张伞，还得恰恰在立春那个时辰跨入家门。俗传这样即可将春膏带入家门。出嫁女望春之后，传说即可得子。"手擎雨盖踏香街，鞋袜裙衫一色裁。入室大家开笑口，望春恰恰共春回。"[1]说的就是深居简出的徽州女子先春数日归宁，乘膏舆，衣青衣，行必伞，于立春之时入门这样的望春习俗。

（三）立春宴饮

1.春盘、春菜与春宴

立春特有的食俗在各地竹枝词中有不少记录。如金孟远《吴门新竹枝》咏道："粗包细切玉盘陈，茗话兰闺盛主宾。每到立春添细点，油煎春卷喜尝新。"[2]立春日，客至，饷以春卷。冯问田《丙寅天津竹枝词》中则记春柳："日历官场必用新，东郊不复祀芒神。一盘春柳晨餐荐，始识今朝正立春。"[3]所谓"春柳"，就是鸡蛋摊片切丝，拌上切成小段的春韭，是立春日的美食，后来则演变为薄饼卷鸡蛋、韭菜的春饼。立春这天还要食青萝卜或紫萝卜、白菜丝，谓之"咬春"。有"咬断紫菘春恰到，一年生事卜春风"之意。天津蒋诗著的《沽河杂咏》中有一首《竹枝词》写道："迎得新春又咬春，紫花菘复及时新。年年岁岁春先到，春酒安排要请人。"[4]词中所述"咬春"即指吃萝卜，"紫花菘"就是指紫心萝卜。

2.煨春茶

立春时节，江浙地区有煨春茶习俗。清郭钟岳《耕籍田》记："太守堂

①潘超、孙忠铨、朱锦翔主编：《安徽古典风情竹枝词集》，安徽文艺出版社2014年版，第245页。
②潘君明选注：《苏州历代饮食诗词选》，苏州大学出版社2013年版，第126页。
③丘良任、潘超、孙忠铨等主编：《中华竹枝词全编（一）》，北京出版社2007年版，第313页。
④丘良任、潘超、孙忠铨等主编：《中华竹枝词全编（一）》，北京出版社2007年版，第352页。

前偃月田，立春偷种卜丰年。煨春烧得香樟叶，黑豆糖茶著意煎。"①俗传立春夜前往官署前偷种五谷，种何物则明年何物丰收，最宜烧樟树叶，并煮黑豆糖茶，谓之煨春。有些地区的春茶则是用红豆、红枣、桂圆、陈皮、桂花、红糖等六种配料烧煮而成。按照民间的习俗，立春这天吃"春茶"，在新的一年里，不仅能身体健健康康，生活红红火火，还能护佑孩子们茁壮成长，平安吉祥。

（四）百戏演乐

明清时期是立春节日文化的鼎盛时期，节日里搬演戏剧是节日民俗的重要组成部分。立春演剧与迎春仪式演春、迎句芒神、鞭春牛紧密结合，体现了人们迎接春天的喜悦与期盼之情。孔尚任所纂《平阳府志》"风俗"卷描述了岁时迎春之俗："岁时社祭，夏冬两举。率多演剧为乐，随其村聚大小，隆杀有差。乡镇之香火会，扮社火演杂剧。"②立春演剧形式有扮故事、扮人物、临时组剧、演出片段剧目、演出完整戏曲等多种方式，剧目内容多为民众喜爱的通俗故事。演剧活动与立春节日主题紧密结合，具有浓厚的农耕文化色彩，体现了民众在娱乐中祈求丰年的民俗心理。

清朱士彦《安宜冬日竹枝词》载："剪彩句芒结束新，官符唤取踏歌人。春锣春鼓喧喧闹，处处人家听唱春。"③立春前一日迎芒神，各官前有唱秧歌者，二人前导，唱丰年之乐并祝官升迁，嗣后沿门唱春乞钱。"垄断旗亭白望过，盘茶面目笑人多。皤然脂粉真无赖，愧似黄州春梦婆。"④则述立春前三日，市井无赖子须眉脂粉，尴尬殊甚，见人什物辄白攫，名"抢春"，将演剧化为"闹剧"。

立春还有与演乐相关的抬阁、社戏习俗。清宁赞承《河阴竹枝词》中述道："妆扮儿童上彩竿，迎春锣鼓要人看。土牛才用花鞭上，风雪翻添一夜寒。"⑤清曹润堂《太谷竹枝词》"迎春大典为皇恩，马社多穿猞猁狲。更有

①丘良任、潘超、孙忠铨等主编：《中华竹枝词全编（四）》，北京出版社2007年版，第515页。
②丁世良、赵放主编：《中国地方志民俗资料汇编》第1册，国家图书馆出版社2014年版，第701页。
③丘良任、潘超、孙忠铨等主编：《中华竹枝词全编（三）》，北京出版社2007年版，第267页。
④丘良任、潘超、孙忠铨等主编：《中华竹枝词全编（一）》，北京出版社2007年版，第60页。
⑤丘良任、潘超、孙忠铨等主编：《中华竹枝词全编（七）》，北京出版社2007年版，第263页。

一番奇巧处，个中抬阁欲销魂"①，记录的就是立春抬阁活动。立春前二日，商人争办抬阁，社户以小儿扮抬歌诸戏迎春。所谓"抬春色"，就是让孩童、歌伎装扮成句芒和其他神话或故事人物，坐在高高的台阁上，在立春日的游行队伍中，由两人或四人抬着走。

（五）立春医药疾方

"叶烧樟树趁芳辰，爆竹千声气象新。俗字一编须记取，好将痊夏对焜春。"②清戴文俊《瓯江竹枝词》记述的焜春就是立春烧樟叶的"燂春"习俗。"燂"的意思是用烟熏，"燂春"就是在立春日立春时刻，以樟树木屑为燃料，在室内点燃用烟熏。《（民国）临海县志》载："立春，民家焚樟木屑于炉，谓之'接春'。"临海《竹枝词》曰："数九过去天转温，劈了樟木好燂春。烟气滚滚驱五毒，合家老小保太平。"③立春标志着进入了新的一年，故用樟树烟把上一年的污气驱赶出去。有些地区的燂春习俗是在空地上铺设并点燃一条间以樟树枝叶的稻草带，让孩子们从火堆上跳跃而过。在鞭炮燃放之后，孩子们一边兴高采烈地跳跃着跨过火堆，嘴里还唱着古老的歌谣。而这种立春跨火堆的传统仪式，就是"燂春"。"燂春"是华夏民族十分古老的习俗，据史料记载，早在先秦时期就已经在民间盛行。因立春之日阳气将出地面，燃放爆竹，焚烧樟树枝可祛退阴气、宣达阳气，助阳气生发，有驱邪迎祥之意，孩童跨火则蕴含着平安成长的美好祝愿。

立春去疾，还有拾土习俗。清龚澄轩《潮州四时竹枝词》云："满城儿女看鞭春，一岁阴晴辨有人。拾得土回邪可压，黄蕉丹荔赛芒神。"④关于立春日用土去疾早在敦煌文献中就有记录。敦煌P.2666V《单方》："立春日，取富儿家田中土作泥，泥灶，大富贵者，吉。"⑤P.2666V 主要以医药方为主，李应存等将此卷命名为《各科病症之单药方》，并称此则为《立春日择吉方》。《单方》反映了立春日择吉的具体做法，动土作灶，主要通过取富贵人家田中土做灶以祈求富贵吉利，具有一定的巫术意味。从中不难看出，

①丘良任、潘超、孙忠铨等主编：《中华竹枝词全编（一）》，北京出版社2007年版，第435页。
②雷梦水、潘超、孙忠铨等主编：《中华竹枝词（三）》，北京古籍出版社1997年版，第2219页。
③郑瑛中、戴相尚：《台州节俗概说》，上海古籍出版社2015年版，第119页。
④丘良任、潘超、孙忠铨等主编：《中华竹枝词全编（六）》，北京出版社2007年版，第444页。
⑤丛春雨主编：《敦煌中医药全书》，中医古籍出版社1994年版，第574页。

立春被认为是行祈禳法术以致富贵安和的吉日，而迎春仪式之后的土则是禳灾去疾的良方。一些地方志也有类似记述，如《上饶县志》："立春前一日，迎春东郊，诸行铺集优伶，结彩事前导，远近聚观。以土牛色占水旱，以句芒冠履验春寒燠。翼日，祀句芒，鞭土牛，争拾牛土，谓可疗疾。"①

竹枝词中关于立春日节俗的资料与记录不胜枚举，以上仅撷取若干以证明竹枝"志土风而详习尚"的功效，竹枝词在状摹世态民情中洋溢着鲜活的文化个性和浓厚的乡土气息，这对于诸多学科，特别是民俗学、社会学、文化史以及历史人文地理等领域的研究，具有极为重要的参考价值。

三、当代立春节日建构的可能性

要挖掘传统节日历史文化，设计传统节日的仪式符号刻不容缓。传统节日因其历史传承及丰富的文化内涵，在民众中具有一定的文化认同感。以何种方式庆祝中华传统节日？笔者认为，节日仪式应是传达此种文化认同的最佳途径。或者说，节日仪式应含有耐人寻味的仪式意象和仪式情境，能让民众有深刻的节日体察，从而体现传统节日深刻的意义与内涵。立春这一古老的节日与节气，饱含了中华传统农耕社会的生活智慧与生存哲学，其劝耕、勤勉、惜时、立志、祈福、禳灾等诸多功能，一直于自然、时空的循环中调剂着人与自然、人与社会、人与人之间的和谐关系，并服务于民众的生产劳动与社会生活。

随着时代的发展、社会的转型、文化语境的变迁，立春节俗已疏离了我们的生活。庆幸的是，随着传统文化的复兴与对非物质文化遗产的保护和重视，政府、学界、社会各种维度的关注已出现。随着2016年二十四节气申遗成功，对于如何恢复、传承、利用与发展二十四节气文化的研究已颇有成效。

综观当下我国的传统节日，虽然建构了许多地方性的仪式，但这些节日仪式意象与情境意识薄弱，虽然声势浩大，或流于表演形式，或教条刻板，凝重有余，亲和不足，缺乏感染力，民众参与度不高，这些因素均阻碍了传统节日文化信息与文化内涵的表达。深入研究立春古老的节日仪礼、仪式以

---

①张芳霖主编：《赣文化通典民俗卷》下册，江西人民出版社2013年版，第490页。

及对立春仪俗相关内容，恢复、整理、构建、传承并赋予其新时代特征，这是建立我国传统节日国家传播仪式体系的重要工作之一，民俗学界更是责无旁贷。

立春节俗随着中国历史文化的演进也一直在发生变化。从周天子亲率三公九卿、诸侯大夫去东郊迎春传达顺天施政，并躬亲耕种籍田祈求丰收，到唐宋立春节日的固定，皇室与万千民众同庆，民俗活动异彩纷呈，再到明清立春节俗的地域性多样性发展，立春始终未脱离民众生活。在民国时期，国民政府于抗战的时代背景中，出于振兴农业以及强化其政治统治等目的，于立春日设立了"农民节"。

基于农业生产的立春节俗，无论是对于传统节日振兴、构建国民文化认同，还是对于国家新农村建设、城镇化发展、乡村经济振兴、开发乡村节庆旅游等诸多方面，均是一座可开发利用的宝库。故本文试提出如下建议：

（一）重点打造春祭仪式

恢复、整理、挖掘迎春仪式的核心与内涵，更好地提升春祭仪式的影响力、知晓度、凝聚力、调节力，塑造国际著名春祭仪式品牌。采取多种措施组织开展迎春活动，努力增强民众的礼仪感、参与感、集体归属感。所以我们应当推广群众参与度高的庆祝方式，利用自身的经验与体会，感受传统节日的文化内涵与美学意蕴。

（二）组织多层次、多维度的迎春文娱活动

丰富多彩的迎春活动不仅能带来乐趣，更能产生巨大的节日经济。将立春与传统节日春节联动，举办如春联撰写、文艺演出、体育竞技、迎春民俗活动等群众参与度高的活动。积极营造良好的传统节日环境，形成全社会关注，并提升全民弘扬传统文化的自觉。在传统迎春节俗中，人们心怀对春天的向往与美好，尽情享受节日的气氛，有助于形成人际关系的良好互动，也能促进整个社会的安定团结。

（三）搭建广阔的农业交流平台

立春习俗是基于中国传统农耕社会发展而来的，与农业生产、农业生活、农村建设密不可分。可以立春节俗为主线，以立春文化为主题搭建一个以农业交流的平台。如：农产品、地方特色产品的展示与交易；农业技术、器材的展示与交流；农业人才、科研成果的研讨与交流；农村教育信息、科学常识、文化教育等交流与培训；等等。

（四）积极开发立春乡村旅游资源与文创

民俗文化成为乡村旅游的重要开发资源，乡村旅游与文化创意产业存在良好的互动关系，呈现一种创新融合的发展形式。立春节俗中的仪式、表演、活动、节令食品等与乡村自然景观共同构建了一种立体的、全方位的乡村文化旅游景观。而相关的创意衍生品，如传统手工艺品、传统美食与小吃、传统曲艺表演等等，以多种形态与业态更好地促进旅游消费，拉动乡村经济的良性循环，将收益更好地利用、反哺于乡村建设与"非遗"保护。

四、结语

立春是节气与节日的融合，是中国传统农耕社会最具意义的代表，它与中国人民的生产、生活密不可分，凝聚着民众生活的智慧，维系着国人的情感，是民族文化的重要代表，是我国极为宝贵的非物质文化遗产。在现代化、全球化、城镇化若干复杂语境的时代变迁之下，年轻一代仅仅从书本、影视作品、长辈的记忆与讲述中、从微小而短暂的生活片断中了解立春文化，无法体察节俗背后那厚重的文化内涵，更无从谈起传承，社会与学界已认识到了传统节俗消解所带来的危机。传统节俗的挖掘、保护以及传承，意义不仅在于帮助人们找回实际生活经验中的节日仪式感，在为人们重拾节日情感的同时，也为当下的节日文化活动、人们的精神生活提供最为恰当的指导。重新赋予传统节日现代社会的现实意义，有助于建立文化自信，坚定自己独特的民族生活和文化能力，从而实现中华文化的全面复兴。

古代立春节日演剧习俗考

李宗霖①

（厦门大学人文学院中文系）

摘　要： 立春位于我国二十四节气之首，也是一个重要的传统节日，有着丰富的民俗事象、文化内涵和精神底蕴。我国传统戏曲的一种重要生存方式是节日演出，立春节日中的迎春活动便活跃着戏曲演出的影子。立春期间进行的演剧，是全面、整体研究立春文化的一部分，也有益于笔者在民俗文化的大背景下观照戏曲。官方礼俗和民间迎春习俗中出现的演剧情况及清代宫廷中产生的月令承应戏，是立春演剧习俗的组成部分，它们的艺术形态、文化功能是农耕文化的体现。

关键词： 立春　戏曲　演剧　民俗事象　民俗文化

中国戏曲文化浓厚，演戏、看戏是人们日常生活中的一项活动，在特殊时期演戏，尤其显得具有文化韵味。岁时节日是人类社会生产活动过程中发展起来的文化现象。因为节日的群众参与性及其所具有的祭祀性、狂欢性等特征，戏曲也参与其中。频繁的节日对戏曲艺术产生了积极的影响。戏曲演剧与岁时节日的融合，衍生出更丰富的民俗事象，增添了传统文化的魅力，本文将从立春节气节日与演剧的关系来考察这一现象。

将戏曲带到民俗的范畴来研究，得益于民俗和戏曲两个学科的互相发展，李跃忠的《中国影戏与民俗》（2010）和《演剧、仪式与信仰：民俗学

---

①作者简介：李宗霖，厦门大学人文学院中文系研究生，研究方向为戏剧与影视、民俗、宗教。

视野下的例戏研究》（2012）、翁敏华的《古剧民俗论》（2012）、李祥林的《中国戏曲的多维审视和当代思考》（2010）和《神话·民俗·性别·美学：中国文化的多面考察与深层识读》（2015）等专著，对戏曲演剧展开了民俗方面的具体解读，尤其是《古剧民俗论》一书，研究了中国重要的二十四节气节日演剧情况，揭示了中国古代绚丽丰富的民俗节日演剧意象。简涛先生的《立春风俗考》（1998）对立春节日文化的研究具有提纲挈领的作用，同时又全面具象，尤其是从民间与官方、迎春礼俗这两个角度重点展开诠释。张丑平的《明清时期立春节日演剧习俗考》（2015）一文对立春节日活动的演剧情况做了较为具象的研究。因此，本文从迎春礼俗的产生出发，选择东汉、宋代和明清时期这三个有代表性的阶段做研究，梳理出纵向的发展脉络和文化演变现象。由于年代的久远，文献资料的分散、稀有，本文也多呈现其原始资料，作为详细的考察依据。

一、立春节气、立春节日与迎春礼俗

立春最早出现在古文献《逸周书·时序》中："立春之日，东风解冻。又五日，蛰虫始振……雨水之日，始桃华……"，在《礼记·月令》《淮南子·天文训》等古籍篇章里对立春也有记载。而早在春秋时期，先民在长期的社会实践活动中，根据气候变化对农业生产的影响总结出立春这一节气，并在立春之日开展民俗活动，后渐渐被官方沿用。所以，二十四节气至迟在战国时期已经基本完备，各个节气的物候现象也已明确[1]。立春日，太阳位于黄经315°，一般在每年的2月3日至5日之间。明朝王象晋《群芳谱》云："立，始建也。春气始而建立。"立春在古代被称为春节，是万事万物的开头的意思，意味着春天和新一年的来临。《月令·七十二候集解》云："立春，正月节。立，始建也，五行之气，往者过，来者续。"在以农耕为主的古中国，立春是重要的节庆，是预言、指导农事的关键时节，寄托着古人的美好愿望；同时，人们也赋予了它超过本身的文化内蕴。

立春由节气转化为节日，这既是古代先人对自然宇宙认识的外在显出，

---

① 简涛：《立春风俗考》，上海文艺出版社1998年版，第20页。

又是基于祭祀礼乐文化的需要。我国大多数的古代节日习俗有不少来源于祭祀礼、祭祀活动，原本这些节日是没有固定时间的，带有不确定性，随后它们被固定在一些带有规律突变性的时间。立春先期的习俗属于农事祭祀节日习俗，随着习俗的稳固，它的祭祀意味渐渐淡化，慢慢发展成典型的农事节日，表现出更加世俗化、娱乐化的倾向，最终发展为迎春礼俗。

在立春节气举行迎春礼俗，开展迎春活动，有个从宫廷到民间的动态演变过程。迎春礼俗礼仪原本掌控在统治阶级的手中，他们负责主持，从先秦文献中可以找到佐证，如《吕氏春秋》《逸周书》《礼记》《淮南子》，其中《逸周书》里《月令解》相关内容已缺失，但通过推断和论证可知，它们所记叙的内容相似。这里引《礼记·月令》作为参照："孟春之月……是月也，以立春。先立春三日，大史谒之天子曰：某日立春，盛德在木。天子乃斋。立春之日，天子亲帅三公、九卿、诸侯、大夫以迎春于东郊。还反，赏公卿诸侯大夫于朝，命相布德和令，行庆施惠，下及兆民。庆赐遂行，毋有不当。"但是，它们虽然有文字记录，却属于一种假象型的描述，并未在现实中实际操作，还只是一种理想社会的蓝图。迎春礼俗萌芽于春秋战国时期，直到东汉都还未正式举行，因为古籍有迎春活动的记载是从东汉才开始的，如《论衡》《月令章句》《吕氏春秋》《后汉书》等文献。《后汉书·显宗孝明帝记第二》载："是年，始迎气于五郊。"这一年是永平二年（59）。《后汉书·礼仪志》载："立春之日，夜漏未尽五刻，京师百官皆衣青衣，郡国县道官下至斗食令史皆服青帻，立青幡，施土牛耕人于门外，以示兆民。至立夏。唯武官不。"《后汉书·祭祀志》又载："立春之日，迎春于东郊，祭青帝句芒。"可见到了东汉，迎春活动已经成为一种全国性的制度，上至天子、下至各级官吏，都要参与迎春活动。

二、东汉时期立春演剧习俗

从《后汉书》等古籍资料可以看出，东汉时期的迎春礼具有两种形态，一种形态是东郊的迎春礼，其又由都城洛阳的迎气以及各地区的迎春组成；另一种形态是城门外的树立土牛、耕人的仪式。考察迎春礼的初始状态，可以看到戏曲演剧的因素已经藏于其中了。

在《汉书·郊祀下》中，关于分群神产生五部分布的记载可知，迎春礼发端于西汉时期的郊祀礼，在西汉平帝元始时期，王莽多次上奏调整祭礼，认为"宗庙，王者所居。社稷者，百谷之主"，必须高度重视宗庙社稷的祭祀，才能保社稷的安定。所以西汉时期的宗教祭祀氛围是非常浓厚的，这也促使了礼乐舞的发展，同时，这种条件也是孕育中国戏曲初始状态的绝佳环境。

中国戏曲产生的源头与宗教祭祀仪式有着莫大的渊源。当戏曲定型前尚未有日常性商业演出时，它的生存、发展方式绝大多数以节日活动为依托，传统的节日又大多发端于农事、宗教祭祀礼仪。宋代的苏轼较早地察觉到了宗教祭祀仪式中所具有的戏曲演剧成分，他在《东坡志林》里指出："'八蜡'，三代之戏礼也。岁中聚戏，此人情之所不免也；因附以礼义，亦日不徒戏而已矣。祭必有尸……'猫、虎之尸'，谁当为之？'置鹿与女'谁当为之？非倡优而谁？"王国维在《宋元戏曲史》中写道："歌舞之兴，其始于古之巫乎？巫之兴也，盖在上古之世。"[1]古代的巫以歌舞作为职业，来娱乐神和人，每次祭祀时也都会用上尸，在楚代时巫也被称作灵，王国维之后得出定论："是则灵之为职，或偃蹇以象神，或婆娑以乐神，盖后世戏剧之萌芽，已有存焉者矣。"[2]在祭祀活动中，巫人作为中间对象，通过歌、舞、乐、诵等方式向鬼神献媚，把民间虔诚、敬畏、祈求的心意传达过去，鬼神接收后，感到娱乐、满意就会施舍怜悯，赐予丰收和平安的祝福。巫在这个过程中，在服装、声音、动作、语言等方面所进行的是一种异样的、夸张的表达，而且祭祀时会用到活人扮演的"尸"，用现在的眼光看，祭坛就相当于今天的剧场，坛上发生的事就是在演戏。扮演在宗教祭祀仪式与戏剧的关系中起着重要的作用，"扮演既是戏剧与宗教祭祀仪式产生内在联系的主要方式，同时也是戏剧最终从宗教祭祀仪式分离，走向艺术独立的突破口"[3]。

从《后汉书》对立春礼俗的记载中，我们可以清楚地发现，它蕴藏着戏曲演剧的因子。《后汉书·祭祀志下》载："采元始中故事，兆五郊于洛阳

①王国维：《宋元戏曲史》，华东师范大学出版社1996年版，第1页。
②王国维：《宋元戏曲史》，华东师范大学出版社1996年版，第3页。
③杨毅：《宗教与戏剧的文化交融——元杂剧宗教精神的全面解读》，福建师范大学2005年博士论文，第3页。

四方。"所以在东汉洛阳东郊举行的迎春礼，即"迎时气"，就是沿袭西汉时期的"东郊祭祀"，变化的是迎接的对象，即五帝转化为时气。《后汉书·祭祀志下》又载："中兆在未，坛皆三尺，阶无等。立春之日，迎春于东郊，祭青帝句芒，车骑服饰皆青，歌'青阳'，八佾舞云翘之舞。"在《皇览》记载："是故距冬至日四十六日则天子迎春于东堂，距邦八里，堂高八尺，堂阶三等，青税八乘，旗旄尚青，田车载矛，号曰助天。生唱之以角，舞之以羽，翟此迎春之乐也。"结合以上两卷书的记载，汉代立春礼俗构成了一场戏曲演剧的形态。

演剧时间：立春日

演剧地点：东郊；东堂（距邦八里）

舞台布置：三尺坛、无等阶；八尺堂高，三等堂阶

故事：祭青帝句芒；迎春

乐曲：青阳；角

舞蹈：云翘；羽

角色：不同身份的人因参加祭青帝句芒、迎春而有了扮演的功能

以上是从比较宽泛的戏曲演剧因素来分析的，立春礼俗有表演、扮演的活动的性质，而"迎春乐舞的表演是后世立春演剧活动的雏形"[1]。

在都城洛阳外的其他地区，迎春礼仪同样也在举行，《后汉书·祭祀志下》："县邑……立春之日，皆青幡，迎春于东郭外。令一童男冒青巾，衣青衣。先在东郭外野中。迎春至者，自野中出，则迎者拜之而还，弗祭。三时不迎。"民间迎春礼俗与官方礼俗最大的差别，是装扮过的童男作为"被迎春"的对象，即代替了青帝句芒，也没有举行祭祀仪式，从抽象的层面来说，民间的迎春是对官方礼俗的改动式搬演，是种模仿动作，具体到它本身，虽则没有乐舞，但充满了戏剧性。童男是种象征，他是人，但是他扮演为"春"，并且产生了假定性，这个故事是装扮好后的童男先跑到城东的田野，等待"迎春"的人到来，然后他出来接受"迎春"队伍的礼拜，这里面的动作性、情节性虽然简单，却符合戏剧演剧的形式，与汉代繁荣的百戏代

---

①张丑平：《明清时期立春节日演剧习俗考》，《阅江学刊》2015年第5期，第135页。

表《东海黄公》有着类似的故事扮演性质。

迎春礼俗后来吸收了先秦的"傩""出土牛"习俗。《后汉书·祭祀志》和《后汉书·礼仪志》都提到"土牛""耕人",王充《论衡·乱龙篇》也指出:"立春东耕,为土象人,男女各二人,秉耒把锄,或立土牛,未必能耕也。顺应时气,示率下也。"土牛不是真的牛,耕人也只是用土做成农人的形象,也有可能是对夫妇。《后汉书·礼仪志》载:"是月之昏建丑,丑为牛。寒将极,是故出其物类形象,以示送达之,且以升阳也。"谯周《论语》注说:"傩,缺之也。"故而傩有驱逐瘟疫的寓意,土牛则象征送走寒冬。以上种种具有深层韵味的事象,在随后的立春节日发展中,都展现了丰富的衍生事物,并且为还处在萌芽期的戏曲的艺术形式提供了象征素材和契机。

"古代宗教祭祀产生之时,亦即是戏剧萌芽之时。"[①]东汉的迎春礼俗直接或间接受到了宗教祭祀即西汉元始时期郊祀礼仪的影响,它从宫廷发展到全国,伴随着脱离祭祀的过程以及早期戏剧扮演的成分的加入,礼乐舞文化的发展,丰富了各自领域的现实指代事象,展现出世俗化、娱乐化的变化。

三、宋代时期立春演剧习俗

官方迎春礼俗,起先对民间迎春习俗有主导、推动的作用;之后,民间迎春也相应地对其产生了反馈式的影响。东汉以来,两者之间的关系更加紧密,表现出互相吸收、协调的特点。节日文化的发展,也是社会生活面貌的反映。演剧是民众表达心理的一种重要方式,也是统治阶级与民间建立关系的渠道。人们在立春这新旧时间转换的关键节点,通过演剧表达、宣泄心理情感,体现了"迎福攘灾"的深层文化心理。故而唐宋以来,演剧习俗发展得更为壮大、成熟。

宋代商品经济相对发达,立春日期间,迎春礼俗的举行规模也在不断扩大,狂欢化的色彩更加浓厚。在宋代,商业都市和市民阶层都开始出现,农村也相继富裕起来,随后在都市发展出瓦舍勾栏,正好适应了当时人们的生

---

①陆润棠:《中西戏剧的起源比较》,《戏剧艺术》1986年第1期,第103页。

活需要。到12世纪，宋代产生了成熟的戏曲，它具有了商业演出的属性，而在立春节日文化中，它也获得了不同的发展。

《东京梦华录》从各个方面记述了北宋都城汴京的详细情况，包括节令习俗、伎艺表演等方面。其对立春节日的记载如下：

> 立春前一日，开封府进春牛入禁中鞭春。开封、祥符两县，置春牛于府前。至日绝早，府僚打春，如方州仪。府前左右，百姓卖小春牛，往往花装栏坐，上列百戏人物，春幡雪柳，各相献遗。春日，宰执亲王百官，皆赐金银幡胜。入贺讫，戴归私第。

北宋时，府县官员在立春日鞭春劝耕，百姓也有卖小春牛的，可见当时商品经济和手工业的发展，迎春礼俗中还有罗列着百戏表演的各种人物。东汉迎春礼俗吸收了出土牛送寒的习俗，在宋代则是隐藏在送小春牛、百戏人物、小旗子、柳枝这样新生的民俗事象中，土牛代表的是农事祭祀，而百戏人物这些新事象则代表了商业交易，是"春天"的进一步物化，符合宋代百姓生活的状态。通过东汉的"耕人"形象与宋代的"百戏人物"形象的对照，也印证着从农业向商业过渡中文化形态的转变。

《梦粱录》描述了南宋立春礼俗的情况：

> 临安府进春牛于禁庭。立春前一日，以镇鼓锣吹妓乐迎春牛，往府衙前迎春馆内。至日侵晨，郡守率僚佐以彩仗鞭春，如方州仪。太史局例于禁中殿陛下，奏律管吹灰，应阳春之象。街市以花装栏，坐乘小春牛及春幡春胜，各相献遗于贵家宅舍，示丰稔之兆。宰臣以下，皆赐金银幡胜，悬于襆头上，入朝称贺。

从"以镇鼓锣吹妓乐迎春牛"以及《梦粱录》第二十卷的《妓乐》篇，可以推见南宋临安府立春前一天迎春活动的情况：迎春队伍里有从事鼓锣吹的乐器师傅在演奏，妓乐队伍里还有大鼓部、筚篥部、拍板部，妓乐以杂剧部为正色，他们都打扮了一番，小儿队、女童采莲队也在里面，女童会"舞旋"。这样一支弹奏着歌曲、跳着舞的队伍，前往迎春馆，他们所参与的表演，所指代的意义就是迎春牛，其原型可追溯至西汉的东郊祭祀。从北宋的"百戏人物"到南宋的"妓乐"，立春节日中戏曲演剧的规模、意义在逐渐深化。

周密所撰的《武林旧事》中，记载了南宋立春节日活动的场面：

> 立春前一日，临安府造进大春牛，设之福宁殿庭。及驾临幸，内官皆用五色丝彩杖鞭牛。御药院例取牛晴以充眼药，余属直阁婆号管人都行首掌管。预造小春牛数十，饰彩幡雪柳，分送殿阁，巨珰各随以金银钱彩段为酬。是日赐百官春幡胜，宰执亲王以金，余以金裹银及罗帛为之，系文思院造进，各垂于幞头之左入谢。后苑办造春盘供进，及分赐贵邸宰臣巨珰，翠缕红丝，金鸡玉燕，备极精巧，每盘直万钱。学士院撰进春帖子。帝后贵妃夫人诸阁，各有定式，绛罗金缕，华粲可观。临安府亦鞭春开宴，而邸第馈遗，则多效内庭焉。

由此可以看出，当时全国上下对迎春活动的热情，活动阵容庞大、复杂，物象丰富，金银夺目，颜色鲜艳，充满了装扮装饰和仪式性，这与宋代戏曲艺术形态的成熟存在着耦合性，戏曲演剧在瓦舍勾栏发展舞台技艺的同时，岁时节令也从民俗的方面增添和补充了戏曲的要素。

四、明清时期立春演剧习俗

明清时期是一个多元、新变的时期，岁时节日的体系结构和内容发生了以下四方面的变化：形成了新的世俗节日模式；家族性质的岁时节俗活动扩大；岁时节俗充满世俗的情趣；宗教、民族节日习惯的参与、融合[①]。这种变化无疑使得所有的岁时节日受到波动；同时，所有的岁时节日的变化，又形成了这种体系结构和内容。

明清时期的节日文化呈现出普遍化、世俗化、地域化等特点，而"立春

---

①钟敬文主编：《中国民俗史（明清卷）》，人民出版社2008年版，第279—282页。

演剧活动也达到了鼎盛时期"①。我们至今无法观看到当时的盛况，各地竞相举行，持续时间不等，演绎的内容各式各样，呈现出"仪式化、演剧形式灵活性、农耕文化色彩、演出剧目通俗化、演剧服饰春意化"②等重要特点。通过古文献记载，来回顾那时的活跃场景。据明代刘侗、于奕正的《帝京景物略》记载：

东直门外五里，为春场。场内春亭，万历癸巳，府尹谢杰建也。故事，先春一日，大京兆迎春，次田家乐，次勾芒神亭，次春牛台，次县正佐、耆老、学师儒，府上下衙皆骑，丞尹舆。官皆衣朱簪花迎春，自场入于府。

同时，《帝京景物略》里记载了田家乐：

田家乐者，二荆笼，上着纸泥鬼判头也。又五六尺竿，竿头缚脬如瓜状，见僧则捶使避匿，不令见牛芒也。又牛台上花绣衣帽，扮四直功曹立，而儿童瓦石击之者，乐工四人也。

据清富察敦崇的《燕京岁时记》记载：

立春先一日，顺天府官员至东直门场迎春，立春日礼部呈进春山宝座，顺天府呈进春牛图，礼毕回署，引春牛而击之，曰打春……

明清时期，不同地区的立春演剧活动的筹备会导致不一样的情况，有简单的，也有复杂的，有平常的，也有隆重的，人们的热情则是极其高涨的。他们盛装打扮，表演故事，寄予不同的寓意，且扮演的角色是各种各样的，不同行业的人对演剧活动充满了热情，地区性的戏曲特色文化又很好地融入、展现在迎春活动中。笔者选取了河南省和湖北省里部分县志的记载，作

---

① 张丑平：《明清时期立春节日演剧习俗考》，《阅江学刊》2015年第5期，第135—140页。
② 同上。

为参考。

河南省：选集少年扮演社伙（火）、扮演耕夫蚕妇、各色行人及诸伎艺巧饰呈其技能，作乐戏剧、土人扮故事，乡民携田具，唱农歌、士人陈傀儡百戏，胥役扮农夫，皆荷锄锸，又扮妇女饷馌状，绕堂三匝，复演三二剧等。

湖北省：百姓扮狮子，戴鬼面，持斧跳舞，各行户合作演故事、用孩童扮演故事人物等。

而更大型的演剧活动，会精心挑选优伶、女妓等，让他们敷演戏场故事，群众争先观看，热闹异常，最常见的、最受欢迎的就是装扮昭君出塞、学士登瀛、张仙打禅、西施采莲的戏分，这些桥段分别出自《和戎记》《十八学士登瀛洲》《八仙过海》《浣纱记》里的戏曲剧目，演出的地区有浙江仁和、钱塘两县，河南郑县等。

关于全国各地迎春演剧的情况，真可谓缤纷多彩，各有特色。

《粤游小志》记载潮汕地区立春日有"抬春色"的习俗，就是两个人抬着一座装饰精美的台阁，台阁上面坐着两位打扮过的歌妓，混在游行队伍中，这成为极轰动的观演对象。嘉应梅州地区还有高春、矮春的分别：矮春是一个人坐在台上，高春就用两个人——要先借助已经扎好的竖立直木，直木上端某个位置，再扎一个横直木，横直木上站个人，这些直木要恰当地遮藏在他们的衣服袖子里面。他们必须装扮成故事里的人物[1]。

清代以前，立春日，福建长汀的一个官员需要装扮成春官，手拿木杖去鞭打纸扎成的春牛，鞭打三次，并说祝福词、祈祷语。有些地区的春官则会找乞丐来扮演。连城在立春日会举行"犁春牛"，即赶真牛在街上游行，然后由四个人装扮成不同的角色，一个扮成戏剧故事里的丑角，一个扮成耕犁的人，一个扮成挑着担子送饭的人，一个扮成看肩上扛把锄头去看田水的人，以反映农作忙活的场景，跟在后面就是锣鼓队伍，他们的存在增添了热闹和喜庆，也寄托着对当年丰收的期盼[2]。明清时期立春演剧活动的盛行，也是因为抓住了戏曲扮演的性质，将具体的事象与抽象的"春天"联系起来，

---

①范建华：《中华节庆辞典》，云南美术出版社2012年版，第307页。
②福建建省民俗学会、龙岩市文化局：《闽台岁时节日风俗》1992年版，第117页。

激发人们追求美好事物的意趣，充满了愉悦和狂欢。

明清时期，官方与民间的双向联动，使得立春演剧现象异常繁荣，呈现着明显的世俗化的特点，它有利于戏曲文化和节庆文化的双向交流、配合。除此之外，"在宋、元、明三朝的影响下，清朝则形成了各种富有特色的宫廷承应戏，其编排与表演，体现着清代帝王的礼乐观念、政治策略和文化思想"①。在傅惜华所著的《清代杂剧全目》中，可看到关于立春的月令承应戏，有《早春朝贺》《对雪题诗》《春朝岁旦》《春应风和》《法宫雅奏》，后三剧今未见传本，前两出是清代宫内升平署残存的昆弋腔月令承应戏剧本，都是内廷供奉的折子小戏。《早春朝贺》演的内容是：张九龄在立春这一天，早起去朝贺。花园中，蜡梅、天竹、宝珠、梅妃等花朵都开放了，丫鬟吩咐花郎打扫好花径，迎接张九龄和夫人来游园。《对雪题诗》演的内容是：张九龄朝贺回家，携手夫人游园的场景。但是，月令承应戏虽然只是活跃于清宫廷的舞台，但它侧重于歌舞排场、开场应节，以增强宫中节日氛围，演出也是为了维护多民俗国家的团结和稳定，故而月令承应戏的演剧内容和表演形态依然是民俗性特征的体现②。

五、结语

我国的传统节日一般是从岁时节令演变而来的，是以太阴太阳历为基础，它承载着人们对宇宙、自然、生命、时间的神秘感知。中国传统戏曲与传统节日有着千丝万缕的关联，传统戏曲发端自原古的祭祀仪式，许多传统节日也与原古祭祀有关。"戏剧，特别明显地与仪式相似，因为文学中的戏剧，像宗教的仪式一样，主要是一种社会的团体的表演。"③所以，通过考察立春节气、节日的生成机制及迎春礼俗中扮演的成分，可以与戏曲演剧建立起渊源。

① 薛晓金：《清宫演剧中的节令戏》，《戏曲艺术》2015年第1期，第64页。
② 宁彦冰、李跃忠：《论清代宫廷月令承应戏的民俗性特点》，《当代教育理论与实践》2016年第3期，第179—181页。
③ [加]诺斯罗普·弗莱著，陈惠等译：《批评的剖析》，百花文艺出版社1998年版，第110页。

从食物到食品：节日食俗的传承机制变迁

——以清明节青团食俗为例

钱　钰[①]

（南京师范大学社会发展学院）

摘　要：节日食俗是节日文化的重要组成部分，部分节日食物甚至成为节日的象征物。这些节日食物被民众传承至今，其背后的传承机制也发生了许多变化。以清明节的青团食俗为例，本文简要地回顾了青团的发展历史及其传承机制，分析了现代社会中青团商品化的现实及其传承机制，进而分析青团食俗所映射出的民众的适应能力及传承机制的变迁情况，从而发现青团从食物演变为食品是民众对现代社会文化适应的结果，其传承机制从家庭传承逐渐变迁为社会化传承。

关键词：节日食俗　传承机制　青团　清明节

一、引言

节日食俗是中国节日文化的重要组成部分，许多节日食俗传承至今。部分节日食物被视为节日象征物，如春节的饺子、清明节的青团、端午节的粽子、中秋节的月饼等。民众通过制作、食用这些节日食物来感受节日，并潜移默化地感受食物背后的文化意义。民俗学界常常关注食物背后的文化意义，而忽视了对制作、获取、享用的整个过程的研究。饺子、青团、粽子、月饼等节日食物至今仍是民众过节必食的食物，但是其制作、获取、享用的

---

①作者简介：钱钰，南京师范大学社会发展学院2016级民俗学硕士研究生，研究方向为非物质文化遗产保护、岁时节日。

途径或方式却发生了较大的变化，现代化的生产和供给机制正在成为节日食品生产与流通的重要方式。这也在改变着节日食俗的传承机制。

青团是流行于我国广大南方地区的典型清明节食物，它是由糯米粉、绿色植物汁液以及馅料等原料蒸制而成的食物。在现代社会，青团从制作到食用的过程也呈现出从家庭到商店、从享用到消费的深刻变化。关注青团制作（生产）、获得（流通）、享用（消费）的过程，有利于加深对节日食俗传承机制的认知，也有利于探讨节日食俗在现代社会的适应性，更有利于丰富节日食俗的研究。

二、历史传承：作为清明节食物的青团

著名人类学家和考古学家张光直认为，"到达一个文化的核心的最好方法之一，就是通过它的肠胃"[①]。青团不仅仅是一种清明节的节日食物，还负载着许多重要的文化信息。在传统社会，受"差序格局"[②]的内在逻辑驱动，借助于民众精挑细选、亲力亲为的制作，青团表达着民众对于血缘关系的重视与维系。青团食俗的传承机制也遵循着"家庭制作，家庭获得，家庭享用"的内在逻辑。回溯"青团"的发展历史，分析制作、获取、享用青团的过程，有助于理解传统社会中青团食俗的大致演变过程及传承机制。

（一）青团的历史：从上巳到清明

青团是我国广大南方地区民众在清明节用于祀先和食用的时令食物，又有清明团、清明果、清明粿、青团子、春团、鼠曲粿、艾粿等别称。历史上，清明节是融合上巳节、寒食节和清明节气形成的，其食俗也多采借于以上节日或节气。清明节的食俗较多地继承了上巳节和寒食节的食俗。宋代陈元靓认为："清明节在寒食第三日，故节物乐事，皆为寒食所包。"[③]较早

---

①张光直：《中国文化中的饮食——人类学与历史学的透视》。参见［美］尤金·N.安德森：《中国食物》，马孆、刘东译，江苏人民出版社2003年版，第250页。
②费孝通先生曾将中国传统社会的人际关系称为"差序格局"。所谓"差序格局"，是指"社会关系是逐渐从一个一个人推出去的，是私人联系的增加，社会范围是一根根私人联系所构成的网络"。参见费孝通：《乡土中国》，生活·读书·新知三联书店1985年版，第28页。
③［宋］陈元靓：《岁时广记》，上海商务印书馆1939年版，第181页。

关于青团的记载，大约可追溯至魏晋南北朝时期。当时荆楚地区的民众在三月三日食用"龙舌粄"，其制作方式与青团类似。《荆楚岁时记》记载："三月三日……是日取黍麴汁作羹，以蜜和粉，谓之龙舌粄，以厌时气。"[①]荆楚地区的民众所制作的"龙舌粄"采用鼠曲草、蜜、粉（可能是米粉）等食材，其主要目的是压服时气病。唐朝时，清明节逐渐发展为独立的节日，与上巳节、寒食节并列[②]。此时，尽管有关清明节的记载还没有食用青团的习俗，但是上巳节流行食用的"黍麴"与荆楚地区的"龙舌粄"类似。《岁华纪丽》记载："上巳……黍麴（按，荆楚岁时记云：取黍麴和草作羹以压时气）。"[③]宋代时，南方地区流行在寒食节或上巳节食用青饭。《诗话总龟·咏物门下》记载："……居人遇寒食，采其（杨桐）叶染饭，色青而有光，食之资阳气，谓之杨桐饭。"[④]吴越地区尤其是福州地区流行上巳食用青饭的习俗。《（淳熙）三山志》记载："南枕木，冬夏常青。取其叶捣碎，渍米为饭，染饭成绀青之色，日进一合，可以延年。本草云：吴越多有之，今上巳青饭。"[⑤]无论是龙舌粄还是青饭，均为青团的形成奠定了基础。

明清两代是清明节青团食俗快速发展的时期。明代时，郎瑛认为，明代所流行的青白团子来源于古代的青精饭习俗。《七修类稿》记载："古人寒食采桐杨叶染饭青色，以祭资阳气也，今变而为青白团子，乃此义耳。"[⑥]明代时，青团在嘉兴地区已经成为祀先的祭品。《（嘉靖）嘉兴县志》记载：寒食节"前后半月内，各具青团、角黍、牲醴以上坟。"[⑦]清代时，我国南方地区广泛流行在清明节或寒食节食用青白团子、青团、青饼、清明粿、鼠曲粿。在清代，清明节食用青白团子的习俗得到延续。清代俞樾的《茶香室续钞》中"清白团子"条："今清明市中卖清白团子，观此知明时已然

①［南朝·梁］宗懔：《荆楚岁时记》，宋金龙校注，山西人民出版社1987年版，第38，42页。
②张勃：《清明作为独立节日在唐代的兴起》，《民俗研究》2007年第1期，第169—181页。
③［唐］韩鄂：《岁华纪丽·卷一》，明万历秘册汇函本，第42页。
④［宋］阮阅：《诗话总龟·咏物门下》，引自尹荣方：《"南烛"与食"乌饭"习俗》，《文史知识》2012年第8期，第100—106页。
⑤［宋］梁克家：《（淳熙）三山志·卷四十土俗类二》，清文渊阁四库全书本，第1862页。
⑥［明］郎瑛：《七修类稿》，上海书店出版社2001年版，第450页。
⑦［明］罗炌聘、黄承昊：《（崇祯）嘉兴县志》，书目文献出版社1991年版，第635页上栏。

矣。"①福建泉州地区的民众有在端午节食用鼠曲团的习俗，其食材包括鼠曲草、米粉和绿豆。清代的《（乾隆）泉州府志》载："清明……有馃以鼠曲和米粉为之，绿豆为馅。"②江西玉山县地区喜用艾草和粉米做清明粿。《（同治）玉山县志》载："清明……粉米杂艾，蒸作粿，谓之清明粿。"③浙江云和县地区流行制作蓬果，蓬果由蓬叶、稻米等制作成团子并加以各种馅料。《（同治）云和县志》载："三月清明……前期士女采蓬叶和稻米为粗粄，揉作团子样，实以鸡豚之虀菹，以蔬荀调之，以饷祀先及馈戚……俗呼蓬果。"④江苏苏州一带的民众还能够在市集上购买用于祭祀祖先的青团和熟藕。《清嘉录》载，在清明节时，"市上卖青团、焐熟藕，为居人清明祀先之品。"⑤南京地区的青团采用青草汁来染色。清代袁枚所著的《随园食单》有对青糕青团条的记载："捣青草为汁，和粉作糕团，色如碧玉。"⑥还有一些地区流行蒸清明团、以青团祭祖、食用青饼暖脾胃的习俗。《节序同风录》清明条记载："捣麦苗取汁，染麦裹稻，蒸作团，曰青麦团，又曰清明团。""设酒果、麦饭、青团祭坟墓。""采茵陈蒿，同麦捣和，作碧绿色，包稻蒸食，曰青饼，暖脾胃。"⑦由此可见，清代时不同地方的青团原料、名称存在着差异。

在发展为南方地区清明节食物的过程中，青团的植物染色剂种类、地域分布和文化功能均呈现出多元化的发展趋势。青团的植物染色剂种类包括青树叶汁、艾草、鼠曲草汁、麦苗汁、茵陈蒿汁、青草汁等。从地域分布来看，荆楚地区、江浙地区、闽台地区、江西地区等广大南方地区均流行着食用青团的清明节食俗。就其文化功能而言，它从最早的上巳节具有保健价值——压制时气——的"龙舌粄"，发展为兼具祭祀、食用、保健等多种功能于一身的清明节食物。

---

①[清]俞樾：《茶香室续钞·二十五卷》，新兴书局1962年版，第124页下栏。
②[清]怀荫布：《中国地方志集成·（乾隆）泉州府志》，上海古籍出版社2000年版，第491页下栏。
③[清]黄寿祺：《（同治）玉山县志》，成文出版社1970年版，第326页。
④[清]伍承吉：《云和县志（全二册）》，成文出版社1970年版，第840页。
⑤[清]顾禄：《清嘉录》，来新夏点校，上海古籍出版社1986年版，第47页。
⑥[清]袁枚：《随园食单》，关锡霖注释，广东科技出版社1983年版，第141页。
⑦[清]孔尚任：《节序同风录》，清钞本，第88—90页。

（二）血缘的维系：从食材到食物

在清明节期间，"青团"是在扫墓祀先和节日食用等场景中出现的重要时令食物。"食物作为文化符号不独是其本身的主题，它还是文化语境中的叙事。"①作为清明节的时食，它不仅仅是为了满足口腹之欲的食物，也是维系血缘关系的文化符号。中国人讲究崇宗敬祖，扫墓祭祖是清明节的重要活动。由于"人与神鬼的隔离状态在节日中消除，因此节日成为人们与鬼神交往的特定时日"②。清明节为生者和逝者之间提供了某种共时性环境。在这种共时性的环境中，民众需要通过共享食物来重新确认与再次强化生者与死者的血缘联系，从而达到巩固家庭关系的功能。以青团为代表的祭品正发挥着为生者和逝者、生者与生者之间搭建沟通桥梁的作用。"青团"不仅仅是贡献给祖先或亡故亲属的祭品，也是南方地区在清明节的家庭节日食物，享用青团的是烹制者的家庭成员或亲属。中国传统社会遵循着"差序格局"的思维逻辑，民众依据他者与自身的血缘关系、地缘关系的深浅与远近来调整为人处世的态度和行为，烹调食物也不会脱离这一内在的思维逻辑。青团作为祖先（或亡故亲属）和家庭成员的食物，烹制者自然要在食材选择、烹调制作等方面付出更多精力，以保证其优良品质，包括口感、营养、感情等方面。

在维系血缘动机的驱动下，为保证青团的优良品质，烹制者在制作过程中倾注了大量的精力、时间、感情，其突出表现为从选择食材到制作过程中的亲力亲为、精益求精和注重营养。青团的制作过程主要是以家庭为单位来展开的。青团的制作包括捣取青色植物汁液、磨制米粉、处理馅料、塑形、蒸制等一系列繁复的工序，而这一切活动都是通过家庭成员的亲力亲为来完成。就食材选择而言，也讲究食材的新鲜和营养。青团的植物染色剂需要使用新鲜的艾草、青树叶、鼠曲草、麦苗、茵陈蒿、青草等绿色植物。《本草纲目》记载："佛耳草，徽人谓之黄蒿。二、三月苗长尺许……土人采茎叶和米粉，捣作粑果食。"③制作青团的植物染色剂材料大多还具有药用价值。

---

①彭兆荣：《饮食人类学》，北京大学出版社2013年版，第80页。

②萧放：《岁时生活与荆楚民众的巫鬼观念——〈荆楚岁时记〉研究之一》，《湖北民族学院学报》（哲学社会科学版）2004年第6期，第3—27页。

③[明]李时珍：《本草纲目》，山西科学技术出版社2014年版，第487页。

如鼠曲草具有调中益气、驱除时气的功效；艾叶具有温中、逐冷、祛湿的功效；茵陈蒿主治风湿寒热邪气。"青团"分为甜味和咸味，甜味青团以糖豆沙、糖猪油为馅料。自古至今，糖类食物不仅仅意味着美味，也意味着高营养、高价值。然而，对于古代的普通民众而言，糖、蜜之类的甜味食物属于昂贵的消费品[①]。对照18世纪以前欧洲的食糖情况，我们能够更加深刻地理解到糖作为古代奢侈品的地位。在当时，只有欧洲的贵族和富豪才能够支付蔗糖的费用，但是糖主要被作为"药品、香料、装饰品、甜味剂和防腐剂"使用[②]。

　　总体来看，在传统社会中，"青团"是民众在精挑细选食材、亲力亲为制作、饱含责任与情感、兼顾美味与健康基础之上的清明节食物。它的制作、食用都是围绕着家庭成员——包括逝去的和在世的——而展开的，在维系祖先与后代、家庭内部成员之间血缘关系方面发挥着重要作用。青团食俗机制的传承遵循着"家庭制作、家庭享用"的内在逻辑，并呈现出"食材（自己采集）——青团（家庭制作）——享用者（家庭成员）"的明晰路径，如图1所示。

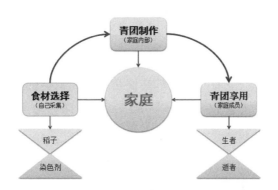

图1　以家庭为中心的青团制作享用模式图

三、现代传承：作为清明节食品的青团

　　工业化和全球化是现代社会的重要特征，一切生产要素都被纳入工业体系。在这样的背景下，食品的供给形式不再是从土地到人，而是转变为从商

①李治寰：《中国食糖史稿》，农业出版社1990年版，第172—178页。
②［美］西敏思：《甜与权力——糖在近代历史上的地位》，王超、朱建刚译，商务印书馆2016年版，第84—100页。

店到人。有学者在分析美国生态文学中的食物时曾敏锐地认为："食物与土地关系的疏离，导致人与食物关系、人与人关系的异化，农时文化被消费文化取代。"[1]这也恰恰反映出现代社会中人与食物之间的关系。

（一）青团商品化：从家庭到商店

在市场经济的发展进程中，食物也被纳入市场体系，进而从物品变成了商品。"现代人更多地将其称为食品而不是食物，同时，越来越多的人也成为食品的购买者而非食品的生产者。"[2]从乡村到城市，民众获取食物的途径沿着"从食材到食物"和"从金钱到食物"的双重逻辑展开，食物逐渐为食品所代替。在现代社会中，节日时食也被转化为商品——工业化生产的食品，其获取方式经历了从"家庭制作"为主的模式到"家庭制作"与"商店出售"并存的双重模式的转变，呈现出明显商品化的倾向。

作为清明节食物的青团逐渐从食物转变成食品，获得青团的途径也从家庭转向商店。我国广大南方地区已经形成了一批生产青团的知名品牌企业。如杭州的翠沁斋、知味观，嘉兴的真真老老、五芳斋，合肥的巴莉甜甜，上海的来伊份、沈大成、功德林、杏花楼，南京的莲花糕团店、三星糕团店。聚焦到某一地区时，青团生产企业也呈现出多样化的状态。以上海为例，上海地区集聚着北万新、光明邨、秋霞阁、虹口糕团厂门市部、功德林、乔家栅、沧浪亭、五芳斋、上海一心斋等不同售卖青团的店铺。

除了青团生产企业数量激增外，青团商业化还呈现出青团产品种类多样化、原料采购的跨地区性、青团命名品牌化的特征。每个生产企业还形成了一系列青团产品，如位于嘉兴的真真老老品牌就延伸出萌果子青团、蛋黄肉松青团、青团、豆沙青团等不同系列的青团产品。在青团商品化的过程中，青团的制作原料呈现出跨地区采购的现象，如王家沙艾草豆沙青团所使用的艾草来自宁波山区，红豆采用的是具有形大、出沙率高的"海门大红袍"。青团在企业生产代替家庭制作的过程中，其命名的方式也发生了变化，从以

---

①杨颖育：《谁动了我们的"食物"——当代美国生态文学中的食物书写与环境预警》，《当代文坛》2011年第2期，第113—116页。

②赵旭东、王莎莎：《食物的信任——中国社会的饮食观念及其转变》，《江苏行政学院学报》2013年第2期，第75—80页。

家庭式的命名（如张三家的青团）变为品牌式的命名，形成了诸如沈大成蛋黄肉松青团、知味观艾草青团（麻芯馅、蛋黄肉松、豆沙馅）、盛园祥青团（艾草和浆麦草两种）、杏花楼豆沙馅青团、真真老老豆沙青团等。

在交通条件和冷藏条件不断优化的背景下，伴随着青团企业的快速发展，青团呈现出跨地区生产销售的状态。前文提及，早在清代，苏州地区已经有售卖"青团"的记载。然而，受交通运输条件、冷藏条件的限制，其青团的影响范围基本局限于苏州地区。随着现代交通运输条件与冷藏技术的发展，在经济因素和科技因素的双重驱动下，青团生产企业的生产能力和影响范围急剧扩大，并呈现出跨地区销售的现象。以总部位于嘉兴市的真真老老品牌为例，该品牌在嘉兴、南京、杭州、上海、无锡、扬州、宁波、苏州、成都、合肥等地均设有公司，其中嘉兴公司的管辖范围涉及嘉兴、徐州、湖州、宿迁四地，无锡公司的管辖范围涉及无锡和常州两地，宁波分公司的管辖范围为宁波、台州、舟山、温州四地，成都分公司负责西南地区[1]。由于网络销售的流行以及物流业的快速发展，知味观、沈大成、来伊份、功德林、杏花楼、盛源祥、巴莉甜甜、真真老老、味出道、润之喜、小于壹佰、翠沁斋、浔阳楼、新雅、乔家栅等青团品牌还开设有网店售卖青团产品，促使其销售范围进一步扩大。

（二）多向匿名化：从生产到消费

观照现代的青团食俗传承过程，它早已不再是家庭内部的传承活动。现代青团食俗传承过程转变为一个涉及原料供应商、青团生产商和消费者等多元主体的系统，青团被纳入工业食物体系。有学者认为，"工业食物体系下，食物表现出双向匿名特征，即生产者不知道谁将最终消费这些食物，消费者不知道这些食物由谁生产。"[2]换句话说，企业生产的食品是为了某个消费群体而非具体个人，从而无法获悉具体的消费者；消费者面对的是直接可食用的食品，由于没有参与食品的加工制作过程，因此无法知道食品的具

---

①该信息整理分析自真真老老品牌官网，详情参见http：//www.zzll.com.cn/prod01.html。
②张纯刚、齐顾波：《突破差序心态　重建食物信任——食品安全背景下的食物策略与食物心态》，《北京社会科学》2015年第1期，第36—43页。

体生产者。值得注意的是，由于消费者既没有直接参与原料采集，也无法从食品生产商处获悉原料情况，从而不知道食物的原材料来源。考虑到这一点，工业食物体系下的食物实际上表现出多向匿名化的特征。在被纳入工业食物体系的过程中，作为清明节食品的青团被商品化，并呈现出多向匿名化的特征。

在现代社会，清明节食青团习俗传承遵循着"原料（供应商）——青团食品（企业生产）——消费者（任意具有消费能力者）"的新型路径。在青团商品化背景下，不同群体对于青团的性质定义存在差异性。对于青团原材料供应商而言，浆麦草汁、艾草、糯米、红豆等制作青团的原料是用于商业贸易的商品，至于它们被用于何处、制作什么，并不是他们关注的重点。对于青团企业而言，青团是一种或一系列食物类产品，其行为围绕着青团产品的原材料加工、生产、销售、竞争等行为而展开，主要目的是获取利润，但这在客观上也发挥了传承清明节食用"青团"习俗的功能。对于食用青团的人而言，青团是一种古老的传统的清明节美食，其行为围绕着购买、食用等行为而展开，主要目的是享受清明节美食，感知清明节文化，但在客观上推动了青团产业的发展。

在多向匿名化的过程中，青团与民众的关系从"收集食材——青团食物——享用者"的顺序关系简化为"食品——消费者"的二元关系。青团不再是家庭成员将食材变为食物的过程，而是一种消费行为，这种转变割裂了民众与青团食材、民众与青团制作过程的联系。这意味着，传统意义上通过"从食材到食物"的亲力亲为过程来维系血缘的功能已弱化乃至消亡，青团食俗表达孝道和爱意的作用被弱化，转变为陌生人之间的食品与金钱的交换过程。在这一转变过程中，青团沦为一种清明节的时令食品，作为象征清明节食俗的文化符号而存在，如图2所示。不可忽视的是，尽管现代社会的青团生产与消费模式和传统社会的模式存在差异，但是其在客观上维系和持续了清明节食用青团的传统食俗，促使南方地区的民众依然保持着对青团的饮食偏好。除此之外，不同青团品牌企业之间的竞争关系以及各个地方性品牌的崛起在保持青团种类多样化，避免单一化、标准化方面发挥着重要作用。

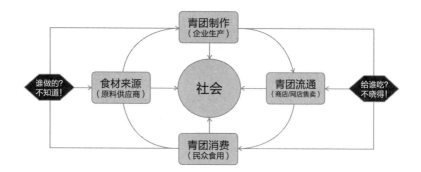

图2　以社会为中心的青团制作、流通、消费模式图

四、历史与现代对比下的青团食俗变迁

民俗是对民众日常生活状态的真实呈现，它与社会发展现实和民众生活现实紧密联系。伴随着社会发展过程和民众价值观念的转变，民俗的传承活动也将发生变迁。作为清明节食物的青团从食物变成商品，青团食俗的传承活动从家庭内部逐渐发展到社会内部，实际上是与现代社会发展现状及现代人实际生活相适应的结果。通过上述对青团食俗在传统社会和现代社会的不同传承机制的分析，有利于加深对青团食俗现代发展情况的理解。

（一）从食物到食品：青团食俗的文化适应

伴随着现代农业技术和民众物质生活水平的不断提高，越来越多的民众从农业生产活动中解放出来，转而投入现代工业生产活动之中。在这样的背景下，民众的食物来源不再局限于土地，而是逐渐依赖于通过购买食品（往往是成品）来实现。由于青团食俗的背后伴随着一系列亲力亲为的过程，导致其与现代社会直接购买成品的行为之间形成某种张力。作为清明节时令食物的青团，并非仅仅是为满足民众基本营养需求的食物，它承载着民众对于岁时节令的文化感知，导致人们无法割舍对于这一传统食物的感情。民众陷入对现代工业食品的越发依赖与对传统节日味道持续依恋的困境之中。然而，民众不是无意识、消极被动的主体，而是"具有主动、积极的意志的主体，是自为的、具有反思能力的主体"[1]。民众努力在传统与现代之间寻找平

---

①高丙中：《日常生活的未来民俗学论纲》，《民俗研究》2017年第1期，第19—34页。

从食物到食品：节日食俗的传承机制变迁

衡点，既要努力坚持清明节的青团食俗，又要促使青团食俗适应现代人的实际生活。

青团食俗的现代传承方式，恰恰深刻地反映出普通民众的文化适应过程。毋庸置疑，清明节食用青团的习俗依旧广泛地流行于我国南方地区。这个基本事实，恰恰说明了民众的自我调适和文化适应能力。民众对于社会变迁的自我调适过程，蕴含在青团从清明节食物转变为清明节食品的过程之中。尽管"食物"与"食品"仅一字之差，但是却存在着较大差别，前者是物品，后者是商品。青团在从物品转变到商品过程中，自觉地与经济要素相结合，从而适应了现代消费社会的需求。除此之外，由于各地存在着地方的和跨地区的青团生产企业，在它们的相互竞争过程中，青团也并未完全陷入标准化和单一化的困境，反而呈现出多样化的态势。以上海市各品牌在2017年推出的特色青团为例，新粤菜馆推出"腌笃鲜青团"，杏花楼推出"蛋黄肉松青团"，沈大成推出豆沙和蛋黄肉松青团，王家沙则推出马兰头、荠菜鲜肉、咸蛋黄细沙和细沙馅料的艾汁青团以及咸蛋黄肉松和细沙的艾叶青团[①]。由此来看，青团从食物转变为食品的过程，实则是普通民众对于现代社会变迁所做出的文化适应策略。

（二）从家庭到社会：青团食俗的传承机制

一般来说，民俗的传承性是指其"在时间上传衍的连续性"，强调"历时的纵向延续性"[②]。如果我们将民俗传承视为来源于过去、存在于现在、延传至未来的连续过程，就能够意识到过去、现在和未来的日常生活在民俗传承过程中均发挥着重要作用。与过去、现代、未来相对应的是"前喻文化""并喻文化""后喻文化"。"前喻文化，是指晚辈主要向长辈学习；并喻文化，是指晚辈和长辈的学习都发生在同辈人之间；而后喻文化则是指长辈反过来向晚辈学习。"[③]借助"前喻文化""并喻文化"的概念，我们可

①苏昊炜、唐烨：《老字号主导上海网红青团大战：新晋腌笃鲜青团加入"战场"》，澎湃新闻网，2017年3月7日，http://www.thepaper.cn/www/v3/jsp/newsDetail_forward_1634022。
②钟敬文：《民俗学概论》（第2版），高等教育出版社2010年版，第12—14页。
③［美］米德：《文化与承诺：一项有关代沟问题的研究》，周晓虹、周怡译，河北人民出版社1987年版，第7页。

以发现，青团在传统社会的传承活动中遵循"前喻文化"的模式，它在现代社会的传承活动中遵循"并喻文化"的模式。

在传统社会中，青团食俗背后包含着一系列活动，均是在家庭成员的亲力亲为、共同协作中完成的。因此，青团食俗的传承主要是在以血缘维系的家庭内部成员之间传承，从上一代人传给下一代人，强调代际之间的纵向传承。不同于传统社会，现代青团食俗的背后包含的活动发生了变化。青团从制作到享用不再是一个连续的过程，其中插入了"出售与购买"的中介环节。有关青团的食材采制、食材加工和青团蒸制的过程由青团生产企业所承担，普通民众则主要承担享用青团的环节。青团传递到民众手中的方式转变为购买食品店、超市、餐馆等商店中的青团成品。换言之，青团食俗在现代社会主要发生在以物缘维系的社会成员之间传承，从同时代人到同时代人，强调同时代人之间的横向传承。因此，尽管传统社会和现代社会均传承着清明节的青团食俗，但是传承机制已从家庭内部转向社会内部，从代际传承转向同时代人的共同传承。

五、结语

在传统社会，制作享用节日食物通常是家庭内部的生产实践活动，从食材收集、处理到食物制作、享用，均是家庭成员亲力亲为与通力合作的结果。家庭成员在制作享用节日食物的过程中共享节日的愉悦，并加强血缘的认同，而节日食俗的传承也是在这样的情况下代代相袭。然而，在现代社会，伴随着市场经济、科学技术的迅猛发展，原本在家庭内部传承的节日食俗逐渐成为活跃在社会经济领域的文化活动与经济活动。节日食物不再仅仅作为特殊的时令食物，而是逐渐发展为一种具有商品属性和节令食物双重属性的节日食品。民众也不再仅仅依靠家庭内部制作的节日食物，反而越来越多地转向品牌企业生产的节日食品。

民俗"在流播过程中当有增益、修改，产生一定之变化状态""在产生与流传过程中，必然与当地群众生活、文化及集体思想有极其密切之关系，并不断起各种现实作用（实际的或心理的）"[1]。青团是广泛流行于我国南方

---

[1]钟敬文：《谣俗蠡测》，巴莫曲布嫫、康丽编，上海文艺出版社2001年版，第88页。

地区的清明节食俗，其传承方式从传统社会的家庭传承，逐步发展为现代社会的社会化传承。在青团从食物发展为食品的过程中，实际上反映出的是普通民众对现代社会变迁的文化适应策略。值得注意的是，除了青团外，春节的饺子、端午节的粽子、中秋节的月饼也都面临着同样的发展现状。有学者也已经关注到了饺子的变迁①。这启示我们，对于节日食俗的研究，不仅仅要注重阐释食俗所蕴含的意义与价值，也应该关注民众在食物的制作过程（包括食材的获取、食材的加工、食物的烹制、食物的享用等）、食物的获取方式等方面，从而对节日食俗在当下社会的真实存在状态和现代的传承机制产生更为深刻的认识。

---

①周星：《饺子：民俗食品、礼仪食品与"国民食品"》，《民间文化论坛》2007年第1期，第82—97页。

浅析农耕文化对现代农业生产体系的影响

——以二十四节气为例

张逸鑫①

（南京农业大学人文与社会发展学院农业推广系）

摘　　要：现代农业极大地提高了经济效益，但同时也带来了环境污染等问题，人们对现代农业生产体系的发展产生了极大的忧虑，因此必须加快转变农业发展方式，形成具有战略性质的资源节约、环境友好之"两型"农业生产体系。二十四节气作为农耕文化中具有代表性的时间制度，是气象科技领域和民俗文化领域的内涵结合，具有顺应天时、"三才"观念、天人和谐的哲学思想和保护自然环境、建设乡村文化、走向公共空间的当代价值。在二十四节气被列入人类非物质文化遗产代表作名录的背景下，深化意识认知，树立创新理念，创建战略任务，从而赋予节气文化现代人能够接受的生命力，促进节气文化与现代农业生产体系的耦合，些许会对现代农业生产体系的发展问题存在借鉴意义。

关键词：农耕文化　二十四节气　"两型"农业　生产体系

现代农业以先导性科技为核心，突破时空束缚，节省人力资源，极大地提高了经济效益。但过度依赖资源与要素投入，也造成了土壤质量下降、生态环境污染等一系列问题，人们对现代农业生产体系的发展产生了极大的忧虑。传统农业相对于现代农业来说，对自然具有高度依赖性，并极其容易遭受自然灾害，是自给自足的小农经济生产模式。但美国农业部土地管理局局

---

①作者简介：张逸鑫，南京农业大学人文与社会发展学院农业科技组织与服务专业硕士研究生。

长富兰克林在20世纪初考察中国农业时，认为中国农业是人类农业史上的一个奇迹，中国人几乎在保持土壤肥沃度的基础上，把每一寸土地都用来种植作物以提供食物、燃料和作物，并且还能保持土壤的肥沃实现可持续农业科技发展，以有限的土地养育了千万人口[①]。

我国自古以来就是农业大国，智慧勤劳的先民们在长期的自然灾害压力和人口资源压力下通过不断的探索总结，逐渐形成了一套完整成熟的农耕文化体系。二十四节气作为优秀传统农耕文化的代表，不仅可以提醒人们要尊重自然规律、保护生态环境，还能够指导人们节约自然资源，倡导节俭生活，体现了中国人遵守自然秩序、追求天人合一的农业哲学思想。当今社会正加快进行资源节约、环境友好的"两型"农业生产体系的战略性转变，二十四节气作为人类非物质文化遗产，仍具有不可忽视的现代价值。因此我们必须认真分析二十四节气的深刻内涵，使优秀的传统农耕文化为我所用，以期达到人与自然的和谐发展、资源永续利用的可持续发展目标。

一、二十四节气的科技文化内涵

二十四节气作为非物质文化遗产，是我国重要的农业历法制度，指导农耕社会的生产和生活。《古微书》记载："昔伏羲始造八卦，作三画以象二十四节气。"二十四节气源于黄河流域中原地带，后因人口的流动而逐步扩散到全国各地，被当地农民加以利用，从而被赋予了丰富的科技文化内涵。这些科技文化内涵涉及农业生产等科技领域和农民生活民俗等文化领域，非常符合可持续发展理念，至今仍为民众的日常生产生活服务。认识到这一点，对于我们今后更好地在现实生产和生活中保持农业文化遗产之二十四节气的活态传承[②]，具有极为重要的意义。

（一）气象科技

二十四节气作为气象界的"中国第五大发明"，每一个节气都有自己的气候分析和天气预报的气象科技知识体系，指导着农民的生产活动。二十四

---

①富兰克林：《四千年农夫》，人民东方出版社2016年版，第2页。

②李明、王思明：《农业文化遗产学》，南京大学出版社2015年版，第15页。

节气作为我国重要的农业文化遗产，从其传承状态上看，是存活在当下的，以活态形式传承至今的农业生产知识与农业生产技能，包括各种传统农耕技术和农耕经验[①]。例如，二十四节气能够较为清晰地判断出一年中降水和气温的变化情况，对指导开耕播种、防旱排涝、防治灾害以及收获储存等都有深刻的指导意义。

（二）民俗文化

二十四节气作为非物质文化遗产，还包括农耕制度和农耕信仰，是在历史积淀中形成的农业民俗文化，其特定的审美情趣和价值观念，潜移默化地影响和规束着人们的道德意识和生活行为[②]。二十四节气代表的是一种文化归属，人们在特定的节气参加集体的仪式，都会产生一种共同的心理感受，从而提高团体的凝聚力和认同意识[③]。比如，迎春是立春活动的主旨，全民迎接春天，祭祀句芒，现在浙江衢州依然存在九华立春祭之民俗[④]。浙江地区认为将春牛土撒在牛栏内能够促进牛的繁殖[⑤]。河南的"鞭春牛"，意在唤醒冬闲的耕牛准备春耕，同时也告诫人们不违农时，并寄托着对丰收的渴望。而广西侗族"送春牛"的习俗，也表达出当地农民对耕牛的钦佩之情以及对勤劳的优秀美德的传承[⑥]。数千年间，在立春时期鞭春送春都得到了官方与民间双重推动，从中原地区扩散到全国各地，是农业立国意识、农业文明传承的反映[⑦]。

二、节气的哲学思想和当代价值

中国现在正处于高度城市化的转型时期，整个农村社会呈现动荡状态。"离土"是时代的主旋律[⑧]，农村中大部分的劳动力已转移到城市，只剩下留

---

①苑利：《农业文化遗产保护与我们所需注意的几个问题》，《农业考古》2006年第6期，第168—175页。

②李明、王思明：《农业文化遗产学》，南京大学出版社2015年版，第104页。

③萧放：《二十四节气与民俗》，《装饰》2015年第4期，第12—17页。

④王霄冰：《民俗文化的遗产化、本真性和传承主体问题——以浙江衢州"九华立春祭"为中心的考察》，《民俗研究》2012年第6期，第112—122页。

⑤夏日新：《长江流域立春日的劝耕习俗》，《江汉论坛》2001年第12期，第47—50页。

⑥卢勇、唐晓云、闵庆文：《广西龙脊梯田系统》，中国农业出版社2017年版，第69页。

⑦李明、王思明：《农业文化遗产研究》，中国农业科学技术出版社2015年版，第298页。

⑧王思明、李明：《中国农业文化遗产研究》，中国农业科学技术出版社2015年版，第300页。

守儿童、空巢老人这样难以从事现代农业生产、传承优秀农业文化的群体。相反，二十四节气倒是推崇"两型"农业的新亮点，能调节时下时代发展的弊端，弘扬优秀传统文化。

节气的精髓是顺应天时、"三才"思想、天人和谐的哲学内涵，节气的当代价值是保护自然环境、建设乡村文化、走向公共空间，从而带动农业循环发展。

（一）哲学思想

二十四节气凝聚了人们千百年来积累起来的农业生产知识和经验，包涵着丰富的哲学内涵，是我们发展资源节约、环境友好的"两型"农业的重要参考。

1.顺应天时

荀子云："春耕、夏耘、秋收、冬藏四者不失时，故五谷不绝而百姓有余食也。"农业生产具有强烈的季节性，这就要求农民有很强的时间观念，并顺时育种收获。"以时为令""不违农时"是世代农民心中高度集中的时间意识[1]。农民在每一个节气完成特定的项目，以保证来年农作物的丰收。

二十四节气作为民族的时间文化，是我们把握农作物生长时间、认知自我生命规律、观测动植物生产活动规律的文化技术[2]。自古以来，人们一直遵循着"顺天时"的天人感应思想，认为只有顺应自然节律，农业生产才能达到事半功倍的效果。在农业科学不发达的古代，节气对农业生产起着指导作用；在当今社会，人们也仍能感受到几千年来我国农民那种顺应天时的生活智慧。

2."三才"思想

《淮南子·主术训》云："上因天时，下尽地财，中用人力，是以群生遂长，五谷番殖。"古代农民秉承"天时""地利""人和"的"三才"思想，根据二十四节气的特点种植不同特性的作物，从而摆正人与自然、经济

①彭金山：《农耕文化的内涵及对现代农业之意义》，《西北民族研究》2011年第1期，第145—150页。

②周红：《二十四节气与现代文明传承的现实意义研究》，《吉林化工学院学报》2015年第3期，第90—96页。

规律与生态规律的关系，发挥主观能动性，尊重自然规律。比如，人们会在夏季节气举行"祭龙"仪式，划龙舟以禳灾祈年，希望通过"龙"这样的神灵媒介，祈盼风调雨顺，不受虫灾和干旱①，这充分体现了"三才"思想的融合。

中国农民把天时、地利、人和作为影响农业生产的三个基本要素，并强调各要素之间的协调统一是农业生态系统良性循环和农业丰收的根本保证，从而使农作物与其生长的自然环境协同配合，通过集约高效综合用地，重视养地、保持地力，创造出较高的土地生产率和资源利用率，维持农业长期持续稳定健康发展。

3.天人和谐

二十四节气强调天人和谐的生态哲学观，把农业生产中的人与自然作为对立统一的有机整体来对待，强调农业的可持续发展，在利用和改造土地时要遵循自然、顺应自然、保护自然，实现生态秩序的和谐与平衡。因此，二十四节气中顺应天时、找准特色、因地制宜、和谐发展的哲学内涵是建构中国现代农业的必由之路②。

二十四节气农耕文化的核心是与自然建立和谐关系的天人和谐理念。这一理念不只表现在人与天地的关系上，也融注在人与社会、人与人以及人自身的精神和谐方面，已经成为人们立身处世的一个准则。

（二）当代价值

二十四节气在东周时期已经形成③，起初是为了搭建阳历和阴历沟通的桥梁，在汉武帝时期经过修改，二十四节气作为农业补充历法被正式列入《太初历》④。自二十四节气成功列入人类非物质文化遗产代表作名录起，全国很多农村地区开展了二十四节气的传播与勃兴工作，比如湖南安仁的赶分社，相传是为纪念神农"制耒耜奠农工基础，尝百草开医药先河"的

---

① 姚正曙、何根海：《龙舟竞渡的起源探析》，《成都体育学院学报》2000年第6期，第36—38页。
② 彭金山：《农耕文化的内涵及对现代农业之意义》，《西北民族研究》2011年第1期，第145—150页。
③ 胡燕、张逸鑫、严昊：《二十四节气农耕民俗的误读与认知》，《中国农史》2017年第6期，第34—40页。
④ 乔国华：《太初历》，《历史教学》1998年第3期，第54—55页。

伟大功绩而兴起的祭祀活动。一则求五谷丰登,吉祥安康;二则交换草药农具,交流农事经验,以备春耕。年复一年,渐渐发展为农副土特产品交易活动,直到现在的大型商品交易会。

因此,二十四节气在当代依然具有其独特的生存和发展价值,即保护自然环境、建设乡村文化、走向公共文化空间的当代价值,从而为发展循环经济的"两型"农业奠定坚实的基础。

1.保护自然环境

二十四节气划分为四季,故每季都有六个节气,与春种、夏锄、秋收、冬藏的自然性生产节律,以及春祈、夏伏、秋报、冬腊的社会性生活节律相对应[①],这也揭示了一个道理,人类与自然界是相互关联的生命共同体,有着共同的生长规律[②]。一旦违背生长规律,就会造成环境破坏。同时,节气自带的祭祀仪式和神灵信仰,也都充分体现了人与人、人与自然、人与社会和谐相处的传统农耕社会秩序和传统道德秩序和古代农民那种张弛有度、和谐自然的生活态度,从而在保护自然环境与人文环境的过程中,发挥了十分重要的作用。二十四节气中与农耕文明息息相关的农业生产技术与农业生产经验,也是对当地农耕社会的自然和人文环境实施有效保护的重要借鉴。

2.建设乡村文化

二十四节气是人类文化多样性的生动见证,也是建设乡村文化的重要因素。当代二十四节气的勃兴,对于缓解"三农"问题有很大的帮助。保护和开发二十四节气,扩大了农民的眼界和视野,也扩大了农村社会与外部世界的交流,提高了农民的文化意识。

在社会主义新农村建设中,由于过度强调乡村文化主体单方面对乡村文化的改造,文化认同的危机不断地生发出来。面对乡村文化主体的虚无化碎片化,二十四节气反倒是一剂良药。它既是对过去乡村共同体生活的深情回望,也是为农民提供社群共享的情感交流的良方。比如,冬至是祭祀的节

---

① 王利华:《月令中的自然节律与社会节奏》,《中国社会科学》2014年第2期,第185—203页。

② 刘涛、惠富平:《布依族传统农事节律的生态智慧》,《贵州民族研究》2017年第10期,第101—106页。

气，俗称腊祭，中国人都会举行祭祖祭神仪式①。在春秋社日当天，人们会祭祀土地神②，以答谢祖宗神灵上一年的眷顾，祈求来年风调雨顺、阖家欢乐。人们正是通过与社群成员共享祭祖意义，产生祖先崇拜的文化认同，满足了人们依附集体的心理需求。因此，二十四节气可以为乡村居民提供一个可以支撑他们特殊情感的载体、一个符合乡村实际情况的文化系统和价值系统、一股可以重新整合乡村本体价值的力量，这对新农村文化建设有着重要作用。

3.走向公共空间

人们按照节气变化规律形成节气养生理论。恢复二十四节气中有益的文化传统，对提高我国国民的身体健康和文化素质，使传统农耕文化走向公共空间，无疑有着一定的现实意义。

从二十四节气中，我们可以了解包括远古农耕祭祀、农耕仪式、农耕信仰、农耕节日、口头文学、传统表演艺术等传统农耕历史文明，体会新时代人们心中那份传统的乡土情结。比如，自古便有的娱神传统表演艺术，无论是传统仪式祈雨用的雨戏，还是传统节日酬神用的神戏，几乎都免不了娱神节目的表演。祭祀仪式中的敬天地祖先信仰，也体现出传统美德之恪守孝道的礼仪。只是在继承、保护二十四节气民俗的过程中，我们要将"俗信"与"迷信"严格区分开来③，只要利大于弊，我们都应以尊重与宽容的态度对待它，从而让二十四节气等非物质文化遗产真正走向公共空间，在文化和思想领域影响现代农业生产体系。

三、二十四节气与现代农业生产体系的耦合

在现代农业发展过程中，为提高效率增加产量而不惜破坏生态、浪费资源、污染环境的工业化模式已让我们付出了沉重代价。我们也看到，这种为追求高利润而去征服自然、破坏自然结果遭到自然严重惩罚的现代农业发展

①荆亚玲：《"蜡祭"考溯》，《上海交通大学学报》2007年第2期，第84—88页。
②张勃：《春秋二社：唐代乡村社会的盛大节日——兼论社日与唐代私社的发展》，《华中师范大学学报》2011年第50期，第124—131页。
③陶思炎：《迷信、俗信与移风易俗——一个应用民俗学的持久课题》，《民俗研究》1999年第3期，第6—12页。

模式是不可持续的，今后农业的出路只能是将人与自然和谐共生的生态观作为其内涵，在注重高效、集约利用自然资源的同时，更加注重对资源环境的保护，在保护中合理开发利用，在合理开发利用中进行有效保护，树立保护生态环境就是保护农业生产力、改善生态环境就是发展农业生产力的理念，使农业生产的发展与生态环境相互适应、相互促进、共生共荣，实现现代农业的可持续发展。

在现代农业转型的今天，我们不能把传统农耕文化与现代农业对立起来，更不能全盘否定传统农业。二十四节气作为农耕文化的代表，与现代农业的关系是一种继承和创新的关系。也就是说，要解决现代农业发展中出现的许多重大问题，都可以从传统农业中得到启示[①]。随着科技的进步，我们要在农业现代化的发展中，赋予现代人能够接受的生命力[②]。

（一）深化意识认知

为了促成二十四节气农耕文化精髓与现代农业的耦合发展，必须要深化对自然生长规律以及传统农耕文化理念的认知[③]。农耕文化是农业发展的历史支撑，我国传统农业历经数千年长盛不衰，主要得益于精耕细作等传统农耕技术和安农重农等传统农耕理念。在人类历史发展的长河中，传统优秀农耕文化对我国农业发展起了主导和基础性作用。中国农业尚未完全实现工业现代化，这在常人看来是不足，但这恰恰又是中国的优势所在：既借鉴了现代农业的优势，又可吸纳传统农耕的智慧和方法，有一种后发优势。二十四节气农耕文化强调人与自然的和谐、"趋时避害"的农时观念、"变废为宝"的循环思想。我们今天发展的"绿色农业""生态农业""有机农业"正是传统农耕文化的继承和发展。

①赵宇：《传统农业对现代农业发展的启示》，《云南民族大学学报》2015年第4期，第157—160页。

②王先锋：《目前中国农村城市化的主要问题和解决对策》，《中国农村经济》2001年第3期，第16—20页。

③康涌泉：《传统农耕文化精髓与现代农业耦合发展机制及模式》，《中州学刊》2013年第11期，第39—43页。

（二）树立创新理念

在回顾中国农业生产取得重大成就的同时，我们也要清醒地看到其中存在的问题，即环境和资源问题。农业生态环境恶化不容忽视，主要表现为土壤侵蚀、退化、沙漠化、盐渍化、植被破坏以及农田生物多样性的下降等。随着植被破坏和水土流失的加剧，水土流失区物质循环过程处于亏缺状态，土地肥力进一步衰竭。造成这一状况的原因是多方面的，如企业排污导致水体污染、不合理的灌溉方式造成土地退化、不合理的垦荒导致地表植被退化等。农业生态环境恶化不但影响到农业的可持续发展，也给食品安全和人们的生活带来了长期隐患。在国内国际环境保护的呼声愈加强烈以及自然资源日益紧缺的双重压力下，我们必须大力发展资源节约型、环境友好型的现代农业，加快构建资源节约型、环境友好型的现代农业生产体系。

现代农业文明与二十四节气农耕文化一脉相承，是对农耕文化精髓的保护和利用、继承和发展。对于节气文化，不仅要继承，更要创新。节气农耕文化是中华民族文化的重要组成部分，是中华民族的根，它既有精耕细作、不误农时等先进理念，也包含着小农生产者自给自足的缺陷。我们在发展现代农业时，要传承创新农耕文化的核心价值和理念，摒弃农耕文化中小农经济、小富即安等缺陷。

（三）创建战略任务

现代农业的战略任务是建立起以优质、安全、生态为目标，以农产品质量安全与生态环境保护为核心的新型农业生产体系。具体而言，需要加快构建资源节约型、环境友好型农业产业体系，农业标准化生产体系，农业污染防治体系，农业防灾减灾体系以及生物物种资源保护体系。关键是要把资源承载能力、生态环境容量作为农业产业结构调整的重要条件，着力提高农业综合生产能力，构建以发展优质、高产、高效、生态、安全的现代农业为主要目标，以节地、节水、节肥、节药、节种、节能、资源综合循环利用和农业生态环境建设为重点，以节源农业、低碳农业、优配农业、循环农业、生态农业、旅游农业、文化农业、都市农业为基础，依靠技术创新和政策创新为支撑动力，大力发展有利于节约资源和保护环境的农业形态，促进农业实现可持续发展的现代农业综合生产体系。

传承和发扬二十四节气，不仅仅是在保护一种传统，更是在保护未来人类生存和发展的一种机会，是一种战略性举动。二十四节气作为民俗类农业文化遗产，不是关乎过去的遗产，而是一种关乎未来的遗产。它强调对农业生物多样性、传统农业知识、技术等文化多样性的综合保护，对调整人与环境资源关系，应对经济全球化、全球气候变化，保护生物多样性，解决生态安全、粮食安全，促进农业可持续发展和农村生态文明建设具有重要的借鉴和科研价值[1]。

四、结语

当今社会，现代农业的发展过度追求经济效益最大化的片面发展，导致农业生产体系出现很多问题，而真正能代表未来农业前进方向的是资源节约型、环境友好型的可持续发展的"两型"农业。这不仅是中国农业可持续发展的需要，更是中国整个经济发展方式转变的迫切要求。"两型"农业改变了以往靠增加大量资本投入并大量使用化肥农药来提高农产品产量的做法，自觉利用大自然内在的自我修复能力，促进养分循环，协调作物、动植物、土壤和其他生物形成的相互作用，使农业资源不断再生利用，以保护土地、作物和环境的健康发展。因此，发展"两型"农业是实现农业可持续发展，促进农民增收、实现农业现代化的迫切要求，是实现"优质、高效、生态、安全"的现代农业良性发展之路。"两型"农业发展模式将人类及其生活纳入农业的生态循环之中，把农业生产结构与人类社会结构的相互作用看作一个具有相互内在联系的动态系统，强调的是生态循环和全面协调[2]。

发展资源节约型、环境友好型的可持续发展的"两型"农业，这就意味着我们在发展现代农业时不能丢掉传统农业的精华。二十四节气涉及气象科技和民俗文化等多方面领域，具有丰富多彩的哲学内涵和利用价值，我们必须深化意识认知、树立创新理念、建立战略任务，在二十四节气等优秀传统农耕文化中汲取生存与发展的智慧，克服现代农业的消极影响，注重现代农业与传统农业的有机结合。因此，保护我国二十四节气，对于推动"两型"农业可持续发展和构建现代新农村建设具有一定的借鉴意义。

①王思明、李明：《中国农业文化遗产研究》，中国农业科学技术出版社2015年版，第9页。
②陈文胜：《"两型"农业：中国农业发展转型的战略方向》，《求索》2014年第9期，第30—34页。

重叠祭祀圈下的社区互动与共同祭祀实践
——以台州市葭沚镇"送大暑"仪式为例

吴越晴红　屈啸宇[①]

（复旦大学中国语言文学系，台州学院人文学院）

摘　要： 以庙宇主神构建的民间信仰认同，是浙南地区传统社区认同的基本模式。在节庆仪式中，社区群体间的互动加强了这种以庙宇信仰划分的社区认同。浙江省台州市葭沚镇"送大暑"仪式，本质上是"以五圣庙为主，多庙合作"的跨社区共同祭祀实践。这些庙宇主祭神在葭沚镇居民的认知中有着不同的地位与分工，在不同仪式下，这些神祇的地位会发生变化。地方组织通过节庆仪式展演协调主祭神之间的身份与地位，指导葭沚镇内及附近庙宇社区群体进行共同祭祀。本文引入林美容的"祭祀圈"概念，说明该地区在"村""庙""神"之间形成的社区认同模式，以及在这种认同模式下形成的共同祭祀原则。

关键词： 祭祀圈　社区认同　共同祭祀　"送大暑"

一、研究缘起

林美容在对草屯镇地域性的民间信仰组织研究中认为，乡村社区作为一个共同体，民间信仰仪式实质上就是一种地域组织的身份认同的文化要素，也是协调村落关系的动力。通过对草屯镇神明信仰的层级研究，林美容再次提出了祭祀圈是"以主祭神为中心，共同举行祭祀的居民所属的地域单

①作者简介：吴越晴红，复旦大学中国语言文学系2018级硕士研究生，民俗学专业；屈啸宇，台州学院讲师，艺术人类学与民间文学研究方向。

位"①。这一祭祀圈理论涵盖了两个方面，一个是信仰的地域性，另一个是汉人社会以神明信仰来组织地方社区的模式。当使用祭祀圈作为空间概念描述一个地方组织（Local Organization）时，我们时常发现一个地方组织可以同时属于好几个祭祀圈②，这些重叠祭祀圈共同指导地方祭祀的规则。这也引出本文的核心问题：社区群体根据怎样的规则进行共同祭祀？不同祭祀圈主祭神在同一场仪式中有怎样的权力关系？本文将从2016年台州市椒江区葭沚镇的"送大暑"这一节庆仪式入手，深入考察在仪式中的主祭神地位转换表达，探究葭沚镇由庙宇信仰建构的地方认同模式。

二、"送大暑"的地方组织概况

葭沚镇地理位置在椒江区西面，驻地镇西路，东距市政府3.6千米，南接东山、西山两乡，西接栅浦乡，北临椒江区，辖5个居民委员会，3个行政村，7个自然村③。葭沚镇在南宋时期已有人居住，镇内杨、潘、周等姓氏先祖被认为是随高宗南渡于此留居。在光绪之前，台州的商业主要依靠河运，葭沚正处于通往温岭的葭沚泾与椒江的交汇处。因此在这一时期，葭沚成为椒江南岸滨海地区的经济中心。光绪二十三年（1897）海门港开埠，借助海运便利，海门镇的经济地位迅速上升，葭沚镇的经济地位逐渐被海门镇超越④。

即便如此，葭沚商人依然活跃于台州商界。民国二年（1913），葭沚商人黄崇威集股成立振市公司，建一、二、三号码头，并辟振市街⑤。黄崇威

---

①林美容：《由祭祀圈来看草屯镇的地方组织》，《中央研究院民族学研究所集刊》第62期，第53—114页。

②林美容在《由祭祀圈来看草屯镇的地方组织》中指出，两种重叠的祭祀圈，一种是层级分布的祭祀圈，按祭祀圈的大小分为聚落性、村落性及超村落性，强调的是祭祀圈在不同层级的地方社区的表现；另一种是同一地域内存在范围大小一致的"重叠祭祀圈"，表示在同一个社区内祭拜两个及两个以上神祇。林美容的论文强调的是前者。本文着重探讨后者，即在一个社区内的重叠祭祀圈如何规定该地域下的共同祭祀。

③浙江省椒江市地名委员会办公室编：《椒江地名志》，内部刊印1987年版，第61页。

④项士元：《海门镇志稿》，椒江市地方办公室编印1993年版，第3—9页。

⑤台州市地方志编纂委员会：《台州市志》，中华书局2010年版，第1612页。

也因海门港的扩大一跃成为葭沚首富，最盛时期有万泰、万隆等八条大商船来往沪、闽等地。民国初年，黄崇威将"五圣"从海门东门岭分至葭沚江边堂。葭沚镇居民称东门岭五圣庙为五圣"主庙"①，葭沚五圣庙为"副宫"。江边堂原祀武圣关帝君及杨府君，最初只在江边堂东偏殿供奉五圣的龙牌，后经过多次扩建，今庙中正殿塑有五圣的神像，原祀之关帝君、杨府君、三官等神像置于前殿。

葭沚镇古名家子，于清光绪年间改名葭芷，民国初年复名家子，辖属于明化乡，1981年后定名葭沚。葭沚镇下辖星光、星明、五九三个行政村，地理划界继承自人民公社时代的三个同名生产大队②。在民俗活动的语境下，葭沚人更习惯以"保界"③来区分自己的村落归属。台州保界是一种以庙宇为中心的地域组织，通常一地保界庙被称为"殿"，与保界内其他庙宇进行区别，所祀主神无定数，被称为"本保爷"。居住在庙宇所辖范围内的乡民称为该保界庙的"保下弟子"，"本保爷"为保下乡民提供保护，保下乡民为保界庙组织活动并提供修缮庙宇等义务。葭沚镇位于以集圣庙为本保庙的集圣庙保界，祀白龙阮总帅，东至葭沚新泾，西至镇西路，南至黎明路，北至工人路。集圣庙保下又分为四个"福禄寿禧"小保界，四保每年轮流为"本保爷"做寿。

五圣庙位于葭沚镇的西北角，即禧保，于每年大暑举办一次五圣庙会，即一年一度的"送大暑"仪式，这也是葭沚镇一年之中最为隆重的仪式。由五圣庙、集圣庙、杨府庙、龙王宫、文昌阁组成的队伍沿葭沚镇主干道进行

①海门东门岭五圣庙始建于同治年间，其正殿祀五圣，偏殿祀五圣娘娘。分庙的具体时间不可考，没有明确的碑文或文书记载。讲述人：海门东门岭五圣庙庙祝，男，年龄不详。关于黄楚卿分庙的原因，东门岭五圣庙庙祝说黄母生病，五圣治好了她的病；葭沚五圣庙执事们认为是黄母小脚行动不便，黄楚卿孝敬母亲便将庙分到葭沚，方便母亲祈拜。
②浙江省椒江市地名委员会办公室编：《椒江地名志》，内部刊印1987版，第61—63页。
③保界，即一座或数座特定的庙宇与社区形成对应的保佑关系。庙宇主神只保佑其保界辖下居民，只有保下居民才具有参与保界庙核心仪式的权利。台州保界类似于林美容的祭祀圈概念。集圣庙保界大致可以视为是以集圣庙白龙阮总帅为主祭神的祭祀圈。保界的范围往往不与村落行政划分或保甲制度一致。

绕境[1]，再于大暑日将大暑船送出。"送大暑"场面宏大，吸引了大量的外来信众前往祈求平安。

"送大暑"仪式从每年小暑开始直到大暑结束，持续半个月，主要事务由葭沚五圣庙执事负责组织。这些执事的年龄大多在60—80岁，主负责人有五圣庙的李堂主、造船冯师傅、执事周先生和潘先生[2]，他们都是儿女双全、被当地人公认为"福气好"的老年男性。执事们负责收取五圣庙卖牒所得的缘金及香油钱或是各处募捐来的钱，投入"送大暑"仪式用度中，如造大暑船、请戏班及秩序维持等。五圣庙全年需保证有20万元的净收入才能保证来年"送大暑"的正常运行。除了五圣庙执事以外，居住在五圣庙附近的女性由五圣庙贺老堂主[3]带领，负责叠金元宝等庙会杂务。

此外，附近集圣庙、杨府庙、文昌阁、龙王宫各自组织游神队伍参与"送大暑"仪仗。游神仪仗中，庙宇的顺序按照该庙在葭沚镇的信仰地位排列，趋于固定。杨府庙作为浙南沿海地区分布最广"区域性祠祀"[4]信仰，凭

---

①林美容教授指出，祭祀圈是指一个以主祭神为中心，共同举行祭祀的居民所属的地域单位，其本质上而言是以祭祀行为来确定地域认同的一种方法论。根据林美容《由祭祀圈来看草屯镇的地方组织》一文，一个祭祀圈的范围通常可以通过"收份子钱"的具体邻里、绕境的边界等共同祭祀行为确定。在葭沚镇，集圣庙保界收份子钱的范围为"福禄寿禧"四保，与"送大暑"期间的绕境所圈定的范围一致，因此可将集圣庙保界与"送大暑"民间信仰活动视为两个重叠的祭祀圈。

②李先生，男，74岁，五圣庙现任堂主，统筹安排"送大暑"事宜。本次"送大暑"仪式的"捧佛者"。

冯先生，男，62岁，五圣庙执事，负责五圣庙暑船制造工作。

周先生，男，73岁，五圣庙执事，退休前从事教师工作，负责五圣庙内的写牒工作。周先生是五圣庙执事中资历最高、最懂祭祀规则的人，负责"送大暑"中最核心的神像安置等仪式安排。本次送大暑仪式的"捧佛者"。

潘先生，男，80岁，五圣庙执事，从2015年开始参与"捧佛"。

③贺老堂主，女，88岁，五圣庙前堂主。现在不负责五圣庙主要事务，偶尔来五圣庙叠金元宝。贺老堂主的奶奶是江边堂堂主。

④[美]韩森：《变迁之神：南宋时期的民间信仰》，包伟民译，浙江人民出版社1999年版，第131页。韩森所指的"区域性祠祀"是指一些原本是地方性神祇，后在中国南方广建分庙和行宫进行奉祀。分庙和本庙之间可以不具有很强的联系，甚至只要庙名相同就可以被认为是区域性祠祀的一员。在浙南地区，"杨府庙"就是这样一种分布广泛、力量强大的区域性祠祀。

借其强大的"保佑海洋"力量永远位列仪仗之首；集圣庙作为代表葭沚镇地方的本保庙列于仪仗第二的位置；葭沚镇附近的文昌阁、龙王宫处于信仰边缘，分别位列第三、第四；五圣庙作为仪式核心列于仪仗压轴位置。前四座庙宇仅仅参加游神仪仗，不由庙宇出面参与五圣庙打造暑船、请戏等事务。

三、神祇互动推动下的"送大暑"仪式

"送大暑"仪式可以视为神诞仪式与送瘟船仪式的混合，从每年的小暑开始一直持续到大暑，可以分为"请神—庆寿戏—请酒—送大暑"四个过程。每一个过程都描述了一个特定的场景，标示着五圣爷在本地的活动轨迹。

（一）从"无神"到"有神"：请佛与落船

由于葭沚五圣庙原祀并非五圣，举行仪式前需要将五圣请入本地。"送大暑"仪式以小暑（7月7日，农历六月初四）举行的"请佛"[①]为开端，表示五圣爷降到本地，五圣庙也由常年的"无神"状态转变为"有神"[②]。

2016年7月7日早上6点左右，葭沚举行请佛仪式。五圣庙仪仗队从五圣庙出发，女性信众则留在庙内准备金元宝等物品或是在后厨做饭。7点整，五圣庙队伍来到葭中路与椒黄路交叉的大路口，其余四座庙的队伍则在路口等候。手持"顺风鞭"的五圣庙执事在大路口围成半圆的请佛现场。三位"捧佛者"——五圣庙李堂主、执事潘先生及周先生戴口罩与手套将神像按照"张刘赵史钟杨"的顺序从箱子里取出请到神轿上。李堂主向打开的箱子拜三拜，从箱内拿出五圣爷小像，置于托盘并高举过头递给潘先生；潘先生朝老爷像拜三拜，从李堂主手中接过神像，递给周先生；周先生朝老爷像拜三拜后接过，将老爷放入神轿[③]。请神结束后，五座庙队伍按照"杨府庙—集圣

---

①葭沚镇居民经常将"五圣"称为"五圣大神""五圣爷""老爷"或是"阿弥陀佛"。"请佛"即是请五圣，也称为"请神""请老爷"。

②五圣并不是全年坐镇五圣庙的，他们常年在海上打仗，只是在某一个时间段被信众请回庙宇。东门岭五圣庙作为"五圣正庙"，其执事美珍对笔者说："五圣之前在外面打仗，现在（指十一月廿六把他们接回来。"（2016年12月2日采访记录）葭沚五圣庙贺老堂主对笔者说："他们（指五圣）都在海上的，小暑接回来，大暑把他们送回去。"（2016年12月3日采访记录）

③除"请酒"仪之外，此后凡涉及神像移动的环节均由三位"捧佛者"按照"李堂主请神出轿，潘先生传递，周先生供神上桌（船）"的顺序进行。

庙—龙王宫—文昌阁—五圣庙"的顺序迎五圣神轿回五圣庙，由葭中路向北至工人路，经镇西路回到五圣庙。

早上8点，五圣庙做"送大暑"道场。三位"捧佛者"将杨府大神神像、阮总帅神位和五圣神像（张刘赵史钟杨的顺序）供至正殿元宝桌。神像上供桌，标志着五圣庙从此有神灵坐镇。接着道士做大暑道场。其间有许多温岭信众赶来进献贡品及制作精美的金条，由五圣庙执事统一放入船中。10点左右，负责做船的冯师傅将之前做好的水手、炮手人偶按名单顺序分门别类放上大暑船，大暑船正式落船完工。

（二）庆祝神祇回庙：庆寿戏

7月12日，农历六月初九，五圣庙开始做戏，共十天九夜，地点放在与五圣庙相隔约十米的"星光村老人协会"，戏台正对庙门。2016年举办的庆寿戏活动请的是当地"星光越剧团"，共花费10万元戏金，由五圣庙支付。

7月13日，农历六月初十，五圣庙做庆寿戏《天官赐福》。晚上7点10分，《天官赐福》正式开始，表现各路神仙为助戏者"赐福"。庆寿戏中最关键的是丑角"东方朔"用葭沚方言[①]为当晚助戏者李老板及地方村民念吉语祈福，随后大声唱出并展示助戏者给的红包数目，最后手持"仙桃树"抛撒年糕做的小仙桃完成赐福。在庆寿中的仙桃树最后被供至五圣庙。《天官赐福》作为神诞节庆的例戏，其主要目的是为五圣爷庆祝寿诞。庆寿戏中东方朔用葭沚方言为地方百姓祝福、将仙桃树赠予本地五圣庙祝寿等细节，体现出在村落意识中，五圣已在地方坐镇。

以上"请佛—庆寿"环节形成了一个完整的神诞仪式，表示五圣此时回到葭沚镇，保佑镇内居民。在葭沚，"送大暑"仪式被当作五圣的寿诞。但根据五圣主庙——东门岭五圣庙执事所述，大暑并不是五圣的寿诞，农历十一月廿六"五圣回朝"才是五圣爷的寿诞[②]。

如表1所示，通过两地五圣庙一年仪式安排的轨迹对比，我们可以看出两庙在仪式上均具有"请（迎）—庆—送"的周期性。其中"请（迎）—庆"

---

①在浙南地区，《天官赐福》中的东方朔念白涉及为地方赐福均用演出地的方言。
②受访人：美珍，女，年龄不详，椒江海门东门岭五圣庙执事。据美珍所言，"五圣"在海上打仗，直到十一月廿六回朝日回到庙中，回朝日即是五圣寿诞。

仪式向外界宣示五圣坐镇地方的开始，也标志着一个仪式周期的开始。

表1　葭沚五圣庙与东门岭五圣庙一年仪式安排表

葭沚五圣庙		东门岭五圣庙	
正月	无神在境	正月	有神在庙
……		……	
六月初四请佛	有神在境		
……			
六月十六请酒			
六月十九送大暑	无神在境	六月十九送大暑	无神在庙
……		……	
		十一月廿六回朝	有神在庙
正月		正月	

（三）五圣与本保爷的协商：请酒与绕境

7月19日，农历六月十六，葭沚镇举行"请酒"仪式，需要五圣庙执事们将五圣及阮总帅与杨府君抬到集圣庙，由集圣庙执事"招待"七位神祇"吃酒"，下午再将这些神像悉数迎回五圣庙，意为白龙阮总帅请五圣到集圣庙去"吃酒"并商讨大暑事宜。请酒日来的信众人数较请佛日多，大多为居住在葭沚镇及附近的信众。"请酒"仪式的主角也并非"送大暑"仪式的主角五圣，而是葭沚镇集圣庙保界的主神白龙阮总帅。集圣庙是葭沚的本保庙，在当地人口中被称为"殿前"，供奉的是"敕封白龙阮总帅"①。葭沚镇境内的居民均在阮总帅的庇佑之下，是集圣庙的保下弟子。"请酒"仪式是为了体现"本保爷"在整个送暑仪式上的主要地位。

早上7点仪式开始，五圣庙的三位捧佛者将老爷从元宝供桌上请到神轿

---

① 《（民国）临海县志》（《中国方志丛书·华中地方·第二一八号·浙江省》），成文出版社1975年版，第235页。"集圣庙，在县东南乡家子祀英烈侯阮总帅，相传明季倭寇至台，侯显圣，海上倭寇败去，至今香火甚盛。"

上，队伍按照"杨府庙—集圣庙—龙王宫—文昌阁—五圣庙"的顺序沿葭沚镇西侧，经葭沚下街、工人西路、镇西路转入黎明路，进入葭中路到达集圣庙。当天的游神队伍比请佛日多了"抬阁""纸人偶"等娱神节目，场面也更加宏大。

早上8点到达集圣庙后，由集圣庙的执事负责捧佛，将神像请入相对应的桌子落座，阮总帅与杨府君落座主位，如图1所示。神像落座后上菜，端捧饭菜的执事由一位手持"顺风鞭"的执事引领进入"酒宴"，每位执事只端捧一个老爷的饭菜。每个老爷桌子边另有一名集圣庙执事"伺候"老爷，为其倒酒上菜打扇。

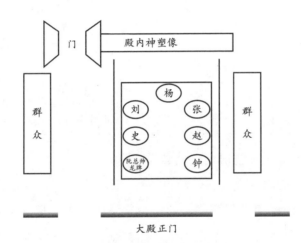

图1　请酒仪中神像席位示意图

下午2点，五庙仪仗将老爷迎回五圣庙。队伍在出集圣庙之后往黎明路，沿葭沚镇东侧葭东路转入工人西路回到五圣庙，与当天上午迎神路线形成一个大致封闭的绕境圈。沿街的本地居民为绕境队伍提供冰饮等。迎五圣回庙的队伍出现了整个"送大暑"仪式中唯一一次庙宇仪仗次序变换，杨府庙、龙王宫与文昌阁的顺序不变，五圣庙与集圣庙的位置对调，整个仪仗顺序变为"杨府庙—五圣庙—龙王宫—文昌阁—集圣庙"。神轿的顺序也做出了相应改变，变为"张刘赵史钟—杨—阮"。阮总帅从领头的位置换至压轴，其意义是指作为主人的阮总帅送五圣回庙。下午3点，绕境队伍将神像迎回五圣庙。

请酒仪式是整个"送大暑"节庆必不可少的一环。在请酒之前，五圣仅仅是降临五圣庙，但并没有与本地发生关联；经过请酒仪式，五圣被地方承认，在"送大暑"期间成为地方祈拜的一员。换言之，只有通过请酒仪式中阮总帅的"邀请"，五圣的地位才算被葭沚的祈祀系统承认，才能在节庆仪式中获得明确的地位与权力。以下两则是集圣庙执事周先生和《椒江区"非遗"项目汇编》中收集的关于"请酒"的解释。

"送大暑"那五个人是上将，戚继光将军的上将，驻在海边，因为抗倭有功，于是本地封他们为五圣。大暑的意思就是五圣要到大暑那天出海去打倭寇。阮总帅说，你也去海上打，我也要去海上打倭寇。所以这边的"本保爷"请他们饮酒①。

……集圣庙的"白龙阮总帅"，葭沚人称"本保爷"，为了救济黎民，就请到"五圣"英灵。坏蛋是"鬼混"等极少数人，其余百姓大都为好人，如果瘟疫散布，于"五圣"在生之时爱护黎民的心意也有不合，希望"五圣"解除瘟疫，拯救百姓。"五圣"却说："瘟疫为怨气、戾气所化，眼下难以除却，如何是好？"六位当下决定，每年一次，由老百姓打造大暑船一只，内贮米、麦、猪羊蔬菜，送"五圣"出海找一荒山野岛，散去瘟疫，以保百姓平安。

于是，每年到了"大暑节"，葭沚人民都会造一木船，由本保爷"白龙阮总帅"请"五圣"会饮，大暑日请"五圣"上船，送出海门关外，由大暑船自行行驶，找寻散瘟之处②。

借助于仪式传说，我们发现"请酒"仪式实际上是对"阮与五圣协商"的展演。"请酒"仪式对于本地的重要之处不仅在于体现"本保爷"的地主之谊，更重要的是展演了"本保爷"、五圣之间共同商议"送大暑"事宜的场景。请佛与神诞戏昭示了五圣的降临，成为"送大暑"的主祭神，然而不

①讲述人：集贤殿执事周先生，73岁。周先生是这些执事中被公认为比较有文化的人，在集圣庙负责写牒事务。笔者多次去集圣庙采访，众人都首推周先生讲述。
②椒江区非物质文化遗产普查领导小组办公室：《台州市椒江区非物质文化遗产普查项目汇编》，2009年。讲述人：李志华，1936年出生，大专学历，记录时间：2007年。《椒江区"非遗"项目汇编》中葭沚地区的传说大多是由李志华走访记录并撰写的。

可忽略的是，葭沚镇已经有常年性的主神——阮总帅。为了协调两者"送大暑"期间的地位，两庙宇组织通过请酒仪式的展演，模拟阮与五圣的"协商"过程，承认了"送大暑"期间五圣在葭沚镇地方活动的主角地位。但作为补偿，阮总帅在"送大暑"仪式中占据显要地位，时刻提醒信众自己的社区主神地位。

（四）节庆高潮与落幕："送大暑"庙会

7月22日，农历六月十九，葭沚镇迎来这场节庆仪式中的最高潮——"送大暑"，台州各地的信众前往葭沚拜五圣送暑船，人头攒动。"送大暑"即"送恶气"，暑船承载了整个镇一年的"恶气"行驶到很远的岛上或海上，保证本镇及椒江沿岸的平安。因此，"送大暑"也是五圣爷最危险的一天。虽然镇内气氛热闹非凡，人山人海，但除非是特定的负责人，任何人都不去碰暑船。通过请酒仪式的铺垫，五圣名正言顺地在"送大暑"当天占据绝对主角地位，五圣庙代表"本地"接受外地信众的祈拜，由五圣庙执事负责"送大暑"当天的秩序维护工作。

早上7点，五圣庙侧门有许多临时支起的小摊，以售卖草帽、凉品等为主，供香客和游客所需。信众从台州各县赶来，整个葭沚镇陷入节日的狂欢中。2016年参加"送大暑庙会"的信众约有13000人[①]，统一由一名五圣庙执事将上午信众许的牒放入暑船船舱。上午庙里大暑船的位置向外移动，船头朝向庙门，以方便船在下午出庙。

正午12点开始正式送船，乐队站在天井左侧奏乐，五圣庙的大锣队、举宫灯、宫牌的成员均换上了仿古马褂。集贤庙、文昌阁、龙王宫、杨府庙等庙宇队伍在五圣庙集合，每个庙的衣服都较之前几次仪式更加美观精致。

下午1点，五圣庙队伍出发。执事们将神像和阮总帅龙牌请到轿子里，跟随前面的队伍从侧门抬出。之后镇中青壮年队伍合力将暑船从庙的正门抬出，并放到装有轮子的铁架上，方便推船游行。

游行路线从镇西路出，沿葭沚镇主干道葭沚中街向南至集圣庙后沿大路

---

① "送大暑"日当天卖的是杨府牒，一张5元。2016年卖杨府牒的收入达到65335元，由此可大致推算出参加"送大暑"的信众有13067人。

向北，进行巡境。在巡境过程中，任何人都不能打赤膊也不能打伞，当地人认为"祖露"会弄脏五圣爷。五圣庙的执事会在神轿仪仗前五米处摇顺风鞭命令打赤膊及打伞的行人遮蔽祖露处、收伞或回避等。一路上均有居民支起小摊，免费向巡境队伍及行人提供薄荷水、冷饮、面盆、水桶、毛巾等。

下午3点，队伍到达三号码头港口。所有的仪式队伍及信众都被挡在坝外，只有护船队伍、五圣庙的执事、五圣庙（星光老人协会）西乐队、葭沚腰鼓队①以及拖暑船出海船只的船长得以进入码头的仪式现场。五圣庙执事早已在港口处摆好请酒的桌子和酒菜。随后，船随着仪仗到达码头，镇内约40名青壮年合力将船推到港口，再用吊机把船吊起放到由大量空桶做成的浮排上。

暑船与浮排固定好后放在神像宴席前。神轿仪仗从坝边将七座神轿送达码头，按照"张刘赵史钟、杨、阮"的顺序三请神出轿并移至供桌请吃酒，如图2所示。五圣庙周先生为神像倒酒，共献酒三次及至将酒杯倒满。吃酒结束后，大暑船入海靠岸停靠，海上准备拖带大暑船的渔船放冲天炮。五圣庙执事上暑船装配桅杆索具。

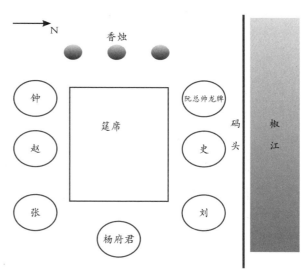

图2　大暑日码头请酒神像席位示意图

约下午5点，执事完成竖桅杆，暑船撑起船帆，几位装配桅杆的执事下船，负责将神像安置在船上的周先生上船。三位"捧佛者"将五圣及杨府君的神像请到船上，周先生一人在暑船上为神像解下腰带和外衣，放到船舱内的衙门判桌后。请神入船结束后，众人将码头请酒的酒菜放入食盒带回。白

①该腰鼓队的领头者是一名杨府庙的执事朱阿姨，女，56岁。据朱阿姨所述，二十年前单只有腰鼓队送暑船出海。

龙阮总帅并不随杨府君与五圣下海，众人请回其神轿中抬回集贤庙，其他神像的轿子则被抬到一处焚毁。

出海渔船共有三只，中间一只拖带大暑船，另两只护送。大暑船约在下午4点50分挂上主船，5点10分左右出发，开出港口时鸣炮。护送两船在晚上6点左右行驶至椒江三桥时返回，其间始终在主船左右后侧护卫，锣鼓队一路鸣锣。护卫两船返航后，主船向外海行驶，晚上7点停船等候潮水停潮。按照船主的说法，"送大暑"必须在涨潮时出发，向外海一直开到没有村落的地方，等待涨潮停止才能点燃大暑船，防止大暑船点燃后船体或残骸顺潮水漂回大陆。大暑船即"恶船"，如出现"残骸漂回"等类似情况，意味着将"恶"传播到葭沚近邻村庄，船员将被船残骸漂到的村落严厉追责，整个"送大暑"也将宣告失败。

约晚上8点停止涨潮，船员抬出两桶柴油，准备烧船。船员对大暑船进行了简单的祈拜活动，然后由船长向大暑船泼洒柴油。船长拿长杆点燃船头，瞬间全船火起，由于渔船绞盘与大暑船脱钩时操作过快，大火冲天的船体瞬间倾覆，断为两截在海面上继续燃烧。烧完之后，船上点起冲天炮。至此，船员都松了一口气，纷纷表示又完成了一年的任务。此后，船员大多聚在船尾继续向海面上远去的大暑船残骸敬拜祈祷。

约晚上8点半，烧船结束，渔船加速返航，整个"送大暑"活动结束。翌日，五圣庙摆宴酬谢在大暑日中出力的执事们。

四、多重意义的仪式表达

对于居住在"送大暑"祭祀圈的葭沚本镇的居民而言，他们祈拜五圣是为了保佑葭沚渔人在海上的平安。葭沚的主要产业是商业与渔业，基本上靠海为生。在葭沚镇的村落记忆中，他们总是遇到来自"倭寇"与"海盗"的海上威胁，而借助于五圣神威可以驱逐葭沚渔人在海上可能遇到的威胁。此外，"送大暑"队伍中出现的龙王宫"鱼虾蟹"偶、暑船按照渔船的样子模仿建造等细节都表明，"送大暑"的直接目的是保佑葭沚船只出海时能够平安获得大丰收，保佑葭沚远离重大台风灾难的侵扰。

其次是五圣的"祛瘟"功能，保佑社区远离大规模疫病的侵扰，这可能是椒江下游流域最开始流行"送大暑"的原因之一。

作为五圣祛瘟功能的延伸，治病是吸引信众前来祈拜的重要原因之一。在"请酒"和"送大暑"仪式中，我们都能观察到穿着红衣戴白丝项链的"犯人"。这些都是被五圣治好了病"坐罪"还愿的信众，"坐罪"的年数也根据病情的轻重分为三五至终身不等。

从个人祈拜的目的来看，大多数信众是为保佑自己的家户平安。但从上述仪式的流程中我们可以看到，节庆仪式不局限于保佑功能，更为地方社区群体提供了一种社区认同的需要。对于以神明及庙宇信仰构建的社区认同而言，比"庇佑"更重要的事是分清"谁来庇护"。因此在地方共同祭祀中，区分与认同经常被反复强调。

村落的世俗空间在节庆时被划分为由各社区庙宇神灵代表的"神圣空间"，参与仪式的群体以其境内主庙神灵为载体，以节庆仪式协商神祇关系，表达群体之间的远近亲疏。"神祇互动"拟人化地演示了社区认同与社区合作。在"送大暑"仪式中，表达这种隐喻的场所集中在暑船、宴饮和巡境中，或展演了关于仪式的传说，或展演了社区合作元素，如表2所示。

表2　重要仪式场中出现的社区合作元素一览表

集圣庙请酒、码头请酒	阮总帅、杨府君坐主席，五圣坐客席	两位常年性的社区主神将主神地位暂时让给五圣
巡境队伍	神轿：阮总帅神轿领头，杨府君神轿压轴；请酒日送五圣回庙时，阮总帅神轿压轴	在五圣充当节庆祭祀主神期间，阮总帅不断提醒人们自己的社区主神地位
	仪仗：杨府庙领头，集圣庙第二，五圣庙压轴；请酒日杨府庙领头，五圣庙第二，集圣庙压轴	
大暑船	"五圣大神""白龙阮总帅""杨府大神""四方平安"宫牌，船身上绘有杨家将抗击外敌图	三位神祇同时在暑船上发挥作用

这些仪式场叙述了五圣在集圣庙保界内的身份认同过程。请酒仪式表示保界内常年性的祭祀主神白龙阮总帅同意将社区祭祀主神的地位暂时让给五圣，但是并不意味着阮总帅就此退居仪式后台，而是与五圣分享在送大暑中的核心地位。在游神仪式中，集圣庙提供了大量的娱神节目并且位列前阵，不断提醒信众自己才是社区主神身份。最后的大暑船虽然是五圣庙一手打造完工的，但船身上杨家将抗击外敌的图案、船头"杨府大神""五圣大神""白龙阮总帅"的小宫牌则体现出社区共同打造元素，三位神祇共同保佑社区平安。

对于集圣庙保界而言，"送大暑"期间最重要的仪式是请酒。通过请酒仪式展演，地方神祇承认了五圣在"送大暑"仪式中的中心地位，同样也确定了祭祀圈内原主神阮总帅在此期间的核心地位。在五圣信仰进入葭沚之前，葭沚已经存在大家共同维护的社区主神"本保爷"——"阮总帅"，镇内居民均是集圣庙保下弟子，镇内也按照东南西北区域划分为"福禄寿禧"四个小保界。四保被认为是"本保爷"四个从大到小的儿子，每年本保爷寿诞由四保下居民轮流出钱供奉。葭沚镇内"四保"关系将地缘关系转化为拟血缘关系，强化了集圣庙保界的社区认同。五圣庙（江边堂）所在的禧保被认为是阮总帅的"小儿子"。随着每年外地信众大量前往葭沚参与"送大暑"仪式，"送大暑"也作为镇内年度性盛事。但是集圣庙保界内位列最后的五圣庙反而成为社区公共仪式的主角，这一点违反了依照传统父子纲常建立起来的以"集圣庙"为首的血缘关系。

为了协调五圣庙"送大暑"节庆期间在葭沚镇的地位，集圣庙与五圣庙之间进行了请酒仪以及一系列的仪式，强调"送大暑"是五圣在阮总帅邀请下完成的。换言之，是阮总帅将社区主神地位临时性地让渡给五圣，避免五圣权力突然进入葭沚镇而造成矛盾冲突。"送大暑"仪式其实是位于葭沚镇内的三座主要庙宇之间的协商合作。位于葭沚镇外的文昌阁与龙王宫仅因为与葭沚镇同属一个行政（星明大队）规划而参加，但是保佑的核心范围并没有因为文昌阁和龙王宫的参加而扩大。

五、结语

通过上述描述可知，"送大暑"仪式是以五圣庙为中心，由五圣、集圣、杨府三庙协商，并联合龙王宫和文昌阁五庙共同参与的一个全镇性的仪式。而正是通过模拟"神灵协商"场面，指导地方组织合作模式暂时以五圣为中心，形成合理的主次祭祀祈拜结构，使得整场仪式得以顺利进行，而不是因争夺权力发生严重的矛盾冲突。

以保界庙宇为信仰标志是台州地方组织的重要特点，社区群体共同祭祀保界庙神灵是进行身份认同的基础。在葭沚个案中，葭沚镇集圣庙保下"福禄寿禧"四个小保界被视为"本保爷"从长及幼的四个儿子，这将以庙宇信仰为基础的地缘关系转换为一种按照父子伦常组织起来的血缘关系，强化了葭沚镇居民在"保界"下的身份认同。

但是在一个保界内，除了保界庙主神的常年性庇佑，还有其他神祇可以保佑居民，即出现同一地方组织之内有两个重叠祭祀圈的情形。但重叠祭祀圈中的主祭神在地方居民心中地位并不一致，或重叠祭祀圈不同时出现。在葭沚"送大暑"的个案中，集圣庙保界是连贯性的社区身份认同标志，而"送大暑"祭祀圈仅仅在大暑庙会时呈现出来。两个主祭神可以通过仪式协调地位，"本保爷"可以将社区保佑的权力暂时让渡给五圣，维持仪式期间的权力平衡。

总之，节庆仪式将我们带入了一个"非常"的、由庙宇神祇构建的神圣语境中，展示了一个地方组织运行的过程。不过在现代快速的社会变革中，在仪式中呈现的社区权力分配并不指导世俗时间下的生产生活。关于"本保爷"或"五圣爷"的传说，将作为社区记忆伴随着村落共同体继续延续下去。

诗歌中的立春习俗及其象征意义

王 瑾①

（中国社会科学院马克思主义学院）

摘 要： 立春位于二十四节气之首，意味着冬天的结束、春天的开始，是非常重要的传统节日。在这一天，人们迎春，迎接万物复苏，迎接新的希望；人们鞭春，激励自己在这个新的开始里，辛勤劳动，有所作为；人们戴春，将春天提前戴在头上，表达对美好幸福生活的向往和为之努力的心情；人们咬春，将春天死死地咬住，在大好的春光里珍惜当下，实现生命的意义和价值。古典诗歌记录了这些生动的民俗，再现了中国人的生命精神，礼赞春天，礼赞国人的坚忍不屈。

关键词： 立春 迎春 鞭春 戴春 咬春

立春位于二十四节气之首，时间是大寒节气之后十五天，约在公历2月4日，此时日行黄经315°，斗指东北维。所谓立，是开始的意思，《月令七十二候集解》曰："立春，正月节。立，建始也，五行之气，往者过，来者续。于此而春木之气始至，故谓之立也。"②往者过，来者续，立春意味着冬天的结束、春天的开始，从这一天开始，草木萌生，朝气勃发，一切都充满着希望，故有"一年之计在于春""春朝大如年"的说法。所以，农人盼望春天，诗人歌咏春天。每年的立春日，君主和百姓都将其看作重要的节

---

①作者简介：王瑾，中国社会科学院马克思主义学院2017级博士生，文艺学专业。

②[元]吴澄：《月令七十二候集解》，中华书局1985年版，第1页。

日，从古至今，立春日积累和传承着许多的民俗活动和庆祝仪式。文学作为现实图景的生动再现，书写、记录了许多立春的场景和习俗，记载了人们在节令日这个特殊时间的特殊心理，是丰富多彩的中国传统文化的反映。在此，我们跟随诗人的文字，去了解立春的习俗，以及习俗背后所反映的生活态度、生命观念，即其象征意义。

一、迎春——"从今克己应犹及，颜与梅花俱自新"

立春是一年之始，在周代就已经形成隆重的迎春礼，《礼记·月令》记载："立春之日，天子亲帅三公、九卿、诸侯、大夫以迎春于东郊。"[①]古人认为，春属木，主东方，《礼记·乡饮酒义》曰："东方者春。"[②]所以在立春之日，天子率领群臣，在东方迎接春神。《后汉书·礼仪志》记载："立春之日，夜漏未尽五刻，京师百官皆衣青衣，郡国县道官下至斗食令史皆服青帻，立青幡，施土牛耕人于门外，以示兆民。"[③]《祭祀志》云："立春之日，迎春于东郊，祭青帝句芒。车旗服饰皆青。歌《青阳》，八佾舞《云翘》之舞。"[④]"立春之日，皆青幡帻，迎春于东郭外。"[⑤]春天是草木萌生的季节，故春主青色，所以古人不仅设置专门的迎春活动，还要在迎春时身穿青衣、头戴青巾帻，以表达对天时的尊重和遵从。此后的魏晋、唐、宋时期，立春的习俗逐渐增多，节日氛围愈加明显。一直到明清时期，从官方到民间的迎春活动都非常频繁，节俗丰富多样。

立春是春天的开始，在这一天迎春，是为迎接春天的到来，春天是充满阳气的季节，是光明、温暖和希望的象征。立春也是一年中的第一个节气，这一天意味着新的一年的降临，意味着新生。一到立春，春天就来了。在泥

---

①［清］孙希旦：《礼记集解》，中华书局1989年版，第413页。
②［清］孙希旦：《礼记集解》，中华书局1989年版，第1435页。
③［南朝·宋］范晔：《后汉书》（《礼仪志》等八志为司马彪撰），中华书局1965年版，第3102页。
④［南朝·宋］范晔：《后汉书》（《礼仪志》等八志为司马彪撰），中华书局1965年版，第3181页。
⑤［南朝·宋］范晔：《后汉书》（《礼仪志》等八志为司马彪撰），中华书局1965年版，第3205页。

土里蛰伏了一冬的绿色将冲开一切阻力，破土而出，唤醒内在的生命力，将满目枯黄演绎成生机盎然；藏匿了一冬的生命也将从冬眠的巢穴中走出，将万物肃杀的大地点缀得活泼可爱。诗歌中的迎春充满了春天到来的明媚和喜悦之情。如唐中宗李显在立春之日以游园的方式迎春，写有《立春日游苑迎春》：

神皋福地三秦邑，玉台金阙九仙家。

寒光犹恋甘泉树，淑景偏临建始花。

彩蝶黄莺未歌舞，梅香柳色已矜夸。

迎春正启流霞席，暂嘱曦轮勿遽斜。

立春之日，虽时气仍寒，彩蝶、黄莺尚且未见，但已是春回大地之象，宋代吴琚《柳梢青·元月立春》有"拂面东风，虽然料峭，毕竟寒轻"的句子，春天虽还未真正到来，但梅花以香报春，向冬日冰封的大地传达春的气息；柳树抽出嫩芽，远远望去似烟波缕缕，这就是春日刚刚来临时万物复苏的生机。诗歌尾联用了一个"启"字，正是在说属于春天的希望正在慢慢开启。宋代张栻《立春偶成》一诗，虽未写迎春之俗，但同样充满了春天的气息：

律回岁晚冰霜少，春到人间草木知。

便觉眼前生意满，东风吹水绿参差。

岁月轮回，秋去春来，天气有渐渐转暖的意思，冰霜逐渐消融。草木这些在萧条与复苏、严寒和酷暑之间历练过的生命，已比我们人类更早感知到了春天的消息。柳枝抽芽，小草绽绿，抬眼望去，一片生机勃勃的绿色，到处都是春风萌动里万物复苏的消息。自然界的春天来了，人不仅要迎春，更应该做好春天的准备。唐代诗人卢仝有一首《人日立春》，就写得昂扬积极：

春度春归无限春，今朝方始觉成人。

从今克己应犹及，颜与梅花俱自新。

朱自清先生《春》一文写"盼望着，盼望着，东风来了，春天的脚步近了"。每一年的光阴都是一个轮回，冬天意味着一年的结束，来年春天又是新的开始。在过去的日子里，我们没有被寒冬打垮，我们没有退缩；春回大地，万物复苏，足以让人欢欣鼓舞，在新年的开始，什么都是新的，一切都充满着希望，人、事都还有重新开始的机会。所以，我们才在经历了严酷寒冬的考验之后，站在春天的门槛，以崭新的面貌和姿态，迎接春天的到来，梅花是新的，"我"也是新的。

二、鞭春——"土牛应候农功起，木铎传音官儆存"

在从朝廷到民间的诸多迎春庆祝活动中，鞭春都是非常重要的一项，宋代《东京梦华录·立春》记载："立春前一日，开封府进春牛入禁中鞭春。开封、祥符两县，置春牛于府前。至日绝早，府僚打春，如方州仪。"[1]所谓"鞭春"，是指鞭打土制的春牛，故直到今日，民间仍称立春为"打春"。清代的《燕京岁时记》记载："立春先一日，顺天府官员至东直门外一里春场迎春，立春日，礼部呈进春山宝座，顺天府呈进春牛图。礼毕回署，引春牛而击之，曰打春……"[2]在立春日鞭春的习俗由来已久，《礼记·月令》中就有"出土牛，以送寒气"[3]之说，距今已有两三千年的历史，鞭春习俗盛于唐、宋两代，尤其是宋仁宗颁布《土牛经》后，鞭土牛风俗传播得更广，这一习俗也在诗歌中多次出现。如宋代文学家范端臣的代表作品《岭南鞭春》：

一辞湖上月，三见岭南春。

怪鸟呼如鬼，痴猿立似人。

蛮商通海舶，渔户杂江滨。

尚有鞭牛扑，纷拿起路尘。

在岭南的春日里，鞭打春牛的场景热闹非凡，百姓争抢着鞭打春牛，抢夺春牛被鞭打之后身上掉落的土块，尘土飞扬，喜庆欢乐的气氛下充满着世俗的烟火气。元代诗人贯云石的作品《清江引·立春》也写到鞭打春牛的习俗：

金钗影摇春燕斜，木杪生春叶。

水塘春始波，火候春初热。

土牛儿载将春到也。

贯云石的这首小令，以五行水、火、木、金、土写尽春日美景，树梢生出嫩叶，水塘泛起清波，气温开始回升，女子的装扮也改掉了冬日的厚重灰

---

①［宋］孟元老：《东京梦华录》，中州古籍出版社2017年版，第105页。
②［清］富察敦崇：《燕京岁时记》，北京古籍出版社1981年版，第47页。
③［清］孙希旦：《礼记集解》，中华书局1989年版，第500页。

暗之调变得娇俏动人，金钗摇动，春燕斜簪，像春天本身一样活泼灵动。但作者在最后说：这春天，这样美好的春色，仿佛是土牛所带来的。春天的明媚、美好和希望，居然是土牛所唤醒的，可见这一习俗的确非常重要。而之所以要在立春这一天"打春"，也意在唤醒，有劝农之意。

立春是春天的开始，从这一天起，东风解冻，万物复苏，大自然从冬日的严寒中苏醒过来，这个时候，牛需要苏醒，人也需要苏醒，击打春牛是为了打醒牛，让其以最佳的姿态进入春耕活动当中；击打春牛更是为了打醒人，从冬日的闭藏和休息中回神，开始一年的辛勤劳作。故《帝京景物略》这样记载鞭打春牛之俗："立春候，府县官吏具公服，礼勾芒，各以彩仗鞭牛者三，劝耕也。"[1]在古代，诸事以农为本，鞭打春牛的劝农之意在诗歌中同样有所反映。生于北宋内忧外患、国破山河之际的诗人洪皓在《立春有感》写道：

强拟登台豁旅愁，五行今日到金囚。

土牛始正农祥候，彩胜初衔鬼隐谋。

司启空传青鸟氏，迎春不见翠云裘。

一卮寿酒何缘受，觅纸题诗死不休。

国家危亡、风雨飘摇之际，诗人的生活并不是充满希望的，这首诗应是写于诗人出使金国被扣留之际，当时诗人正处于困顿到极点的一种状态；但即便如此，春天总是会来的，希望和努力都不应该被放弃。诗歌的颔联"土牛始正农祥候"点出了鞭春与农事之间的联系。南宋留金诗人朱弁《善长命作岁除日立春》则明确将鞭打春牛之鞭称作"劝农鞭"：

土牛已着劝农鞭，苇索仍专捕鬼权。

且喜春盘兼守岁，莫嗟腊酒易经年。

几乎同时期的诗人赵公豫有一首《立春日作》：

春风有脚到柴门，最爱朝曦气自温。

养性颇知学是贵，涵情尤识道称尊。

---

① [明]刘侗、于奕正：《帝京景物略》，上海古籍出版社2001年版，第100页。

土牛应候农功起，木铎传音官做存。

惟愿四方成乐岁，投戈解甲牧鸡豚。

"土牛应候农功起，木铎传音官做存。"通过鞭打春牛的活动，农人应农时而投入农事劳动，从此开始一年的辛勤耕作，小小的一个习俗充分展示了中国人的勤劳与坚强。通过诚实、辛勤的劳动，一代代的中国人盼望着丰收、平安。于是，与鞭春习俗连缀在一起的，还有争分土牛肉。苏轼有"东方烹狗阳初动，南陌争牛卧作团"的句子，这被称作"抢春"。之所以在鞭春之后还要抢春，是因为人们相信抢春可为自己和家人带来一年的吉祥好运，抢回春牛肚子里事先填满的谷粒，寓意着来年五谷丰登、吉庆有余；用春牛的土块和水涂牛棚，可使六畜兴旺。其实不仅是抢春之俗，整个鞭春活动都有对美好、吉祥的企盼。民国铅印本吉林《海龙县志》记载了打春颂词，曰："一打风调雨顺，二打国泰民安，三打大人连升三级，四打四季平安，五打五谷丰收，六打合属官民人等一体鞭春。"[1]这些吉祥话反映了自古以来勤劳的中国人对美好幸福生活的向往和追求，而美好幸福生活的实现凭借的正是勤恳的、日复一日的，甚至是从春天的第一天开始就从未懈怠过的辛勤劳动。

三、戴春——"春幡春胜，一阵春风吹酒醒"

在前文谈及迎春之俗时，曾写到汉朝立春之时穿青衣、服青帻、立青幡这些特殊的节日衣饰风俗，经魏晋的发展丰富，至唐宋达到极盛。春幡、春胜、春帖都是唐宋时期的主要饰品。春幡是一种旗子，唐代出现了簪戴和悬挂用的小春幡；胜是古代妇女的首饰，春胜是胜的一种，唐宋时的春胜有许多种，如春燕、春鸡等，均与春天的节令相符；春帖是用于张贴的一种节日装饰，从晋"贴宜春字"发展而来，南朝梁宗懔《荆楚岁时记》记载："立春之日，悉剪彩为燕以戴之……贴'宜春'二字。"[2]后或用金丝彩线刺绣，或用金箔剪贴，形式和书写的内容也愈加丰富，周密《武林旧事》载其"绛

---

①杨东姝：《从文献史料中探寻迎春（立春）民俗及风俗礼仪》，《河南图书馆学刊》2011年第1期，第127—129页。

②［南朝·梁］宗懔：《荆楚岁时记》，岳麓书社1986年版，第12页。

罗金缕，华粲可观"[1]，在寒意尚未退尽的立春之日，春幡、春胜、春帖都是非常重要的节日装饰，在草木尚未葱茏、百花尚未绽放之时，提前将春天的鲜妍明媚装点起来。宋时的一首词，作者已不可考，但写出了春日、春情及戴春之俗：

晓日楼头残雪尽。

乍破腊、风传春信。

彩燕丝鸡，珠幡玉胜，并归钗鬓。

残雪将近，春风带来春的讯息，所以妇女们才丝毫不嫌麻烦地将那彩燕、丝鸡、珠幡、玉胜一并戴在头上，是装点自己，也是装点春天。苏轼有一首《减字木兰花·立春》，同时书写了鞭春和戴春之俗：

春牛春杖，无限春风来海上。便与春工，染得桃红似肉红。

春幡春胜，一阵春风吹酒醒。不似天涯，卷起杨花似雪花。

这首词系诗人在62岁时被贬海南儋州时所作，在如此高龄被贬至蛮荒之地，诗人的心境本应失落、无助、悲凉，但这首词却写得极为清新活泼，美丽的春幡、春胜，如同春酒一般醉人。辛弃疾的《好事近·元夕立春》还有"彩胜斗华灯"之句，春胜与花灯争奇斗艳，更添繁华热闹的节日味道。在中国的传统节日里，人们对服饰是分外关注的，大多都集中在冬日即将结束、春天即将到来之时，最典型的就是春节，立春的戴春之俗本也在正月，后来逐渐与立春风俗合一。在这个时候戴春，一在于"新"，万象更新，除旧布新，用新的服饰迎接新的开始，彻底与过去的不安、不顺告别，未来的一切都是美好的；一在于"彩"，在大自然尚未完全生机勃勃之前，提前装点起来，是为了迎接大自然的万紫千红，更是为了将自己装扮得更加美丽，将自己的生活装点得五彩缤纷。自然界的春天虽未全部铺开，人心的春天却已然到来。

节日与平时的日子相比，是相对特殊的，节日里的特殊装饰将原本枯燥平淡的劳动生活点缀得生机盎然，充满着浪漫气息，也表达着人们对充满色彩的美好幸福生活的企盼。今天的我们读着这些诗歌，想象着年轻美丽的姑娘们那么用心地用美丽的春幡、春胜装饰之后的样子，仍然可以感受到那美

---

① [宋]周密：《武林旧事》，浙江古籍出版社2011年版，第37页。

不胜收、摇曳生姿之态。然而，诗歌中除了描绘立春之日以戴春习俗装点春天外，也同样描绘了这些色彩缤纷的装饰的制作场景。大和进士李远有两首诗都写到了剪彩纸制作春胜的场景，一首为《立春日》：

暖日傍帘晓，浓春开箧红。

钗斜穿彩燕，罗薄剪春虫。

巧著金刀力，寒侵玉指风。

娉婷何处戴，山鬓绿成丛。

另一首为《彩胜》：

翦彩赠相亲，银钗缀凤真。

双双衔绶鸟，两两度桥人。

叶逐金刀出，花随玉指新。

愿君千万岁，无岁不逢春。

岁岁逢春，每年的春天都要靠这些美丽的事物来装点，玉指翻飞，剪刀轻动，对美好未来的期盼，对自己的祝福，对色彩缤纷的憧憬，全诉诸自己手中的剪子。唐朝宰相崔日用有一首《奉和立春游苑迎春应制》，虽是应制之作，但仅用了一个"妙"字就写尽了这种情感：

乘时迎气正璇衡，潋沪烟氛向晚清。

剪绮裁红妙春色，宫梅殿柳识天情。

瑶筐彩燕先呈瑞，金缕晨鸡未学鸣。

圣泽阳和宜宴乐，年年捧日向东城。

"剪绮裁红妙春色"，美丽的春天要靠一把剪刀来装点，春天也因为这把剪刀而妙不可言。从古到今，人们从未放弃对美好幸福生活的追求，所以无论劳作如何辛苦，无论日子如何艰难，勤劳隐忍的中国人总会想着在一些特殊的节日里给家人做一顿美味佳肴，让那些平时舍不得吃的东西上一回餐桌；将自己装扮起来，让节日喜庆欢乐的气息更浓重一些。而这些都离不了一双巧手——美好是靠着一双巧手装点起来的，色彩是由一双巧手所赋予的。

四、咬春——"菜细簇花宣薄饼，湖村好景吟难尽"

民以食为天，似乎中国的每一个传统节日，都少不了一个或几个与饮食有关的风俗，立春之日，人们要装春盘、吃春饼、卷春卷，还要嚼萝卜，这些被称作"咬春"。《燕京岁时记》中载："是日富家多食春饼，妇女等买萝卜而食之，曰咬春。谓可以却春困也。"[1]立春之日的饮食风俗同样由来已久，唐代的《四时宝镜》记载："立春日，春饼、生菜，号'春盘'。"[2]《武林旧事》说宫里的春盘"翠缕红丝，金鸡玉燕，备极精巧，每盘直万钱"[3]。在春天刚刚开始的时候，吃刚刚长出嫩芽的新生菜蔬，有尝新之意，好像要把整个春天都吃下去，把整个春日的满眼新绿都吃到自己的肚子里。南宋爱国诗人陆游的《立春日》就写到了春饼：

日出风和宿醉醒，山家乐事满系龄。

年丰腊雪经三白，地唆春郊已遍青。

菜细簇花宣薄饼，湖村好景吟难尽。

酒香浮蚁泻长瓶，乞与侯家作画屏。

新岁刚过，到立春之日，地气已暖，郊外的草木已遍青，挑当令的菜蔬做一道佳肴，卷一张薄饼，吃一次春天，就是难以写尽的春光，酒不醉人人自醉，这一个春天显得格外明媚。南宋女诗人朱淑贞也有一首《立春》，写得分外欢快：

停杯不饮待春来，和气先春动六街。

生菜乍挑宜卷饼，罗幡旋剪称联钗。

休论残腊千重恨，管入新年百事谐。

从此对花并对景，尽拘风月入诗怀。

诗人在立春之日挑生菜、卷春饼、剪春幡、戴春胜，挑的是春意，吃的是春味，剪的是春景，戴的是春情，在这样的良辰美景中，纵然过去有千般万般苦，也无须再去计较了，进入新年之后，定会诸事顺遂，百事和谐。元初耶律楚材的《立春日驿中作穷春盘》一诗更像是一份食单，让人读过之后

①[清]富察敦崇：《燕京岁时记》，北京古籍出版社1981年版，第47页。

②窦怀永：《岁时之属（第1册）》，浙江大学出版社2016年版，第335页。

③[宋]周密：《武林旧事》，浙江古籍出版社2011年版，第36页。

食指大动：

　　昨朝春日偶然忘，试作春盘我一尝。

　　木案初开银线乱，砂瓶煮熟藕丝长。

　　匀和豌豆揉葱白，细剪萎蒿点韭黄。

　　也与何曾同是饱，区区何必待膏粱。

　　粉丝、藕丝、葱白、萎蒿、韭黄、豌豆一应俱全，甚至还写了准备、烹饪的过程以及方法，仿若是在春天里吃得意犹未尽，这首诗也体现出了超出美食本身的意味。诗圣杜甫同样也写过一首《立春》：

　　春日春盘细生菜，忽忆两京梅发时。

　　盘出高门行白玉，菜传纤手送青丝。

　　巫峡寒江那对眼，杜陵远客不胜悲。

　　此身未知归定处，呼儿觅纸一题诗。

　　食物最容易引起人的回忆，有时候是一样的味道，有时候是一样的形貌。在这一年的立春日，同样的春盘和初生嫩绿的生菜唤醒了杜甫的味觉，他不由想起了在长安和洛阳过立春日的情景：盘出高门，菜经纤手。可是如今，一切都成了过往的云烟，困居的自己眼前只有寒冷的江水高峡，也不知道还有没有机会再过一次那样的立春。抚今思昔，悲愁渐起，于是呼儿觅纸，题诗遣怀。

　　如同杜甫这首诗所表达的今非昔比之情，年年春来，是迎接一次次的希望，也是一年年岁月的流转，是斗转星回，也是青春和岁月的无情流逝。杨万里的《郡中送春盘》便写出了这样的无奈和叹息：

　　饼如茧纸不可风，菜如缥茸岁可缝。

　　韭芽卷黄苣舒紫，芦服削冰寒脱齿。

　　卧沙压玉割红香，部署五珍访诗肠。

　　野人未见新历日，忽得春盘还太息。

　　新年五十奈老何？霜须看镜几许多。

　　麴生嗔人不解事，且为春盘作春醉。

　　春饼做得薄如茧纸，菜切得极细，黄色的，紫色的，彰显着春的勃勃生机。可是，诗人却在岁岁新春里日渐老去，白发逐渐爬上了鬓角，连白色的胡须也日渐增多。辛弃疾的《汉宫春·立春日》表达了几乎相同的意蕴：

春已归来，看美人头上，袅袅春幡。无端风雨，未肯收尽余寒。年时燕子，料今宵、梦到西园。浑未办、黄柑荐酒，更传青韭堆盘。

却笑东风从此，便熏梅染柳，更没些闲。闲时又来镜里，转变朱颜。清愁不断，问何人、会解连环。生怕见、花开花落，朝来塞雁先还。

春已归来，美人鬓发上有袅袅春幡，节日的餐桌上青韭堆盘，从此西风换了东风，已是温暖的春天。但是这春风从来不得闲，它不仅染红了梅花、染绿了柳条，还要将朱颜转变，将年轻的人儿带走，换成年老的。只是这年华老去的悲愁里，不只有岁月流逝的悲凉，还寄托着诗人收复中原的伟大理想，两种感情矛盾地交织着，带着一种生命的倔强。这倔强属于"抱英雄之志"的辛弃疾，也属于勤劳坚忍的中华儿女，他们在立春这一天咬春，将春天死死地咬住，充满着珍惜时光的一股韧劲儿。

因为有这样一股韧劲儿，所以中国人才从来没有害怕过，从来没有退缩过，他们要把春天咬住，青丝如何，白发又如何，都在这个春天里共同拥有新生的希望。明代名臣于谦的《立春日感怀》写道：

年去年来白发新，匆匆马上又逢春。

关河底事空留客？岁月无情不贷人。

一寸丹心图报国，两行清泪为思亲。

孤怀激烈难消遣，漫把金盘簇五辛。

这首诗歌里的感情是有一些矛盾的，每逢佳节倍思亲，日渐老去的自己更是渴望着阖家团圆；可是，外敌的威胁仍在，哪敢掉以轻心，一片丹心舍小家为国家，建立一番功业以对抗无情的岁月。时间之于人是最公平也是最无情的，生命的有限和死亡的必然来临是无可抗争的自然规律，以此为前提，选择什么样的态度就成了重要的问题，无数有见地的中国人选择将有限的生命融入无限的功业当中，实现生命的意义和价值。

五、结语

立春作为一年当中的第一个节气，在几千年的传承中，已然成为文化的一部分，这个节气里的风俗虽然多种多样，但都表现出中国人对春的礼赞，对新的礼赞，对生命的礼赞。在大地回春、万象更新之时，人们向往、追求充满明媚色彩的美好幸福的生活，于是一边迎春一边以打春的方式激励和警醒自己；再以一双巧手制作出最美丽的装饰，以戴春装点生活、装点春色；最后，面对时光的无情流逝，又以独特的韧劲儿将春天紧紧咬住，珍惜时光，在有限的生命里实现生命的意义和价值，这就是中国人的精神。今天，虽然很多节气和节日的习俗甚至节气本身都与我们产生了距离，但追求美好幸福的这股韧劲儿将一直陪伴我们，支撑我们。一年之计在于春，在春天即将到来之时，我们满怀憧憬，拥抱生命，追求美好幸福的未来人生。

立春习俗中的国家意识与乡土观念

——以广东省兴宁市立春习俗为中心的探讨

刘旭东①

（浙江师范大学文化创意与传播学院）

摘　要：通过对文献梳理与实地考察，梳理广东省兴宁市立春官方礼俗和民间习俗各自所体现出来的国家意识与乡土观念。在此基础上，回答两个问题：立春习俗中国家意识向民间渗透的效果如何？立春习俗在兴宁地区的历史变迁反映了国家与地方社会之间怎样的关系？

关键词：兴宁　立春　国家意识　乡土观念　二十四节气

　　二十四节气作为珍贵的人类非物质文化遗产，得到了民俗学、人类学以及历史学等学科的广泛关注。而作为二十四节气之首的立春，学界对其习俗的形成、历史变迁及其社会功能等方面的研究成果颇丰。其中从立春的习俗来窥探国家与地方社会的关系是一个较为重要的研究视角。深受法国结构学派与英国功能学派影响的简涛曾将历史上的立春习俗分为官方礼俗与民间习俗两个部分，官方礼俗具有强烈的统治阶级意识，而民间习俗则孕育在乡土观念之中，两者在既对立又双向渗透的关系之中不断发展，并于清代达到顶峰。但是在辛亥革命后，它们都走向消亡与衰微②。那么，官方立春礼俗中的

---

①作者简介：刘旭东，浙江师范大学文化创意与传播学院民俗学2016级研究生，研究方向为粤东族群。

②简涛：《立春风俗考》，上海文艺出版社1998年版，第254—257页。

国家意识对民间的渗透效果到底如何？立春习俗的历史变迁历程又体现出国家与地方社会怎样的关系？本文以广东兴宁市的立春习俗为个案，通过梳理文献与实地考察，具体分析当地立春习俗在历史发展过程中所表现出来的国家意识与乡土观念，进而试图回答以上问题。

一、兴宁市的历史地理概况：从华夏边缘到"小南京"

兴宁市（下文简称为"兴宁"）位于广东省的东北地带，现为梅州市所辖的一个县级市。学界学者在研究时，大多将兴宁定义为一个"纯客家县"。但在历史上，兴宁却是畲族的聚居地之一。

兴宁地处闽、粤、赣交界处，其东、西两面分别是广东畲族的两个大本营——罗浮山区和凤凰山区。清人屈大均在《广东新语》中有记载：

澄海山中有輋户，男女皆椎跣，持挟鎗弩，岁纳皮张不供赋，有輋官者领其族。輋，巢居也，其有长有丁有山官者。稍输山赋，赋以刀为准者曰傜，傜所止曰冚、曰峒，亦曰輋。海丰之地，有曰罗輋、曰葫芦輋、曰大溪輋，兴宁有大信輋，归善有窑輋[①]。

从这段记载中，我们可以知道，兴宁"大信輋"是众多的輋人种类之中的一种[②]。也就是说，直至明末清初，兴宁仍然是畲族的聚居地之一。现在兴宁仍有许多带畲字的地名，如坪畲、上畲、下畲等，也反映出畲民曾在兴宁生活过。

历史上兴宁到底有多少畲民，在各种文献中并无确切的记载。不过，据宋人编撰的《太平寰宇记》记载，梅地宋代的民族"主为畲瑶，客为汉族"，而清光绪《嘉应州志》又记载："考宋初梅州户，主一千二百一，客三百六十七，至神宗时，主五千八百有奇，客六千五百余矣。"[③]由此可以从侧面看出，当时畲民或者瑶民为粤东北一带的主要势力，迁徙至此处的汉人

---

①欧初、王贵忱主编：《屈大均全集（四）》，人民文学出版社1996年版，第221页。
②对这段话的解读，较多的学者认为"大信輋"是一个地名，不过也有学者认为是畲族的一个种类。参见朱洪、姜永兴：《广东畲族研究》，广东人民出版社1991年版，第2页。
③吴炳奎：《梅县畲族考》，《梅县市文史资料（第8辑）》，1993年，第106页。

有一部分是为了躲避战乱，还有一部分则是为了逃避赋税①。也就是说，在历史上，很长一段时间，粤东北地带相对于"华夏"或"中国"而言，是一个边缘地区，由于中央统治的触角不够长，国家的意识也非常淡薄。

元朝对于广东畬族来说，是一个极大的转折点，元朝统一中国以后，施行残暴的民族歧视政策，南方的少数民族是处于最底层之人，畬民抗元斗争此起彼伏，元统治者为了镇压畬民起义，对闽粤赣交界处的畬民进行了大屠杀。在此之后，闽粤赣交界之处的畬民逐渐减少。

到了明清时期，随着汉人的增多，兴宁地区的传统农业和手工业得到巨大的发展。在此基础上，兴宁的商业空前繁荣。明代至清代初期，兴宁县城就已经成为潮州食盐的中转地，转销粤北的曲江、南雄、乐昌及江西赣南的定南、寻乌、全南等各县，每年内销和转运食盐超过三百万千克。清代中叶，该县纸扇、毛笔、土布、墨的兴起，促进了商业的发展。特别是鸦片战争以后，大量输入舶来品，内地与沿海的物资汇集兴宁，德、英等国商人亦在兴城设庄推销洋货，兴城成为闽、粤、赣边区的商品集散地。据清光绪末年罗斧月编修的《兴宁乡土志》载，光绪年间县城有商户三四百家。各类商业中，尤以布业和面纱业为大宗②。清初诗人吴熙乾在其《战马诗》中写道："邑为古齐昌③，有小南京之谅。"

与此同时，统治者的统治触角并未停止过向外延伸，国家的意识也在兴宁地区不断蔓延。统治者试图通过利用一些习俗，向民间传输国家意识，立春的官方礼俗便是一个例子。

二、官方礼俗的政治隐喻："敬顺皇权，无违皇令"

立春作为一个节气，大约产生于先秦时期。《左传》有载："（鲁）僖公五年，春，王正月辛亥朔，日南至。公既视朔，遂登观台以望而书，礼也。

---

① 在古代有不少汉人为了逃避赋税而迁徙至南方畬区成为畬民，主要是因为"畬民不悦（役），畬田不税"。在许多文献中，有一些畬民的名字并非畬族传统的"盘、蓝、雷、钟"等姓氏，如"梅州畬贼陈满等啸聚梅塘，攻陷城池"，这些人极有可能是为逃避税收隐藏至畬区的汉人。
② 张学禹：《明清时期兴宁客家族群生计与移民研究》，南昌大学2013年硕士论文，第30页。
③ 齐昌，即兴宁。

凡分至启闭，必书云物（雾），为备故也。"孔颖达疏："凡春秋分，冬夏至。立春立夏为启，立秋立冬为闭。用此八节之日，必登观台。书其所见云物气色。若有云物变异，则是岁之妖祥既见。其事后必有验，书之者，为豫备故也。"①由此可见，此时立春为八个节气之一，并且已经具有节日的雏形了②。

而文献中关于立春迎春礼最早的描写约出现于周朝③，比如《礼记·月令》中对立春迎春礼有详细的记载：

孟春之月……是月也，以立春，先立春三日，大史谒之天子曰："某日立春，盛德在木。"天子乃斋。立春之日，天子亲帅三公、九卿、诸侯、大夫，以迎春于东郊。还反，赏公卿、诸侯、大夫于朝。命相布德和令，行庆施惠，下及兆民；庆赐遂行，毋有不当。

但是根据简涛的研究，周朝时对立春迎春礼的记载并没有实施与现实，仅仅为统治者的一种构想④。而迎春礼的真正实施是在东汉时期，统治者以《礼记·月令》为标准，吸收了民间"出土牛"的习俗，制订了若干官方迎春的礼俗规定⑤，实施于都城与其他各地区。此后，这种官方迎春礼俗在各朝各代都备受统治者推崇，一直延续至辛亥革命之前，其间虽有诸多变动，但是始终没有脱离东汉迎春礼的基本模式。

关于兴宁地区的官方立春礼俗，最早的文献记载出现在明朝嘉靖年间。在《（嘉靖）兴宁县志》中，有这样的记载：

迎春日，各里社扮戏剧，竞作工巧，鼓吹，导土牛迎于市，观者塞途，土牛过门则以米、豆、麻掷之，鞭土牛日，人争取其土⑥。

---

①《春秋左传正义》卷一二，《十三经注疏》本，中华书局1980年版，第1794页。
②简涛：《立春风俗考》，上海文艺出版社1998年版，第21页。
③如《吕氏春秋·孟春纪》《逸周书·月令解》《礼记·月令》《淮男子·时则训》等古籍文献。
④简涛：《立春风俗考》，上海文艺出版社1998年版，第23页。
⑤东汉时的迎春礼有两种形态，分别是在东郊举行的迎春礼和在城外举行的竖立土牛和耕人仪式。后来，"出土牛"习俗进一步演变为耕人鞭春牛习俗。
⑥[明]黄国奎订正、盛继纂修：《（嘉靖）兴宁县志·人事部·风俗》，《天一阁明代方志选刊续编》，上海书店2003年版，第1015页。

而明崇祯年间的《兴宁县志》记载：

各里社扮戏剧，竞作工巧，鼓吹，导土牛迎于市，村民视牛色辨风雨雷旱，攘童子看春，以麻、豆、赤米掷牛。云：散瘟疫，可以减麻、豆。鞭牛之日，人争取其土①。

到了清朝，兴宁地区的立春习俗有了一些变化。清咸丰年间的《兴宁县志》记载：

立春前一日，各官吉服迎于东郊，向芒神位前一揖，三献酒，点睛，再一揖，迎芒神土牛回县，安仪门外，土牛南向，芒神在左西向，候交春时，陈设牲醴，各官衣朝衣，诣芒神前，行一跪三；叩首礼，兴诣香案前三献酒，复位，再行一跪三叩首礼毕，各执绿仗环立，官击鼓三声，执春鞭，同众官由东起，绕牛三周，鞭三鞭，庶民终之②。

总结起来，明清时期官方文献中所记载的立春礼俗大致如表1所示。

表1　明朝以来兴宁地区立春习俗一览表

时期	习俗
明嘉靖年间	"扮戏剧" "掷土牛" "鞭春牛" "抢春" 等
明崇祯年间	"扮戏剧" "辨牛色" "掷土牛" "抢春" "鞭春牛" 等
清咸丰年间	"祭芒神" "鞭春牛" "撒寂豆" "扮杂剧" 等

总体上，明清时期各个阶段的兴宁地区的官方立春习俗与中央所规定的礼俗秩序并无太大的差异，尤其是清朝时的迎春礼，与《大清通礼》内的规定是相差无几的：

直省迎春之礼：先立春日，各府州县于东郊造芒神、土牛。春在十二月望后，芒神执策当牛肩；在正月朔后，当牛腹；在正月望后，当牛膝，示民

---

①《（崇祯）兴宁县志·地纪·风俗》，日本国会图书馆，第224页。
②[清]仲振履原本、张鹤龄续纂：《（咸丰）兴宁县志·风俗志》，成文出版社1967年版，第135页。

农事早晚。届立春日，吏设案于芒神、春牛前，陈香烛果酒之属，案前布拜席。通赞执事者于席左右立。府州县正官率在城文官压史以下朝服毕，诣东郊。立春时至，通赞赞：行礼。正官一人在前，余官以序列行，就拜位。赞：跪，叩，兴，众行一跪三叩礼。执事者举壶爵，跪于正官之左，正官受爵酌酒，酹酒三，授爵于执事者，复行三叩礼，众随行礼，兴，乃抬芒神、土牛，鼓乐前导，各官后从，迎入城，置于公所，各退。

官方对立春礼俗的严格规定，一定是出于政治目的，如果要深挖这些礼俗背后的政治隐喻，我们必须对以上官方礼俗进行深度的功能分析。

首先，我们来看看"芒神"这个形象。芒神即句芒，又称勾芒。《山海经·海外东经》载："东方句芒，鸟身人面，乘两龙。"[1]在此处，句芒是一个"鸟身人面"的神话人物，因其"东方之神"的身份，人们将其与树木、春天联系起来，逐渐人格化为"木神""春神"等等。当句芒进入迎春礼的体系以后，他又成为"管理树木之官""青帝的助手"等等。如司马相如《大人赋》载："使勾芒其将行兮，吾欲往乎南嬉。"张守节《正义》云："勾芒，东方青帝之佐也。"[2]又如《三礼义宗》载："五行之官也，木正约勾芒者，物始生皆勾屈而芒角，因用为官名也。"[3]从中我们可以看出，无论句芒是"官"还是"助手"，都是"体制"内的人，象征的是皇权。而在上述的迎春礼俗中，官员们对芒神作揖、跪拜、献酒，其表层功能是"祈神迎春"，但是从深层来看，它却是一种对皇权顺从的象征。

再者，就"鞭春牛"而言，其最初的形态是东汉之时的"出土牛"，王充的《论衡·乱龙篇》载："立春东耕，为土象人，男女各二人，秉耒把锄，或立土牛，未必能耕也。顺时应气，示率下也。"由此可以看出，"出土牛"具有劝导民众敬顺时令、辛勤劳作的功能。在其演变为"鞭春"之后，虽然其外在表现发生改变，但是，其劝农、顺应天时的功能依旧没变。而这种天人合一、顺应天时的观念早在战国时期就与政治联系在一起了，

①《山海经》卷九，《四部丛刊》，第5页。
②《史记》卷一一七，《司马相如传》，第3059页。
③《古今图书集成》卷一四，第164页。

《越绝书》载："天下之君，发号施令必顺四时……圣王发令必审于四时，此至禁也。"如此看来，难道不是暗含着"圣王"的命令就是"老天爷"的号令的意思么？换言之，顺应天时也就是顺应皇权命令。

而"扮杂剧"是礼俗中极具喜庆功能的活动，关于所扮演之剧目，从兴宁地区的文献来看，无从知晓。但从其他地方的地方志来看，在表演的剧目中，有不少为国牺牲、官府为民除害之类的故事；也就是说，国家意识或多或少渗透在了"扮杂剧"这项活动中。

总之，从地方县志的记载来看，明清以降，兴宁地区的官方立春礼俗是在中央规定的模式之下开展的，中央统治者想要渗透其中的国家意识表现得一览无遗。正如简涛所指出的："尽管其（官方礼俗）表层功能和显现功能是劝耕重农，但其深层功能是崇尚皇权和展示等级制度，进行封建社会的社会整理。"[1]

三、立春民间习俗的乡土观念："不解纳音意，只愁牛角青"

立春在兴宁叫作"接春"，正如其名，兴宁地区立春的民间习俗中最盛大的一场仪式就是迎春仪式。官方的礼俗以"鞭春牛"等迎接春天的到来，但是这些礼俗似乎并没有渗入民间社会，兴宁地区民间以燃放爆竹来迎春。对此虽然诸多古籍文献中并无记载，但是根据笔者立春时在兴宁地区的亲身体验，每至立春时刻，兴宁无论是城区还是乡间，必是满城花爆，爆竹声响彻云霄，其场面异常壮观。

如此简单却盛大的接春仪式在其他地区也存在。如：浙江丽水"立春日……放爆竹，谓之'弹春'"；福建瓯宁立春之时"然炭放纸炮，谓之'接春'"；江西广丰"满城花爆，灯火辉煌，以接春"[2]。

温宗翰指出，燃放鞭炮在民俗思维上有繁复多重的用意，一则因其高温巨响，而有辟邪、去厄、除煞等功能；二为凸显热闹，表达礼节；三则为象征神灵威信，常见于乩童、家将坐炮；其四荣耀神明，表现出民间信仰香火

---

①简涛：《立春风俗考》，上海文艺出版社1998年版，第96页。
②同上。

观，以彰显香火鼎盛、富足丰饶①。兴宁地区以"爆竹接春"，其不但具有迎接春天的到来、表达喜庆之用意，同时也有驱逐寒冷、"助阳气、除阴邪"的意义，也就是说，其带有一定的巫术性质。

在兴宁地区的民间社会，曾经存在过入春"挂田钱"的风俗，兴宁晚清诗人胡曦在其诗《挂田钱》中对此俗进行过描写：

入春祈谷又祈年，伛偻神祠古道边。

削得竹竿还剪纸，同侪来去挂纸钱②。

胡曦注："入春，为祈丰收，削了竹竿，上糊纸钱，挂田间。此风俗于今日乡间尚不时可见。"

用纸钱挂田间来祈求丰收。由此可见，此俗也极具巫术性质。除此之外，兴宁地区民间社会的人们还会在立春之时观察天气"占春"，这在中国其他地区也同样存在。陕西汉南"是日喜晴厌雨，歌曰：但得立春晴天一日，农夫不用力耕田。此言殊验焉"； 江苏黄埭"立春宜晴暖，按：谚云'春寒多雨水，春暖白花香'"③。从中可以看出，农民们认为立春之日若是晴天，即是丰收的祥兆。但是兴宁地区农民却有不一样的观念，他们认为立春之日若是雨天，将预示着接下来的一整年雨水丰沛，农业丰收。这一点与海南地区农民的观念是相同的④，或许这也是岭南地区的地方性知识。

在兴宁地区，在立春之日"立鸡蛋"是一个极富生活情趣的民间风俗。此俗在全国其他地区也极其盛行，不过"立蛋"的日期不同。俗话说："春分到，蛋儿俏。"与之相关的是在春分之时立鸡蛋，来庆祝春天的到来的习俗。而在中国台湾地区，人们在端午正午阳气最重之时立鸡蛋，据说这会给人带来好的运气。有不少学者试图从物理学、阴阳五行等角度来探究"立蛋"的原理，但都没有非常确切的答案。在笔者看来，兴宁地区立春之时"立鸡蛋"风俗的形成，其实与兴宁人所说的客家话有一定的关系。在兴宁

①温宗翰：《民俗学看鞭炮：信仰文化绝非此优彼劣》，民俗乱弹网，2016年4月20日，http://think.folklore.tw/posts/569 。
②胡曦：《兴宁竹枝杂咏》，1933年，第11页。
③简涛：《立春风俗考》，上海文艺出版社1998年版，第211页。
④海南琼州地区农民认为"立春日微雨兆有年"。

立春习俗中的国家意识与乡土观念

客家话中，蛋读作[tʃʰun33],与"春"同音①（写作"鬌"），所以兴宁人难免会将蛋与春天联系在一起。再者，鸡蛋在客家民间社会中，不但是营养的重要来源，而且是用来维系社会关系最佳的"礼物"选择②。也就是说，鸡蛋与客家人的生活休戚相关，而立春立鸡蛋的风俗来源于兴宁民间社会人们的日常生活。

除上述风俗以外，在兴宁人的观念中，立春也是一个人生命的转折点。男子A在立春前病重，卧床不起。B说，A如果能撑过立春则会没事。兴宁人认为"男怕节前，女怕节后"，这里的"节"指的是大的节日或者节气如春节、立春、立秋等。意思是生命垂危的男人容易在立春等大节气（日）前去世，而女人容易在节后去世。

就以上材料来看，兴宁地区民间的立春习俗融汇在乡民们的巫术观念、生老病死与生活经验之中，这似乎与官方礼俗是两条平行发展的线，并没有相交之处。而国家意识更是在民间习俗中不见踪影。因为三纲六纪、忠君报国一类的观念都属抽象的普遍原则③，而土生土长的乡民们并不需要这些原则，他们只要在接触所及的范围之中，知道从手段到目的间的个别关联④。从胡曦的另一首诗《迎春鞭牛》中，我们也可以验证这一点：

①值得注意的是，在梅州，除兴宁、五华和平远之外，其他的客家地区都把蛋读作"卵"。根据《集韵》：卵，音昆。另外，除了兴宁客家话之外，粤语中也用"鬌"来表达蛋。其实，这与兴宁客家人迁徙时间与路线有关，生活在兴宁地区的客家先民，大约在唐朝时已经从中原迁徙进入兴宁地区了，他们曾在粤北韶关南雄与广府人相汇，而粤北生活着大量的瑶族，三个族群在语言和文化上发生碰撞交流。根据笔者查阅的瑶语资料显示，粤北瑶语的蛋读作[tsu51]，笔者猜测，当客家人与广府人途经粤北时，与当地瑶人进行过物物交换，其中就有蛋类品，以至于他们原来所使用的"卵"受到瑶语的影响，音变为现在的[tʃʰun33]或[tsun33]。所以兴宁地区的客家人采用谐音法，创造了立春"立鸡蛋"的习俗。反过来，我们透过此习俗，又可以看到兴宁地区客家先民迁徙史以及与其他族群的交流史。
②客家先民初至岭南时，环境恶劣，生产力极其低下，开垦荒地需要消耗大量的体力，而鸡蛋就成了当时物美价廉的食品；其次，鸡蛋在客家社会礼物流动中承担着重要作用，客家人去亲戚朋友家做客时，总会少不了拿鸡蛋做礼品，而且，主人家回礼的首选也是鸡蛋；再次，鸡蛋会贯穿于客家人的生命之中，无论是在成年礼、婚礼还是在葬礼上，总少不了鸡蛋的身影，而且还有其相对应的象征寓意。
③黄挺：《民间宗教信仰中的国家意识和乡土观念——以潮汕双忠公崇拜为例》，《韩山师范学院学报》2012年第4期，第19页。
④费孝通：《乡土中国》，生活·读书·新知三联书店1985年版，第6页。

农夫爱春春喜迎，鞭春来看省农亭。

农夫不解纳音意，只愁土牛头角青①。

胡曦注："俗以迎春鞭牛回鞭春，又以土牛头角青，主春无水。"由此可见，农民们并不关心"纳音"背后三纲五常之类的意识，而仅仅只在乎牛头角颜色所预示的征兆。

四、结语：国家与地方之间

根据上述的文献与田野材料的梳理以及分析，我们或许可以对第一个问题进行回答：兴宁地区立春的官方礼俗与民间习俗各自平行发展，关联性并不大。也就是说，就立春习俗而言，国家意识对民间的渗透效果不佳。但值得注意的是，上文所述的官方礼俗文献材料与民间田野资料其实并不具有共时性，若就此下定论未免有失说服力。这也是本文的遗憾之处，关于立春习俗的民间文本少之又少，对明朝至前清时期兴宁地区的民间习俗实在难以把握。

但是，从官方文献中我们可以知道，官方礼俗中的"撒寂豆""抢春"等活动可以体现出"官"与"民"之间有较多的互动，互动的过程即是官方向民众传播国家意识的过程，而传播的实际效果如何呢？上述诗句"农夫不解纳音意，只愁土牛头角青"已经表明，在立春习俗中，官方与民众的心理距离是较为遥远的。

而辛亥革命之后，兴宁地区官方的立春礼俗完全消失，民间现存的立春习俗完全没有官方礼俗遗留下来的痕迹。从客观上来看，这与我国古代的行政区划有关。至清之时，国家对地方的控制仅到县级。而官方的立春礼俗的开展也仅仅到县城为止，并没有向其下级民间单位如基层市场、村落、宗族等②进一步渗透。比如，清朝之时，在兴宁地区经济蓬勃发展的背景之下，兴宁境内的圩市已经发展至12个之多，根据施坚雅的研究表明，传统社会民众

---

① 胡曦：《兴宁竹枝杂咏》，1933年，第11页。
② 在前人的研究中，对于传统时期中国民众最基本的单位不同的学者有不同的看法，有的主张以宗族为基本单位，也有主张以村落为基本单位的，还有施坚雅根据市场理论所提出的以"16个村落"为基本单位的构想（以一个基础市场为中心，其周边的16个村落联结成一张关系网络），等等。

的实际活动范围非常有限，主要是在其周边的几个基层市场网络①，而举行官方礼仪之地则以县城的中级市场为中心。如此看来，官方与民众在物理距离上也甚是遥远。官方礼俗的影响力自然也极其有限。

所以，通过上述论证，我们应该可以对第一个问题持原有的态度：兴宁地区的官方立春礼俗试图向民众传输国家意识，但是由于一些主观与客观上的因素，其效果不佳。

基于此，我们似乎可以进一步回答第二个问题，判断国家与兴宁地方社会的关系。杨·阿斯曼认为，文化记忆带有明确的政治色彩，并且将文化记忆分为冷回忆和热回忆两种类型，其中，对于冷回忆，他认为：每种试图通过进入历史来取些什么，并且以此改变社会结构的尝试，都会遭到令人绝望的抗拒。而立春的官方礼俗在兴宁地区的绝迹也证明了这一点。那么是什么原因导致民间如此抗拒官方礼俗呢？②其实是有迹可循的。

在封建社会，统治者为了整治社会的秩序，常施令打压民间风俗，比如规定正祀与淫祠、毁淫词、禁止民间的游神赛会等等。在明清时期，此种打压方法发展至巅峰，明政府在所定律例中明文规定："若军民装扮神像，鸣锣击鼓，迎神赛会者，杖一百，罪坐为首之人，里长知而不首者，各笞四十，其民间春秋义社，不在禁限。"③《（嘉庆）始兴县志》记载，康熙"四十七年戊子，禁民会及方术、巫人、淫祠、小说"④。《（光绪）惠州府志》记载：该府归善县，"自初一至初六为龙舟于西湖竞渡，费用甚巨，然宵禁即止，不常为也"⑤。

而在鸦片战争以后，受到帝国主义与封建剥削双重压迫的民众百姓生活苦不堪言。很快，太平天国运动在华南地区开始蔓延，并于咸丰九年（1859）蔓延至兴宁地区，"（咸丰）九年未正月……（太平军）行抵长

①［美］施坚雅：《中国农村的市场和社会结构》，史建云、徐秀丽译，中国社会科学出版社1998年版。

②杨·阿斯曼：《文化记忆：早期高级文化中的文字、回忆和政治身份》，金寿福、黄晓晨译，北京大学出版社2006年版。

③［明］万历《大明会典》卷一百六十五，《律例六·礼律》。

④［清］《（嘉庆）始兴县志》卷十四《编年》，岭南美术出版社2007年版，第496页。

⑤［清］《（光绪）惠州府志》卷四十五《杂志·风俗》，岭南美术出版社2007年版，第842页。

乐，谍知嘉应既陷，贼破兴宁。贼党煽造蜚语，便传兴宁亦即从贼。"①而在此之前的咸丰三年至五年，短短两年之间，在兴宁地区，光地方文献中记载的社会动乱就有10起②，加之咸丰年间的"大水""大旱"等自然灾害的迫害，民众生活可谓悲惨残破。在这种情况之下，人们往往会将一切寄托于信仰、巫术等民间俗信，但是恰恰在此时，清政府以净化道德的方式重整封建社会的秩序，继续对民间风俗进行打压，同治六年（1867），江苏巡抚丁日昌发布查禁"淫词小说"（所列作品多为弹词）、"淫戏"（指花鼓、滩簧等地方戏）的命令③。如此一来，进一步加深了社会矛盾。

所以，在这里我们可以再次对胡曦的《迎春鞭牛》进行解读：农民们"不解纳音意"难道不也象征着官方与民众之间关系的疏远么？官方所创造的"文化记忆"遭到了民众的抵挡、抗拒。

但是，值得一提的是，明朝之时，统治者对岭南少数民族地区风俗上的束缚似乎比较宽松，比如明朝诗人张瀚在其所著的《松窗梦语》里写道："即瑶僮之人，岂性与人殊，不好生恶死，自甘盗贼哉彼其膏肤田土可耕，漆蜡等物可供，食用不患不足，唯阻于声教，无路自新，若使处置得宜，安其土俗，顺其夷情美，就中建立官司治之，听得出山贸易，共遂乐生之心。"④而前文所梳理的兴宁地区明朝时的官方立春礼俗明显不似《大明会典》所规定得那么烦琐。那么，当时国家与岭南地方社会的关系是否较为融洽呢？由于目前缺乏有力证据，只能留待后人进一步考究。不过，笔者认为，无论何时，官方如果想要得到地方民众的支持，建立互信关系，就得建立在尊重地方社会文化的基础上，这似乎是可以肯定的。

---

①广东省兴宁县政协文史资料研究委员会：《兴宁县乡土志》，《兴宁文史第21辑·罗斧月专辑》，1996年。

②张学禹：《明清时期兴宁客家族群生计与移民研究》，南昌大学2013年硕士论文，第15页。

③尚丽新、车锡伦：《北方民间宝卷研究》，商务印书馆2015年版，第191页。

④[明]张瀚著、盛冬铃点校：《松窗梦语·两粤记》，中华书局1985年版，第163页。

立春出土牛礼与土牛象征意义的历史演变

朱双燕①

（浙江师范大学文化创意与传播学院）

摘　要： 立春鞭春牛是一项传统的岁时风俗，这一习俗源于春秋战国时期的"出土牛"，经历了漫长的历史演变。本文对春秋至唐时期的出土牛习俗的变迁过程进行梳理，并据此分析了土牛这一形象在不同历史时期所包含的文化内涵。春秋战国时期的季冬出土牛礼与傩礼同时举行，是一种岁末驱阴厌胜之术，以牛象征丑月，即阴气，以土为牛，有用土克水之意，土牛合阴阳之理，是五行思想生发的产物；汉代季冬出土牛礼渐渐没落，立春施土牛礼仪日趋兴盛，土牛在五行中的寓意由驱寒转为迎春，主要功能为劝耕，土牛形象渐渐脱离阴阳五行文化体系，进入农业文化体系；唐代出现了"打春牛"、持春牛土祈丰收的习俗，从"土牛"到"春牛"，标志着土牛被吸纳为春的吉祥文化符号，进而在民间祈福信仰中占据了一席之地，这是在五行之春和农耕文化两重意义上发展而来的。

关键词： 出土牛　立春　礼　文化意蕴　五行　农耕　吉祥

一、春秋战国：丑牛送寒

鞭春牛的习俗源于土牛之礼，最初不在立春，而在季冬。《吕氏春秋·十二月纪》和《礼记·月令》最早记载了这一习俗："季冬之月……命

---

①作者简介：朱双燕，浙江师范大学民俗学研究生。

有司大傩，旁磔，出土牛，以送寒气。"[①]

季冬之月对应太阴，阴匿之盛未有甚于此时也。因此有司要行三件大事，大傩、旁磔和出土牛，这三件事都是为了驱阴。

大傩是指季冬之傩下及庶人，相较于季春的国家之傩和仲秋的天子之傩而言为大。季冬阴气最盛，因此需要大傩来逐尽阴气，导入阳气。到了汉代，春傩、秋傩被淡化，冬傩地位更高，在先腊一日进行[②]。旁磔指在四方之门披磔牺牲，以禳除四方阴气和疾疫。汉代时成为大傩礼的一部分。关于出土牛送寒，唐代孔颖达疏曰："其时月建丑，又土能克水，持水之阴气，故特作土牛以毕送寒气也。"可见，土牛在此处是干支思想和五行思想的生发：一方面，丑为牛，而季冬之月为丑月，因此土牛是抽象寒气的实体象征，将土牛送出城外，即象征送大寒；另一方面，土能克水持水，水为阴，以土为牛便自然能够禳除年终的强阴，进而升阳导阳了。

基于阴阳五行思想，春秋战国时期的土牛与大傩、旁磔一同在季冬施行，发挥禳除阴气的功能，三者同为厌胜之术。此时，土牛的象征意义纯粹是阴阳五行文化体系下一种驱阴致阳的物类象征，还不具备农业方面的意义。

二、汉：土牛劝耕

汉代的出土牛礼在季冬和立春两个时节进行，有着截然不同的象征意义，体现了牛形象在五行和农耕两种文化体系下的不同阐释方式。季冬之土牛克阴，沿袭了阴阳五行文化体系赋予的意义，立春之土牛主要象征劝农，是牛耕在汉代普及后生发出的联想，是农耕文化体系赋予的意义。

（一）季冬土牛的延续

汉代，季冬出土牛的习俗也还存在。《后汉书·礼仪志》中记载："先腊一日，大傩，谓之逐疫……是月也，立土牛六头于国都郡县城外丑地，以送大寒。"[③]季冬出土牛的记载放在大傩之后，与《礼记》几乎相同，只是数量确定为六头，放置地点确定为国都郡县城外丑地。六这一数字可能与《易

①［清］阮元：《十三经注疏（三）》（清嘉庆刊本），中华书局2009年版。
②张紫晨：《中国傩文化的流布与变异》，《北京师范大学学报》1991年第2期，第19—27页。
③［南朝·宋］范晔：《后汉书》，中华书局1965年版，第3127—3129页。

经》将阴性之爻简称为"六"有关[①]，象征极阴，而丑地显然是与丑月相应，是阴阳五行思想在仪式中的进一步落实和细化。直到南朝，土牛这一意象仍与寒冬相连，鲍照曾赋诗云："土牛既送寒，冥陵方浃驰。振风摇地局，封雪满空枝。"

但当时季冬土牛礼显然已经没落。东汉高诱注《吕氏春秋》"命有司大傩，旁磔，出土牛，以送寒气"一句，云："大傩逐尽阴气，为阳导也。今人腊岁前一日击鼓驱疫，谓之逐除是也。……出土牛，今之乡县得立春节出劝耕土牛于东门外是也。"[②]高诱将古礼的大傩和出土牛分别对应于当时腊岁前一日的大傩礼和立春的劝耕土牛，说明他并不知道季冬土牛礼，否则不会舍近求远。

（二）立春与土牛

西汉时，土牛与立春存在稳固的联系。《盐铁论·授时第三十五》中贤良曰："今时雨澍泽，种悬而不得播，秋稼零落乎野而不得收。田畴赤地，而停落成市，发春而后，悬青幡而筑。土牛，殆非明主劝耕稼之意，而春令之所谓也。"[③]也就是说，悬青幡筑土牛的习俗一般被理解为"明主劝耕稼之意"，但当年雨水过多，种子无法播种，耕地成市，在这样的情况下，发春筑土牛只是为了行"春令"，是一种政治上的授时举措。

这段记载说明了土牛习俗在西汉的两点情况。第一，筑土牛已成为立春的一项固定礼仪，无论当年气候如何，都会举行；第二，立春筑土牛的习俗有劝耕和春令两种功能，但劝耕这一解释的接受度更高。

东汉之时的记载更为详细，出现了土人、农具的记载。《论衡·卷第十六·乱龙篇》云："立春东耕，为土象人，男女各二人，秉耒把锄。或立土牛，未必能耕也。顺气应时，示率下也。今设土龙，虽知不能致雨，亦当夏时以类应变，与立土人土牛同义。"[④]《张景造土牛碑》记载了张景包修

①许韶明、苏莲艳：《论〈易经〉中的"阳九"和"阴六"》，《学理论》2014年第1期，第160—162页。
②吕不韦：《诸子集成·吕氏春秋新校正·卷十二》，上海书店1986年版，第114页。
③[汉]桓宽：《盐铁论·卷六·授时第三十五》，中信出版社2014年版，第385页。
④黄晖：《论衡校释·卷十六》，中华书局1990年版，第702—703页。

土牛一事，碑文中写道："[府告宛：男]子张景记言，府南门外劝[农]土牛，□□□□，调发十四乡正，相赋敛作治，并土人、犁、耒、艹、蓆、屋，功费六七十万，重劳人功，吏正患苦，愿以家钱，义作土牛，上瓦屋、栏楯什物，岁岁作治。"[①]

可见，东汉之时的立春礼不仅有土牛，还有男女土人和耕具。可以想象，土牛与土人在立春之日一同出现在府门之外，构成了一幅生动的农作场景，这与汉画像石中的牛耕场景多么相似，劝耕之意不言自明。此外，《张景造土牛碑》记载的立春仪式用具还包括瓦屋、栏楯、梨、耒、草、席等，竟需功费六七十万，耗资巨大，东汉立春礼之盛大可见一斑。

《后汉书·礼仪志》也记载了立春施土牛的盛况："立春之日，夜漏未尽五刻，京师百官皆衣青衣，郡国县道官下至斗食令史皆服青帻，立青幡，施土牛耕人于门外，以示兆民，至立夏。唯武官不。"[②]这里的记载与碑文内容相呼应，施土牛耕人确实已成为全国性的礼仪，与青幡、青帻共同构成了一个系统而繁复的迎春礼仪。这一仪式规模浩大，各地官员（除武官外）无论大小都要参加，土牛耕人一直放置到立夏，以勉励百姓春耕。

（三）土牛礼变迁的文化阐释

两汉魏晋时期，土牛的礼仪和象征意义分化为冬、春两种。

季冬土牛礼沿袭《礼记》，取五行思想的"丑"和"以土克水"之意，用来驱寒厌胜，但已渐趋没落。春秋战国时期的季冬三礼在汉代的发展情况各不相同，大傩改为腊前一日施行，磔牲之礼融入傩仪，仪式旨在驱邪为腊祭做准备，规模扩大，形式多样化，获得了极大的发展。相形之下，出土牛礼保持原样，更像是对古礼的凭吊，逐渐丧失意义，罕为人知。与其他二礼的分化，说明土牛厌胜意味淡化，在原有巫术文化体系中丧失了生存根基，但却在立春焕发出新的生机。

立春施土牛则具有双重意义。

---

①高文：《汉碑集释》，河南大学出版社1997年版，第235—236页。《张景造土牛碑》为东汉延熹二年（159）立，全文清晰可识者225字。碑文记述地方政府同意张景包修土牛等一切设施，以免其家世代劳役之事，从而反映出东汉徭役之苦重。（□表示缺字，[]内为补字）
②［南朝·宋］范晔：《后汉书》，中华书局1965年版，第3102页。

首先，施土牛与立春相捆绑。作为迎春礼的一个环节，它与青幡、青帻一同象征迎青，顺应了春气萌发的天时，即《盐铁论》所说的"春令之所谓也"和《论衡》记载的"顺气应时"。从功能论的角度看，立春土牛的迎春功能与季冬送寒气的功能相类似，同由阴阳五行文化体系生发而来，是文化体系内部的功能转移。简涛对此解释道，驱除大阴和迎接少阳分别为"送寒"和"迎春"的主次和次主功能，在功能总量上，两个礼仪相等，置换主次功能，便可以在旧的基础上形成新习俗。因此，东汉迎春礼能够吸收土牛送寒的习俗，并赋予其迎春的新意①。南北朝时期，这一转变表现得更为明显，有了"青土牛"的说法，《隋书·礼仪志》云："后齐五郊迎气……又云，立春前五日，于州大门外之东，造青土牛两头，耕夫犁具。立春，有司迎春于东郊，竖青幡于青牛之傍焉。"②这里确切记载了土牛的颜色为五色中的"青"，对应了五方中的"东"，也对应了五季中的"春"。借由这一颜色，土牛更加脱离了"丑"的冬寒意味，转为一抹春色。借助"青"，土牛最终完成了五行文化内部的意义更迭，从五行之冬的象征物转为五行之春的象征物。

第二则是劝民勤于春耕。耕人、农具、"劝农土牛"的说法和放置一整个春天的做法都说明这是最主要的功能，这是从汉代民众的农业生活中生发出来的象征意义，是牛耕普及发展的产物，从属于实用的农业文化体系。厌胜功能的脱落和劝农新功能的产生说明人们对土牛的文化阐释发生了重大变化。春秋战国时期，人们对牛的主要想象是丑牛，从属于干支五行。而汉代，牛与丑的意义连接淡化，牛与农的意义连接深化。由此，土牛跳脱出阴阳五行体系，转为实用的耕牛形象，被人们普遍接受为劝农的标志。

土牛能成为农业生产的象征意象，与汉代的社会生活，特别是牛耕发展的历史有关。根据多数通史著作与农史著作推断，我国的铁犁牛耕大约始于春秋后期或春秋战国之际，到汉代时已普遍使用牛耕。可见，春秋时期尚缺乏将牛与农相联系的社会条件，牛主要用于肉食、祭祀、拉货，干支体系的丑牛是其主要的文化形象③。到了汉代，牛耕成为农业生活中较为常见的景

①简涛：《立春风俗考》，上海文艺出版社1998年版，第49页—50页。
②［唐］魏征等：《隋书·卷七》，中华书局1973年版，第130页。
③郭孔秀：《中国古代牛文化试探》，《农业考古》1998年第3期，第313—320页。

象，牛成为生产活动中的重要因素，牛便迈入了农耕文化的话语体系之中，进而被全国百姓接受，成为春季劝农的标志。不过学者对牛耕在汉代的普及情况仍有异议，也有学者从考古学、经济学的角度提出，东汉以后牛耕才普及[①]。若此说成立，那么土牛之像或许还象征了一种先进生产力，带有勉励农人推广牛耕之意。

综上所述，汉代是出土牛礼发生重大改变的时期。土牛形象伴随着牛耕的普及而染上了较为浓厚的农业文化色彩，从地支的牛到耕种的牛，从五行的土到耕作的土，土牛逐渐丧失其厌胜功能，与傩仪分化。出土牛的时节由季冬走向立春，功能由送寒逐渐转变为迎春劝耕，土牛从五行之冬的象征化为五行之春的代表，并成为实用的农耕文化标志物。

三、唐：春牛祈丰稔

唐代立春出土牛礼的形态发生了几点重大的变化：一是人们开始给土牛上色；二是立春当日打碎春牛；三是持春牛土以祈丰稔。出土牛礼不再表现为政府官员单方面的行动，百姓在围观之时亦加入其中。唐代是出土牛礼由官而民、由礼而俗的重要时期，土牛获得了"春牛"这一别称，其象征意义在原有的五行之春和劝农之牛的基础上，发展为吉祥之春的象征，进入民众的信仰体系。

（一）立春出土牛的习俗变迁

汉代立春出土牛较为简洁，与土人一起施于郡县门外，放至立夏即可，唐代的记载则增添了更多的环节。

第一，在唐代，土牛被饰以五行之色。丘光庭《兼明书》记载："今州县所造春牛，或赤或青，或黄或黑。"《开元礼·新制篇》记载："其土牛各随其方。则是王城四门，各出土牛，悉用五行之色。天下州县，即如分土之议。分土者，天子太社之坛，用五色之土。"[②]本来，立春、立夏、立秋、立冬各有自己的五行之色，立春礼应选青色，出土牛应在东门，可《开元

---

①杨际平：《秦汉农业：精耕细作抑或粗放耕作》，《历史研究》2001年第4期，第22—32页；程念祺：《中国古代经济史中的牛耕》，《史林》2005年第6期，第1—15页。
②［明］陶宗仪编：《说郛一百二十卷·卷六》，上海古籍出版社影印本1988年版，第269页。

155

立春出土牛礼与土牛象征意义的历史演变

礼》却出立春土牛于四方，色彩与五方相配。可见，此时的立春礼已然大大脱离古制，其所遵行的阴阳五行思想由唐人附会而成，没有实在意义。

第二，以策牛人和土牛的相对位置示意农耕的早晚。李涪《刊误》记载："《月令》，出土牛以示农耕之早晚，谓于国城之南立土牛。其言立春在十二月望，策牛人近前，示其农早也。立春在十二月晦及正月朔，则策牛人近前，示其农中也。立春在正月望，策牛人在后，示其农晚也。"丘光庭在《兼明书》中也有相同记载。常惟坚《立春出土牛赋》亦云："裂金犬以取诸助气，策土牛以示乃发生，在弦望而宜早，当晦朔而得平……太史告时，有司选吉，冬官藏事，牛人乃出，将协地纪，克符天秩。约岁时之俭泰，示农耕之迟疾，惟谷是登，惟人是恤。"①土牛在唐代的农业生活中发挥着更为重要的作用，其在农耕文化体系中的地位越发稳固。

第三，出现了"打春牛"的记载。《魏书·列传第五十六》中有"赵修小人，背如土牛，殊耐鞭杖"②的说法。可以推断，至迟到北魏时期，已有打土牛、鞭土牛的做法了。到了唐代，土牛获得了"春牛"这一别称，后世所说的"打春牛"也在此时盛行开来，唐诗中就有"不得职田饥欲死，儿侬何事打春牛"③的诗句。丘光庭的《兼明书》中记载春牛本为"七日而除。盖欲农人之遍见也"，而今人却"打后便除，又乖其理焉"。李涪在《刊误》中亦云："即以彩杖鞭之，既而碎之，各持其土以祈丰稔，不亦乖乎？"④相较于汉代保留土牛一整个春天的做法，无论是保留七天，还是立即打碎，土牛的放置时间都缩短了很多。

第四，从上文《刊误》"各持其土以祈丰稔"的记载中也可以看到后世"抢春"习俗的影子。打春牛后，人们拿走春牛土来祈求丰收。可见唐时土牛与年成之间有了一种神秘的联系，土牛染上了祈丰年的民间信仰色彩，成了节日的吉祥文化象征物，曹松有诗云："土牛呈岁稔，彩燕表年春。"

综上所述，到了唐代，立春出土牛的礼仪包含了五大步骤：制作土牛、彩绘以颜色、出四门外、鞭打除之、持牛土祈求丰收。鞭春习俗已有雏形。

①[明]阮元等：《全唐文·卷九百五十三》，上海古籍出版社影印本1990年版，第4389页。
②[北齐]魏收：《魏书·卷六十八》，中华书局1974年版，第1512页。
③[清]彭定求等：《全唐诗·卷五百五十一》，中华书局1960年版，第6387页。
④[明]陶宗仪编：《说郛一百二十卷·卷六》，上海古籍出版社影印本1988年版，第635页。

（二）土牛吉祥之春的文化意蕴

立春出土牛礼在唐代发生了如此巨大的变化，李涪、丘光庭在记述的同时又不禁感叹"今人"的做法违背了古人的"理"。从这些变化可以看出土牛在唐代文化意蕴的改变，土牛一方面继续行使其在农耕文化中的作用，示意农时的早晚；另一方面，则被赋予了春和吉祥的新文化内涵，寄寓了祈求丰收的美好愿望。

首先，对于上色一事，丘光庭评价道："古人尚质，任土所宜，后代重文，更加彩色。而州县不知本意，率意而为。"可见土牛上色不仅与五行思想有关，还反映了唐代浓艳、华丽的色彩审美。此外，唐代土牛五色配五方的做法完全脱离了土牛本身的五行之色（冬应为黑色），也不符合立春的五行之色（春应为青色），丧失了送寒和迎春的意义，而是将五行附会在土牛上的生硬做法。官方规定的色彩自然不为州县长官所理解，更不为百姓所理解，最后率意而为，迎合了时代的审美趣味。到了宋代，土牛的颜色与干支相匹配，更为复杂①。阴阳五行是古代最为重要和流行的思想，在各代又有不同的发展，这些都表现在了土牛身上。

就农业方面的作用而言，土牛的功能由汉代的劝农转变为示农时，二者看似相同，事实上有细微差异。劝农意为勉励春耕，不能表现出当年的气候因素对农业的影响，而示农时则提示了更为精确的春耕起始时间，这是中央农业官员考虑当年的天时地利后得出的结果，其测算的准确性与当年的农业收成紧密相连。如此一来，土牛便与年成有了更具体的联系，在农业文化中占据了更为关键的位置，也带上几分预测收成的卜算意味。

就土牛放置的时间而言，从汉代的一季转变为初唐的七日，最后改为立即鞭除。简涛认为，当日打碎是因为唐代立春礼观者如市，一日便能使农人遍见，实现其"示农耕之早晚"的功能②。这一论断是有道理的，《兼明书》亦云"今立春方出，农已自知"，土牛礼的民众参与度可见一斑。放置时间的改变具有十分重大的意义，正是由于当日打碎，"打春牛"才能成为立春

---

①宋向孟《土牛经》："释春牛颜色第一。常以岁干为头色，支为身色，纳音为腹。立春日干色为角耳尾，支色为胫腄，纳音色为蹄假令。甲子岁立春，甲为干，其色青，用青为牛头，子为支，其色黑，黑为身，纳音金，其色白，白为腹。丙寅日立春，丙为干，其色赤，用赤为角耳尾，寅为支，其色青，用青为胫腄，纳音是火，其色赤，用赤为蹄。"
②简涛：《立春风俗考》，上海文艺出版社1998年版，第75页。

礼仪的一部分并流传下来，进而衍生出"抢春"习俗。此外，放置时间缩短，也使土牛形象与立春更紧密地结合在一起，成为立春当日特有的符号，而立春乃是春气始发之时，被赋予了众多美好的寓意。

"持牛土祈求丰收"习俗的形成基于两种条件：一是当日"打春牛"，有土可拿；二是民众相信牛土具有趋吉功能，能够带来丰收。第二个条件表明，唐代的土牛不再只是物质生产活动中劝农的道具，还进入了精神世界，承载了民众的情感和信仰。这是土牛五行之春的文化内涵在唐代进一步发挥的结果。

汉代土牛作为迎春礼的一部分，用于迎春迎阳，已染上了立春的春气，但这种气息掩盖在授时劝耕这一主要功能之下，并不十分强烈。到了唐代，这种春气越发浓烈，唐诗"土牛呈岁稔，彩燕表年春""布泽木龙催，迎春土牛助"都表现出土牛与春已密不可分，才有了"春牛"的美称。土牛摇身一变，成为春牛，新的名称是土牛文化意涵改变的重要标志。土牛"迎春气"的隐性文化内涵逐渐转变为"春"的显性文化内涵，即土牛本身成为"春"的代表和象征。而自古以来，春便意味着勃勃生气，是一种吉祥文化。《释名》曰"春之言蠢也，万物蠢然而生"，《尔雅》曰"春为青阳，一曰发生"，《春秋繁露》曰"春，喜气故生"[1]。春即是阳，即是福，土牛有了春名，自然也就沾染上了福气，成为吉祥文化的象征物，成为一种民间信仰。而祈求内容在唐代仍限于岁稔一事，正说明此时是土牛信仰的萌发阶段，尚不能摆脱其示农时的实用内涵，故而功能较为单一。宋代以后，土牛趋吉避凶的功能不断增强，范围不断增大，甚至到了"包治百病"的地步，表现出了民间信仰的一般趋势。

土牛的吉祥文化内涵也与唐代立春节日本身的发展有关。自汉至唐，立春的喜庆氛围和娱乐色彩不断增加，节俗用品的名称发生了改变。汉代的青幡、青衣、青帻皆以青为头，青虽然代表春，但意在表示阴阳五行之天理，告诫君王百姓顺应时气，表现的是对天时谨慎的敬意。到了唐代，立春的节俗用品则被冠以"春"和"彩"之名，如春盘、春幡、彩花、彩燕、彩杖[2]，

---

①［宋］李昉等：《太平御览·卷一八·时序部三》，中华书局1960年版，第90—92页。

②［宋］蒲积中：《古今岁时杂咏（一）·卷三·立春》，辽宁教育出版社1998年版。杜甫《立春》："春日春盘细生菜，忽忆两京梅发时"；曹松《客中立春》："土牛呈岁稔，彩燕表年春"；温庭筠《咏春幡》："碧烟随刃落，蝉鬓觉春来。"李昉《太平御览·卷二十·时序部五》，引《唐书》："景龙中，中宗孝和帝以立春日宴别殿，内出剪彩花，令学士赋之。"彩杖见前文《刊误》。

春和彩洋溢着欢乐、热闹的节日氛围，表现了唐人趋吉和娱乐的节日心理。四门土牛被涂上五色，必然也有喜"彩"的原因。而至宋代，几乎所有立春节俗用品都可以冠上春名，不仅有春盘、春幡、春牛，还有春花、春燕、春鞭、春杖[①]，表现了春的吉祥文化对立春节日的全面渗透。

四、结语

出土牛礼经春秋至隋唐，不仅在形态上发生了很大的变化，其功能、文化价值也在不断改变，如表1所示。

表1 出土牛礼与土牛象征意义的历史演变一览表

	春秋战国	汉	唐
仪式时间	季冬	季冬、立春	立春
仪式内容	出土牛	施土牛耕人	出土牛及策牛人、打春牛、持春牛土祈岁稔
土牛功能	送寒驱阴	迎春迎阳、劝农	示农时、祈岁稔
象征意义	五行之冬、五行厌胜	五行之春、农耕物象	农耕物象、吉祥之春
文化体系	五行阴阳	五行阴阳、农耕文化	农耕文化、吉祥文化

春秋战国时期季冬的送寒丑牛奠定了后世出土牛礼的基础。汉代牛耕的普及带来了牛文化意蕴的改变，土牛礼也从季冬走向立春，从送寒转变为劝农，从阴阳五行文化体系走向农耕文化体系。唐代土牛礼由礼而俗，在农耕文化的基础上，土牛形象进一步与春结合，成为吉祥之春的文化符号，开始融入民间信仰的色彩，日益趋近于现在的春牛形象。这一过程与牛耕的推广、五行思想的发展、立春文化的世俗化息息相关。

[①]《全宋诗》，北京大学出版社1991年版。赵湘《太皇太后合春帖子》："金花镂胜随春燕，彩仗萦丝逐土牛"；项安世《母氏立春日庆七十》："土牛门外打春鞭，彩凤堂前庆寿笺"；赵师侠《少年游》："彩胜罗幡，土牛春杖，和气与春回。"

日常生活中的实践

——围绕金华市磐安县安文镇"立秋迎福"的调查

余 玮[①]

（浙江师范大学文化传播与创意学院）

摘　要： 本文以一次田野调查为基础，此调查以金华市磐安县安文镇2017年"立秋迎福"民俗活动为具体对象，主要围绕该地的上马石村、中田村展开，旨在呈现"立秋迎福"民俗活动的实况。"二十四节气——中国人通过观察太阳周年运动而形成的时间知识体系及其实践"被列入人类非物质文化遗产代表作名录后，本文将对受到各方重视的迎秋福活动的开展现状展开讨论，在抛开理论建构的情况下，笔者发现其作为一种独特的生活方式，仍存活于当地村民们的日常生活中。

关键词： 立秋迎福　民俗活动　日常生活　田野调查

　　金华市磐安县位于浙江省中部，有"九山半水半分田"之说，山峦重叠，水系众多，自然资源丰富。当地民众勤劳俭朴，爱山重土，地方信俗活动众多。"立秋迎福"（当地称"迎秋佛"或"迎秋福"）则是磐安县安文镇境内，以中田村、上马石村[②]为核心的民众在立秋日自发组织筹办的以祈丰

---

①作者简介：余玮，浙江师范大学文化创意与传播学院民俗学专业2016级硕士生。
②两村均为行政村，其中上马石村由五个自然村组成。

收、求平安为主旨的民俗活动。它以白鹤大帝、胡公大帝、山皇大帝、五显神官为主要祭祀对象，以请神、出迎、祭拜、送神、社戏为主要表现内容，既有神圣的祭拜仪式，又有世俗的民间舞乐，是当地民众民俗生活的自然流露。迎秋福活动最早起源已不可考，但其时令和内涵与古代祭秋之俗同源。只不过在历史演变中，祭祀对象被地方神胡公大帝、白鹤大帝、五显神官、山皇大帝所代替。回龙庙内现存两件石制香炉，制作时间应不晚于民国。据当地80余岁老人陈新春、陈世盛等回忆，他们从小就见其父辈参与"立秋迎福"活动，20世纪六七十年代，大规模的"立秋迎福"活动一度中断，村民只能通过私下祭拜延续着这一民俗活动。改革开放后，这一活动重新公开举行①。在当地村民心中，立秋是除了元宵之外最隆重的日子，远比我们心目中的冬至重要。旧时候，再穷的人家也会过立秋，甚至跑到山上砍柴挑去卖，换钱来购置祭品进行迎福。而今，我们发现村民们仍旧重视此项民俗活动，这不仅表现为他们自发捐款筹办活动的热情，还体现在村里无论男女老少都参与到此项活动中来，尤其是一些离家不甚远的中青年男性，请工假前来为迎秋福出力也是一种惯例。

一、村庙及神祇

我们先要介绍立秋迎福活动涉及的几处村庙②，以及各庙内供奉的神祇。

（一）下皇庙

下皇庙位于安文镇上马石村，供奉的主神是胡公大帝。配神有土地公、土地婆、文武判官及八位相公③。

胡公大帝信仰是从历史人物演变而来的，胡公大帝是浙江人神信仰中最具代表性的一尊神祇。胡则（963—1039），浙江婺州永康人（明清时期属金华府），《宋史》卷二百九十九中有其传记，在多部省级地方志书中，如

---

① 孙发成：《立秋迎福解说词》，未发表，系内部资料。
② 本文中"村庙"的含义部分参考自甘满堂：《村庙与社区公共生活》，社会科学文献出版社2007年版，第268页。
③ 据当地老人所言，东边五位和西边三位相公，同为八兄弟。但是关于他们的身份来历乃至具体称呼，已难以考证。

雍正年间编纂的《浙江通志》《山西通志》《广东通志》《广西通志》和乾隆年间编纂的《福建通志》，都将胡则作为名宦载入其中①。宋端洪二年（989），胡则考取进士，开永康人科举进士之先河。他一生做了四十年官，继任太宗、真宗、仁宗三朝，先后知浔州、睦州、温州、福州、杭州、陈州，任尚书户部员外郎、礼部郎中、工部侍郎、兵部侍郎等官职。力仁政，宽刑狱，减赋税，除弊端。明道元年（1032）江淮大旱，饿死者众，胡则上疏求免江南各地身丁钱，诏许永免衢、婺两州身丁钱。两州之民感其德，多立祠祀之。今永康方岩有胡公祠。南宋绍兴三十二年（1162），宋高宗赵构应百姓之请求，用"赫灵"两字作为胡公的庙额。从此，胡公被百姓敬若神灵，成了"有求必应"的活菩萨。民间于每年农历八月十三胡则生日那天，举办各种民俗风情活动，以祭拜胡公大帝②。

图1　下皇庙外观（孙发成提供）

图2　下皇庙神像摆放示意图（余玮制作）③

（二）紫溪庙

紫溪庙位于安文镇上马石村，供奉的主神是五显神官，当地老人又称其

---

①叶涛：《浙江民间信仰研究管窥》，《走入历史的深处：中国东南地域文化国际学术研讨会论文集》，上海人民出版社2011年版，第424页。
②孙发成：《立秋迎福解说词》，未发表，系内部资料。
③后文图示若无特意标注出处，均为余玮摄、制。

为真君大帝，也即二郎神[①]。

图3　紫溪庙外观[②]

图4　紫溪庙主神（孙发成提供）

　　五显神又称五显大帝、五显灵官、五路财神、华光大帝等，是我国南方地区以及东南亚华人集居地比较流行的神仙信仰。据《三教搜神大全》所载，五显神本为五兄弟（一说为东岳泰山神之五子），初活动于汉宣帝本始年间，唐末为其立庙，庙号"五通"。宋徽宗大观年间赐庙额曰"灵顺"，宣和年间封为侯。宋理宗时，又加封为王，第一位曰显聪王，第二位曰显明王，第三位曰显正王，第四位曰显真王，第五位曰显德王，因皆带"显"字，故称五显神。五显神信仰始于江西德兴、婺源一代，在宋代被奉为财神，此后流传扩散，影响渐大。浙江杭州就有五显神祠。明代时，祭祀五显神被列为国家正式祀典，广泛传播到民间，五显神信仰从地方走向全国。在民间信仰中，五显神无时不显，可保国泰民安、财运亨通[③]。

　　（三）倒龙庙

　　倒龙庙又称山皇庙，位于安文镇中田村。供奉的主神为山皇大帝，配神

---

①现在的很多地方小庙中，五显神的额部多开一眼，似为"二郎神"，二郎神是司水的水神，二者融合可能是地方民众的创造，实现所供神佛法力的增强。参见孙发成：《省级非遗立秋迎福辅助材料》，未发表，系内部资料。
②紫溪庙门被上马石村的负责人锁了起来，故此次调查我们无法得见内景及神像摆放模样。立秋当日实践队员也未留心拍摄，故仍有待后续跟进观察。
③孙发成：《立秋迎福解说词》，未发表，系内部资料。

有土地公、婆，财神，五谷神，文武判官。

图5　倒龙庙外观

图6　倒龙庙神像摆放示意图

山皇大帝到底是哪位神仙，当代村民已说不清楚，文献中也很难找到佐证。我们推测应该是护佑一方的山神。山神信仰在多山的磐安极为普遍，以前山区民众有"种山"之俗，轮番砍伐山区树木并烧山，以种植玉米、粟谷、油麻等。乡民在山上搭棚看玉米或劳动休息、睡卧在山上休息时必须背靠一座山，不可置身两山之间，因山有山神，如置身两山之间，则山神会互相推诿不管。而背靠一座山，则能受到该山神护佑[1]。

（四）回龙庙

回龙庙位于安文镇中田村，供奉的主神为白鹤大帝，故又称白鹤庙（当地人多用此称呼）。配神有土地公、婆，文武判官及四位相公[2]。

图7　回龙庙外观（孙发成提供）

图8　回龙庙神像摆放示意图

①孙发成：《立秋迎福解说词》，未发表，系内部资料。
②当地人已无法言明四位相公的身份及来历。

白鹤大帝的原型，传说为汉代的道士赵炳，由于其死后立祠于浙江临海县白鹤山上，民间习惯称白鹤大帝。《后汉书·方术列传》云："赵炳，字公阿，东阳人。能为越方（今浙江东阳）"。葛洪的《抱朴子》也有载："道士赵炳，以气禁人，人不能禁虎，虎伏地低头闭目，便可执缚；以大钉钉桩，入尺许，以气吹之，钉即跃出射去如弩箭之发。"《异苑》也有类似的记载："（赵炳）以盆盛水，吹气作禁，鱼龙立见。越方，善禁咒也。"这几段记载说明赵炳是一位方术道士，活动于当时的越地（今浙江东阳一带）。白鹤大帝信仰在金华、台州临海古代民间信仰中较为流行，那里有众多奉祀白鹤大帝的庙宇。磐安的白鹤大帝信仰当源于此。白鹤大帝信仰不仅流行于浙江，还辐射到苏南、福建等地。供奉殿堂的名称如白鹤殿、白鹤庙、灵康庙、灵康祠、赵侯祠等，不一而足[1]。

关于各村在"立秋迎福"活动中对上述四庙的轮值情况，则如下：紫溪庙，由上马石村[2]和黄弹口村一年轮换一次，今年由上马石村负责；下皇庙，黄畈村和中田村三年轮换一次[3]，2017年由中田村负责；回龙庙、倒龙庙，一直都由中田村负责。其中，中田村一共分成五个甲[4]，三个甲负责回龙庙，两个甲负责倒龙庙。所以按中田村村民的说法，他们2017年一共负责2.5个庙。

二、迎秋福仪式

（一）请神

立秋日早上5点30分左右，各庙负责抬神的男人们已在各自停放轿子的地点集合，并开始将轿子[5]抬往各自负责的庙宇处，一路走一路敲锣放炮。

①孙发成：《立秋迎福解说词》，未发表，系内部资料。
②此处提到的黄弹口村和黄畈村现均为上马石村下属的自然村。上马石村现有五个自然村，但据村民所说，仍未及一个中田村大。
③由于下皇庙不在中田村境内，故我们对此分配产生疑问。村民解释，是因为以前黄畈村人少，所以中田村一部分人分了过去。
④甲是保甲制度，旧时代统治者通过户籍编制来统治人民的制度。若干家编作一甲，若干甲编作一保。保设保长，甲设甲长。
⑤一座庙有三顶红色调的轿子，据孙发成老师称，这些均为亭阁式神轿。两顶放置神像，一顶则放香炉，轿子门面两侧贴有对联。

图9　置放于崇德堂的三顶轿子

图10　崇德堂——回龙庙和倒龙庙停轿点，村民准备抬轿

图11　从崇德堂抬轿出发至各庙，左侧轿前往回龙庙，右侧轿前往倒龙庙

图12　回龙庙内请神入轿

　　到达时，每个庙主家①的一位妇人已经先在神像前祭祀完毕。待到轿夫们分别在神像面前烧一炷香祭拜后，她便收拾供品先回去了。而后，轿夫们把每个庙的主神及其夫人的行尊小像（按庙中主神模样另塑的小神像）抬抱到轿内。

　　被请的行尊包括下皇庙的胡公大帝、胡公大帝夫人，紫溪庙的五显神官、五显神官夫人，山皇庙（倒龙庙）的山皇大帝、山皇大帝夫人，白鹤庙

---

①主家由村民轮流承当，该年的主家即是该年元宵节迎龙头的人家。据当地老人说，一般做主家是想散喜气、图个吉利，或是该家刚生儿子、孙子不久，或是久未生育，想要讨个彩头。村民们无须争抢，自然而然地轮流替换。

（回龙庙）的白鹤大帝、白鹤大帝夫人[1]。香炉则是由另一个不是轿夫[2]的人抬放至轿内。

接着，轿夫们把轿子分别抬往各个庙的指定地点。紫溪庙，请神出来后将轿子抬到黄畈口的马路边；下皇庙的三顶轿子也同样抬到黄畈口的马路边[3]。倒龙庙和回龙庙的轿子则抬至崇德堂，也就是早上这九顶轿子的抬出处。

图13　请回龙庙的神回崇德堂

（二）迎神与祭拜

等回龙庙和倒龙庙的抬轿人分别将神从各庙请至崇德堂时，已是6点20分左右，路边出现了比前去请神时更多的表演队伍（如扭秧歌、打腰鼓、铜钱鞭、彩旗队等，一齐参加游神的队伍此时已集合），更为热闹。且在崇德堂入口处已有两庙的主家摆放好两桌供品，正在准备祭拜仪式。

图14　崇德堂路边的表演队伍

图15　崇德堂前，主家摆放供品

---

①孙发成：《立秋迎福辅助材料》，未发表，系内部资料。
②此现象只在回龙庙处见到，因此次活动的请神阶段，我们负责跟踪的是该庙，其他几处庙是否有该情况仍有待后续跟进观察。
③因为紫溪庙和下皇庙之间隔一条东西向的马路，距离并不远，所以把神像接出来后，都在黄畈口集中，但实际上两者等候的位置间隔了一条马路，前者是在马路边上等候，后者则是在黄畈村口处等候。然而，2017年观察到的情况有所不同，前者穿过了马路，真正和后者集中一处，九顶轿子排列一处。

图16　崇德堂供桌一　　　　　　　　　　图17　崇德堂供桌二

待到6点30分左右，祭祀完毕。倒龙庙和回龙庙的轿子又抬起，连着表演人员的整支队伍，前往下皇庙和紫溪庙。

迎神的队伍声势浩大，既有仪仗队伍，又有民众随行。仪仗队前面有执事、锣鼓、唢呐、彩旗开道，接着是两人抬轿的香炉和四人抬轿的行尊，抬轿者皆头戴草帽，行尊后面跟着长长的民俗表演队，有秧歌队、腰鼓队、舞龙队、舞狮队、罗汉班、铜钱鞭、莲花落等。仪仗队浩浩荡荡，一路鼓乐齐鸣，歌舞竞艳，中田村、上马石村的村民、亲戚及四乡八村的围观群众跟随仪仗队伍前行[①]。

与下皇庙和紫溪庙的神轿队伍会合后，待到轿夫们将十二顶轿子整齐排列完毕，7点左右，在此处摆放供桌的主家们开始祭祀。

图18　下皇庙和紫溪庙轿子等候在黄畈口　　图19　黄畈口处停着四座庙的十二顶轿子

---

①孙发成：《立秋迎福辅助材料》，未发表，系内部资料。

图20　黄畈口处，供桌一张，主家祭祀

图21　迎神队伍穿过公路

祭祀完毕后，各随行队伍开始表演打腰鼓、铜钱鞭、敲击军鼓等。一阵激烈的烟火礼炮过后，表演结束。7点10分，四座庙的四支队伍开始继续向南行，穿过公路并沿公路走一段后，再回到村里的路上，舞龙舞狮以及伞队，在此时才加入表演队伍，全部人员会合完毕，一齐前往黄弹口广场①。

图22　迎神队伍在公路上行进

图23　迎神队伍前往黄弹口广场

约7点40分，人群到达黄弹口广场，此处摆有供桌一张。

祭祀完毕后，下皇庙和紫溪庙的轿子被抬到西边靠拢，倒龙庙和回龙庙的轿子则被抬到东边靠拢。民众围拢成圈，随行队伍开始扭秧歌、打腰鼓、开展茶乡中国表演等。8点12分左右，节目结束，紫溪庙的队伍前去绕上马石

①黄弹口广场处，原设有一个主庙，后在20世纪六七十年代被拆除，至今未得重建。原先建庙处的地基现已被新房屋所覆盖，当地民众用这附近仅剩的小广场象征庙宇的存在。下皇庙、紫溪庙、倒龙庙、回龙庙这四庙皆以此庙为中心。凡有重要事宜，各庙负责人都要前往该庙处会合、商讨。据当地老人所言，以前该庙到其他四庙的距离均相等。故，后续的抢神活动是建立在一定的公平性上的。

村一圈，其他三队则是直接一齐向回龙庙的方向前进，然后再去崇德堂。

图24　黄弹口广场处，供桌一张

图25　黄弹口广场处开始表演

图26　倒龙庙、下皇庙、回龙庙三队离开
　　　黄弹口广场

图27　上述三庙前往回龙庙所在地

（三）送神

倒龙庙、下皇庙、回龙庙队伍先抵达中田村的崇德堂，三张供桌摆放在崇德堂牌匾下的厅堂廊檐内。

在崇德堂内，村民一边等待紫溪庙的迎神队伍到达，一边已开始热身表演（8点35分左右），但比较重要的如舞龙、八仙过海等节目，则需等紫溪庙队伍到达后才开始。

四庙队伍都到齐后，四个庙的行尊并排安放，前面置供桌，供桌上主要摆放米饭、馒头、发糕、豆腐、猪肉、黄酒及水果等供品。祭拜仪式由当年的主家主持，村民们可依次跪拜，祈求农事丰收、消灾赐福[1]。祭拜完毕，大约10点20分，四庙诸神行尊一齐离开崇德堂，前往黄弹口广场集合。

————————

①孙发成：《立秋迎福辅助材料》，未发表，系内部资料。

图28 崇德堂内三张供桌，图由实践队员
提供

图29 崇德堂内表演节目

图30 从崇德堂处出来，绕中田村行进至
黄弹口广场的途中

图31 黄弹口广场，"抢神"

　　10点45分左右到达广场后停轿，等3—4分钟后，礼炮齐鸣完毕，各队伍再分别送神返回各庙。送神环节有"抢神"的习俗，各支队伍在一串大地红鞭炮的剧烈声响中，以最快速度起轿，抬着本庙行尊前进，争抢做第一个回庙者。哪个庙的行尊先回到庙，该庙就放一响二踢腿示意荣耀与吉祥。2017年，倒龙庙取得第一名。

　　（四）社戏

　　立秋当日下午5点左右，事先搭建好的戏台开始演戏，一般演出时间为三天三夜[1]。演出剧种多为婺剧，此次前来参演

图32 剧团开演（林友桂提供）

────────────

① 村里老人解释，当地演戏，三天三夜作为起演的时间单位。

日常生活中的实践

的金华小百花婺剧团由当地村民自发筹钱邀请。剧目如表1①所示。

表1 社戏剧目表

大刀王怀女（宋朝）铁灵关	小宴	火凤凰
风雨行宫（清朝）珍珠塔	瓦岗寨	虹桥赠珠
十五贯（明朝）玉镯情	铁公鸡	对课
虢都遗恨（西周）文武香球	百寿图	拷打提牢
吕后杀宫（汉朝）白罗衫	穆桂英献宝	蔡文德下山
富春令（三国）刘秀登基	龙虎斗	马超追曹
相国志（魏国）包公判子	两狼关	永乐观灯
定国公选帅（唐朝）皇亲择婿	临江会	二堂放子
程婴救孤（晋朝）白鹤图	盗库	银断桥
金龙与蜉蝣（商朝）双血衣	渭水访贤	香山挂袍
画龙点睛（唐朝）皇宫疑案	僧尼会	送徐庶
凤镯奇冤（明朝）皇后易嫁	歌舞	天官八仙
三女抢牌（明朝）麻疯告状	小品	闹花台
汉宫惊魂（汉朝）姐妹易嫁	新八仙	文武八仙

三、迎秋福路线

首先是请神阶段，四个庙的队伍分别从各自的停轿处出发，前往各庙请神。

回龙庙和倒龙庙，作为中田村掌管负责的、也是"立秋迎福"活动中比较重要的两座庙，它们的轿子分别从崇德堂出发，再返至崇德堂会合，然后一齐沿着崇德堂东面的路向南行进，走向下皇庙和紫溪庙所在处，一路踩街游行，这也意味着迎神活动正式开始。

---

①表1按剧目小册编排的格式制作。

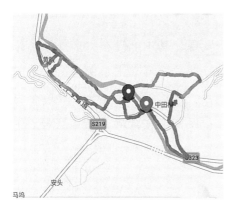

图33　2017年"立秋迎福"路线行进图

图34　活动涉及范围的卫星示意图（孙发成提供）

接着，四队人员在黄畈口处会合，祭祀完毕，开始在此处表演节目（腰鼓、扭秧歌、莲花落等）。表演完后，人群再一齐走到黄弹口广场，进行下一场祭祀与表演。

然后，四支队伍离开黄弹口广场，紫溪庙的队伍先要前往上马石村绕行一圈，其他三庙则直接前往回龙庙后（并不入内），再行至崇德堂。

随后，四支队伍在崇德堂会合，祭祀和表演节目（包括八仙过海、舞龙舞狮、茶乡中国节目、武术等）完毕后，四庙诸神行尊一齐沿着崇德堂东面的路北上，而后沿着中田村最东边的路自东向西绕中田村半圈，经过倒龙庙山脚，前往黄弹口广场。最后，在黄弹口广场处进行"抢神"活动，每支队伍的随行人员抬着本队的神像争先回到本庙，这也意味着活动结束，队伍解散。

值得一提的是，整个"立秋迎福"的行进路线几乎没有一处是重复的，参与人员基本踏遍了迎福所涉村子的主要路线。

四、生活之流中的迎秋福

在当地，不管是迎秋福当中涉及的庙宇还是迎秋福整个仪式活动，都是村民生活方式的组成部分，并不能完全称得上"遗产"[①]。当然，它们发生着

①此处的"遗产"表达着断裂的意义，它是一个"有选择性的传统"，代表着已经为现代革命和改革所破除的完整历史的有选择性的复兴，代表着文化的最终消失和不符合现代性的文化形式的革除，更代表着民族化和全球化的历史正当性。王明明：《灵验的"遗产"——围绕一个村神及其仪式的考察》，参见郭于华主编：《仪式与社会变迁》，社会科学文献出版社2000年版，第40页。

变化是自然的。

在整个迎秋福活动展开的过程中，我们发现，基本上没有太多外来力量介入其中。磐安"非遗"中心的周女士拿演社戏这一环节来举例说明，政府曾提议送戏下乡，但百姓反而愿意自己筹钱，去外边请剧团（金华婺剧小百花）来演。考虑到政府参与过多反而容易让村民们形成依赖，尤其是假如中间停顿一次，可能百姓就不愿意再筹钱了，这一传统也将受到影响。因此，周女士非常赞同这种传承的模式。

当然，即便没有上述力量的过度介入，作为一种文化，其本身也会因时而变。除了参与人员的组成（如以前有道士，而现在则吸纳了很大一部分女性参与者）、轿子的外观、器具（如以前在接菩萨的途中，道士要吹牛角弯状的喇叭）等这些较为直观的改变之外，我们另从两个角度去分析其中的变化。

一进村口就不难感受到，旅游开发给当地的影响。平坦开阔的马路、一体式的房屋结构布局自不必说，尚未完工的酒店、未入住的商品房、未营业的商铺更是不少。村子格局的改变导致各家各户[1]特别是庙宇位置的变动，这也意味迎福活动发生着变化。一位老人说，现在山上的倒龙庙是重建的（原先的位置虽没建房，但其地基也紧挨着新楼房，现已长满杂草），故以前从主庙[2]到其他四个庙的距离是比较公平的，但是现在倒龙庙的位置会让其离黄弹口更近一点[3]。

接着来看几处细微事件。迎秋福前一日下午，两位下皇庙的负责人前来停放轿子的崇德堂处[4]贴对联，对联是当地一位老人（他是目前迎秋福民俗活动的重要传承人）在上午写好的，预备由各庙负责人张贴至迎神轿子的楣框上。下皇庙两位中年负责人张贴好对联后离去了，直到各庙负责人都张贴

①迎福路线大致覆盖村内家户房屋所在之处，故房屋位置移动之后，路线也随之而变。
②即黄弹口广场附近的四保殿，该殿于20世纪六七十年代被拆毁后一直未得重建。
③最后的送神环节有"抢神"的习俗，各庙队伍在广场听到鸣礼炮后须尽快抬着本庙行尊前进，争抢做第一个回庙者。哪个庙的行尊先回庙，哪个庙就鸣礼炮，以示灵验、吉祥和荣耀。近两年迎福活动都是倒龙庙的队伍先抵庙。
④当日崇德堂处只停放了九顶轿子（两位神像各一座轿，外加香炉置放一座，所以各庙要抬三顶轿子），因为崇德堂位于中田村，而今年中田村负责三座庙的迎神，故有九顶。紫溪庙的轿子由上马石村负责，不置放在崇德堂。

完毕，我们在阅览对联时经比较发现，下皇庙两位负责人张贴对联时存在差错[①]。迎秋福当日也有此类现象，如在四座庙队伍会合时增入的舞龙舞狮队里面，有几位负责舞狮的年轻人并未跟着大部队在紫溪庙下面的马路上绕一圈（迎福路线的重点之一就是要经过神祇所在的庙），而是抄了近路[②]。再如，当所有队伍在崇德堂会合完毕正进行高潮部分也意味着全程中节目最多的表演时，有位留在黄弹口广场的队员因等待过久，向周边民众询问接下去的仪式流程，结果被告知队伍不会再返回此处了[③]。这些发现，比之前述自动调适着旅游开发带来的影响，更易引起我们对村民们在代与代之间进行的民俗传承的思考。

可喜的是，虽然产生和维系节气文化传承与发展的土壤乃至人群在悄然发生着变化，但我们认为，基于此种文化而产生的民俗心态（大家互相影响而比较共同的指导行为的心理状态[④]）却并未消逝，仍旧对民俗文化的传承起着推动作用。

我们不光能从村民自愿筹钱演戏看出当地民众对"立秋迎福"活动的重视，在迎秋福表演节目的彩排中，我们也感受到了当地民众的参与热情。天气闷热异常，氛围亦热闹异常，但是表演民众不见一丝厌烦的神情，尤其是一些中老年妇女，表演间隙还互相打趣，乐在其中。观看人群的构成，白天有不用上班的大人和放暑假的小孩，晚上进行舞龙等彩排时则加入了下工回来的中青年男人，甚至打扮时髦的女郎也前来观看，夜间的礼堂门外停满了车[⑤]。还有，在迎秋福整个仪式活动期间，行进路线所到之处，家家户户都走

---

① 每副对联后面，都有标识左右，但不是我们面对轿子站时的左右方向，而是人与轿门面向同一面时的左右方向。也就是按照庙里的神像排设，尊位为左，虽然大帝看上去是在右手，实则位左。下皇庙的对联左右贴反了，估计是犯了上述由面朝轿子来确定左右的差错。后至的两座庙负责人年纪均长过下皇庙的两位，属于上一辈人，他们参与迎秋福活动的经验丰富，其中包括了该项民俗活动的重要传承人。

② 但走在他们前面的舞龙队却并未偷懒，舞龙队有几位老人参与，舞狮队则没有。

③ 笔者询问的是中年人。事实上，彼时还有一个"抢神"活动尚未在黄弹口广场开展。最终，整个迎神活动的结束点是在此处。

④ 金克木：《无文探隐》，上海三联书店1991年版，第85页。

⑤ 当地村民去镇上也不过十几分钟的车程，但比起镇上的夜间生活来，虽然也有足够的场地，不过村民们没有像跳广场舞之类的活动，似乎更易被迎秋福的舞龙舞狮等节目表演彩排给吸引；又或者作为记忆之场之一的礼堂在当地村民心中有特殊的含义，故纷纷前来观看。

出门或在阳台上探出头来观看这一场景。仪式活动结束后，住在黄弹口广场周围的村民也自发地邀我们去家中一同吃饭（并不相识），这也印证了当地老人口中的传统，迎福当日谁家里都准备了饭菜，仪式结束后都可以去吃。

我们可以说"民俗文化是一种适应性文化"①，虽然立秋当日已经不再如从前一般有许多小商贩来摆摊做生意，但是当地基于传统创新的理念，特意去外边请来小商贩（不收摊位费）布置成了"美食街"，民众在"民俗心态力量的集聚之下"②的场景里依旧进行着民俗传承活动。

一位传承人的大儿子是村干部，他在我们访谈老人期间，插话说他本人不信这些迷信。但后来老人对我们说，他不担心失传③，村里的干部也对"立秋迎福"活动重视起来了，在进行非物质文化遗产代表作名录项目的申报。虽然他的大儿子是村干部，但也是当地民众的一员，长期生活在同一个文化场域中，自小浸淫在迎秋福等民俗文化氛围中，我们猜测日后也许老人的大儿子会接过父亲的"衣钵"。迎秋福过程作为一个仪式不断地被当地民众操演，已成为一种习惯，我们无法忽视"仪式对于人的支配有一个从强制到自觉的过程"④这一点，即便老人的大儿子目前并未直接介入仪式过程，但正如老人所说，我们前去调查也得益于包括他大儿子在内的村干部的支持，虽然他是将此视作保护中国文化遗产的工作。如此看来，今年热闹的迎秋福活动不乏非物质文化遗产保护工作的助力。那么当地"民间信仰和仪式的传统已经失去了它的实际意义"⑤了吗？未可见得。

我们在田野调查中发现，作为当地民众生活场景一部分的村庙，不仅仅是人们有求于神才会去的地方，某种程度上它并未与村民的日常生活分隔。在主管各庙的负责人中，有人在庙壁上不时贴上自己抄写的佛经（在他引导

①钟敬文：《民俗文化学发凡》，参见《钟敬文民俗学论集》，安徽教育出版社2010年版，第10页。
②金克木：《无文探隐》，上海三联书店1991年版，第130页。
③这位老人有三个儿子，目前传承优先考虑大儿子。
④郭于华：《民间社会与仪式国家：一种权力实践的解释——陕北骥村的仪式与社会变迁研究》，见郭于华主编：《仪式与社会变迁》，社会科学文献出版社2000年版，第374页。
⑤王明明：《灵验的"遗产"——围绕一个村神及其仪式的考察》，见郭于华主编：《仪式与社会变迁》，社会科学文献出版社2000年版，第28页。

我们看时，甚至让我们产生了错觉，这就像给别人展示自家门厅内墙上贴着的奖状一样），在门楣上适时地换上对联，等等。村民们还十分希望借助"非遗"之力来为村庙①赢得"充分的生存空间和文化、社会等诸多层面的合法性"②。我们看到人和庙（神）是如此紧密地互相守护着。

　　的确，产生和维系民俗文化的土壤在渐渐发生变化，这不光如村里老人所担心的："旅游要是搞不起来，房子都搞起来，住在这里没事干啦，下一代的年轻人都要出门去了，搞活动人手不够，近点可以请工假，外地怎么搞？"——我们还不能得出旅游开发在"侵吞着朴素的民间文化"③这样的观点④——更是因为"在后农耕文明时代，风险、节点无处不在，个体生命机会的不均和日常生活的失衡"⑤。但"民间仪式主要是作为生存的技术而存在的，其遵循的是一种生存的逻辑。这样的逻辑体现于村落生活的各个方面，在其生产活动、交换活动乃至处世哲学和价值观念中都是整合的。"⑥就我们目前所见，迎秋福作为一种"普通生活者的日常生活实践"⑦，在时代的演进

---

①除了下皇庙、紫溪庙、倒龙庙、回龙庙这现存的四座庙之外，在黄弹口广场处原设有一个主庙（四保殿），主庙于20世纪六七十年代被拆除后，村民一直期望其得到重建。
②岳永逸：《朝山》，北京大学出版社2017年版，第6页（前言）。
③王明明：《灵验的"遗产"——围绕一个村神及其仪式的考察》，见郭于华主编：《仪式与社会变迁》，社会科学文献出版社2000年版，第38页。
④此处不得不提及的是，虽然在进入田野前搜集资料时我们看到了"立秋日若得雨，则秋田畅茂"这样的说法，但在调查期间我们接触的访谈对象均未提及迎秋福最本初的愿望有"祈雨"这一点，只是强调"庆丰年"，直到活动结束没多久突然变天下雨，同桌吃饭的一位当地中年女性听到我们提起天气，才不经意地说，历年都有这样的现象，很灵验的，因为活动本身也有求雨的意味在里面。当然，我们不能就此论断，当地人因为失去田地不种植作物，求雨变得不是那么必要了，从而导致此点不自觉地被遗忘，也有可能是这一现象已为当地人习焉不察以至于没和我们提及。不过，也为我们揣测的，一旦与活动原初的语境有了确实的距离（当地于2013年正式进行土地开发，实施旅游度假村建设），届时当地老人或许不会如今一般乐观，当地民俗文化传承也将面临比现在更可见的风险，这一想法提供了一点可能，但一切仍待后续调查。
⑤岳永逸：《朝山》，北京大学出版社2017年版，第4页（前言）。
⑥郭于华：《民间社会与仪式国家：一种权力实践的解释——陕北骥村的仪式与社会变迁研究》，参见郭于华主编，《仪式与社会变迁》，社会科学文献出版社2000年版，第376页。
⑦王杰文：《新媒介环境下的日常生活：兼论数码时代的民俗学》，《现代传播》2017年第8期。

和民众世界观的改变之下，进行着传统与现代之间等自然或不自然的让渡[①]。换言之，变迁实有发生，不过该情形相对稳定，且并非是从一种单一的状态向另一种单一状态持续演变的过程。我们不应过于"倾向在连续性中找对比，偏爱间断而无视重叠之处，并进行永久性区分"[②]。总而言之，迎秋福尚未指向一个空洞的符号象征，对于当地村民来说，其仍旧充满着现实意味，切实地融合在当地村民的日常生活思想和实践中。

---

① 岳永逸：《朝山》，北京大学出版社2017年版。
② ［英］杰克·古迪：《烹饪、菜肴与阶级》，王荣信、沈南山译，浙江大学出版社2010年版，第258页。

守望与嬗变：一项立春民俗的保护案例

应超群①

（赣南师范大学历史文化与旅游学院）

摘　要：立春民俗源于中国古代农业社会的二十四节气之立春节气，与古老的农耕文化密切关联，在漫长的历史中，各地也衍生出了独具特色的本土性风俗文化。本文根据笔者在福建闽西一项立春民俗保护案例中的田野调查，叙述了当地立春的风俗及"犁春牛"民俗的活动过程。同时，针对其"犁春牛"民俗的个案，从立春民俗保护的行为主体及其文化自觉、地方文化实践与社区的文化认可、民俗与现代技术及其民俗互动的方式、现代性的民俗组织方式四个方面阐述了地方实践的经验。

关键词：立春民俗　节气　保护　民俗活动　本土知识

一、问题的提出

2016年11月30日，联合国教科文组织保护非物质文化遗产政府间委员会第十一届常委会正式通过决议，将中国申报的"二十四节气——中国人通过观察太阳周年运动而形成的时间知识体系及其实践"列入联合国教科文组织人类非物质文化遗产代表作名录。这引发了中国社会各界的舆论高潮，学者和民众聚焦于最具日常生活意义的"民俗节气"，并重新审视民俗节气在民

①作者简介：应超群，赣南师范大学历史文化与旅游学院硕士研究生，研究方向为农村社会学、客家历史与民俗文化。

本文系国家社会科学基金项目"客家村落文化与乡村治理的多点民族志研究"（项目编号：16BMZ084）的成果之一。

众日常生活中的运用与价值。2017年春节期间，笔者在福建闽西芷溪村开展月询的田野调查，偶然发现在偏僻古老的山村中竟然保留着完好的"犁春牛"民俗活动，并亲身参与了这项民俗活动，完整地见证了整个民俗仪式的过程。以此为契机，有关立春节气及其风俗的思考不断刺激着笔者的神经中枢，关于本文的探寻工作由此展开。

二、传统立春节气的民俗

（一）传统立春节气的缘起

立春为二十四节气之一，但有关二十四节气的形成，并不是一时一地产生的，它们有着各自的历史脉络①。有关立春节气的缘起，多数学者认为，早在春秋时期，立春就已出现，它是人们长期的社会实践活动的经验总结。《吕氏春秋·十二纪》中，便出现了立春节气的名称，"是月也，以立春。先立春三日，太史谒之天子曰……"《淮南子·时则训》《逸周书·月令解》《礼记·月令》等先秦典籍中，同样出现了立春节气的记载。成书于西汉元封七年（前104）的《太初历》则首次将立春等二十四节气正式纳入历法之中。时至今日，立春为每年阳历的2月3日至5日，太阳围绕地球公转轨道到黄经315°。

（二）立春节气中的民俗

民俗，即社会习俗，它包括人们的意识、文化和日常生活实践活动。作为一个重要节气，立春随着人类活动及其相应意义的建构衍生出了立春的民俗实践和文化谱系。有关立春民俗的源起已很难考证，现有的研究起点需要借助古文献的梳理来推进。立春日迎春风俗，是现今古文献记载中古人一项重要的立春祭祀活动，也是国家政治活动的重要组成部分。如福柯"治理术"的概念，借助立春祭祀公共性的仪式化典礼以实现政治治理的目标。例如《礼记·月令》中记载："孟春之月……是月也，以立春。先立春三日，大史谒之天子曰：某日立春，盛德在木。天子乃齐。立春之日，天子亲帅三公、九卿、诸侯、大夫以迎春于东郊。还反，赏公卿、诸侯、大夫于朝。命

---

①郑艳：《二十四节气探源》，《民俗文化论坛》2017年第1期，第5—12页。

相布德和令，行庆施惠，下及兆民。庆赐遂行，毋有不当。"这是古文献中关于周代立春迎春民俗的记载。据萧放学者的研究，汉承周制，及至明朝前期，各个王朝政权都会举行相应的国家迎春仪式化典礼[①]，这与中国古代的国家"治理术""化民成俗"的政治理念密切相关；同时，迎春仪式作为政治制度设计成为立春民俗在古代社会的重要演化路径。在此之后，立春民俗也经历了一个世俗化的过程，从官方国家典礼普及到地方以及普通百姓生活中。据杨东姝的研究可知，东汉时，政府在全国范围推行迎春礼，形成了一套中央至地方的立春习俗，包括立春迎气礼、进春礼和各地政府举行的迎春鞭礼及其相关礼俗[②]。在这以后的各个历史时期，如北宋《东京梦华录》、明代《牡丹亭·劝农》等文学作品中，有关立春民俗都被详细描述，可知立春民俗在中国古代社会中的普及度。

（三）守望中的立春文化

立春民俗在清代达到了文化的繁盛阶段，无论官方民俗还是民间习俗都得到了充分发展。近代以来，伴随着由西方国家介入中国社会引发的总体性危机，特别是1911年辛亥革命的爆发，导致了整个近代中国民俗的剧烈变革，立春民俗亦在其中。简涛的研究表明，有关立春的民俗经历了去功能化、去政治化的过程。民国初年，改为公历纪年，新旧两套历法并行，立春节气的意义在强调工业化发展经济的背景下被降低；同时，立春官方礼俗被取消，作为与国家政权一体的典礼仪式不再举行；之后，在立春日开展了春耕运动，并于1941年设立农民节，以示国家对农业生产的重视。与官方礼俗的命运相反，立春的民俗由于乡土社会结构的稳定性因素，并已嵌入普通家庭生活中，有关迎春等礼俗得到较好的传承与延续[③]。1949年后的中国社会，经历了整体性的社会变革过程，立春等民俗受政治意识形态的批判，相应的立春民俗活动几乎在生活中消失，直到20世纪80年代初期，伴随整个社会政治控制体制的弱化，民间的社会活力得以释放，相应的立春民俗逐步回归到社会

---

①萧放：《二十四节气与民俗》，《装饰》2015年第4期，第13页。

②杨东姝：《从史料文献中探寻迎春（立春）民俗及其风俗礼仪》，《河南省图书馆学刊》2011年第31卷第1期，第127页。

③简涛：《略论近代立春节日文化的演变》，《民俗研究》1998年第2期，第59—63页。

生活中，但已是残存于家庭的形式仪式。之后，在政府优先发展经济的主导思想下，整个社会快速发展，城市化、工业化、信息化等以及与之相伴的新的生活理念与方式不断发展，民俗的传统几乎只在偏远的乡村、山区得以延续，由立春节气而衍生的上千年的立春文化，在守望中已成绝唱。2016年，二十四节气的成功申遗，引发了公共舆论的关注，相继的立春民俗等研究、实践也得以展开，期待传统的知识体系在新背景意义中得到更好的传承与发展。

三、研究案例："复活的"福建闽西的芷溪犁春牛民俗活动

事件活动发生在2015年，这一年立春，芷溪的一群90后青年以"芷溪青年组织"的名义举行了一场"犁春牛"民俗活动。在这之前的2007年，这年立春芷溪犁春牛的活动过程中，一位参与的中年妇女猝死，事后村民都称因为这位妇女在活动前大量饮酒，同时活动过于剧烈，导致猝死，此后芷溪村便没有举办过犁春牛的活动。从2007年立春后到2015年立春，时隔八年，在这群年轻人组织下，芷溪村的"犁春牛"民俗又回归到立春的年节中。

芷溪[①]地处福建闽西山区，现属龙岩市连城县庙前镇管辖，它位于传统赣闽粤三省交界处的客家族群居住的核心区域范围。自宋代始，邱、华两姓先祖先后到此定居，并成旺族；随后，杨氏于元末明初、黄氏于明成化年间先后到此开基创业，至今已有八百多年，芷溪村因古时村边溪流两岸长满芷草而得名。村落群区域面积10.8平方千米，全境辖芷红、芷溪、芷星、芷民、芷联、坪头六个行政村，截至2016年底，村落人口共2994户13135人[②]。村落

---

①本文中的芷溪村，指区域村落群的概念，实际上包含芷溪、芷红、芷星、芷民、坪头、芷联六个行政村，无论在历史上还是在日常生活中，这个称法在现有的芷溪六个行政村的村民中获得高度认可，并在政协连城县委员会2003年5月编辑的《福建·连城：芷溪村古宗祠文化初探》、政协连城委员会历史与学习宣传委员会2015年编辑的《连城文史资料第四十二辑：中国历史文化名村芷溪》、庙前镇志编撰委员会2016年编辑的《中华人民共和国地方志·福建省连城县：庙前镇志》等资料中获得地方政府"合法性"的认可。因此，本文中的芷溪村，实际上是指生活于本区域六个行政村的村民组成的社会共同体。

②人口数据统计来源于庙前镇镇政府，所统计的常住人口为户籍还在芷溪各村的，实际上芷溪的很大一部分人口的户籍已经外迁出去，却还应算作芷溪的人，因为其在村中有房子和各种社会联系。

坐落于其中一个葫芦形的小盆地，四周群峰环列，一水中流，地势东南高西北低，东南桃源山树木郁葱，西北为开阔的农田及芷水的出水口。芷溪村落俯视全景，如图1所示。

图1 芷溪村落全景图

（一）芷溪立春"犁春牛"民俗的历史缘起

在芷溪，农历立春这一天有着特定的社会语境内涵，在当地村民眼中这才是一年的第一天，比每年的年初一还重要。按民间历法通书规定，这一日总在农历十二月十五日到新春正月十五日的某一天；立春也是孟春时节起始日，在民间历法通书上几点几分几秒都有详细的记载，尤为当地百姓信仰，在重要日子的选取中，例如婚丧嫁娶等，皆要参考历法通书。在这一日，当地村民各家各户都会举行"接春祭拜"的仪式，在家门口或天井中摆出香案和准备好的贴上红纸的贡品。值得一提的是，当地村民会准备好"缠上红纸的菜花萝卜"作为贡品一起祭祀。待时辰一到，各家便开始迎春的祭祀，用糖果豆腐年糕等贡品奉神，届时烟花爆竹声及其烟尘弥漫于整个村落。如图2、图3所示，晚上村中则举行"犁春牛"活动，参与活动的村民会装扮成旧时农民春耕模样，头戴斗笠，身披蓑衣，或牵牛，或扛着农具，或挑着扁担等，一行人敲锣打鼓，满村落巡游。笔者询问了芷溪村民当地"犁春牛"活动的由来和内涵，村民只道：在村落里有着悠久的历史传承，同时祭祀神祇，以期盼来年"风调雨顺""五谷丰登"等等。对于"犁春牛"更确切的缘起及其时下的意义价值，村民没有去深究。"犁春牛"活动作为地方"文化仪式"的重要组成部分流传至今，村民更多地把它作为公共娱乐来消费，丰富日常公共生活。

图2　一户村民家中"接春"的祭祀台

图3　犁春牛活动场景

（二）芷溪"犁春牛"民俗表演的"共时性"描述：以2017年立春活动为例

2017年立春，芷溪村里有四支"犁春牛"的队伍，各自独立组织举行了村落巡游演出，笔者主要跟踪调查了黄晓峰这群青年人筹办活动的整个过程。有关"犁春牛"民俗活动的叙事，以此为撰文的依据。

1.事前的准备

在立春"犁春牛"民俗活动前，需要做好以下几项工作：（1）活动人员组织及确定各自的分工，相关的活动商议在黄晓峰家中举行，因为有着前几次的经验，大家分工已基本确定，简单的交流便商议好今年的活动方案，其间笔者受邀在活动中扮演一个角色。笔者在事后统计，组织一支"犁春牛"队伍大概需要三四十人。（2）道具的准备，相应的服装、道具及两头黄牛。（3）活动结束后的聚餐。（4）活动前的宣传沟通，在活动前黄晓峰会与村里的一些有名望、有社会地位的人沟通联系，并在村中贴告示，在微信上发布消息提前告知村民。

2.立春日的村落巡演

在立春那天上午，村落里到处可见各家各户"迎春"祭祀的场景，爆竹声与烟尘笼罩着整个村落上空。按照事前的约定，笔者下午就赶往黄晓峰家中，整个"犁春牛"民俗，将从这里出发，围绕村落的大小街道巡游。在此之前，相关的人员需要提前赶到这里进行化妆，化妆的工作由两个姑娘来负责（两人20岁左右，都已在外地上班），整个化妆过程持续了一个下午。差不多4点左右，活动参与者简单吃过提前煮好了的饮食后，整个游行队伍便从黄晓峰家出发。

整个"犁春牛"的队伍首先去了安民庵，无论人、牛进入都需要祭拜当地民间神祇，祭拜过程简洁，队伍轮流进入低头问询朝拜即可。在笔者的队伍到达时，其他村落"犁春牛"的队伍也相继赶到这边，进入寺庙进行祭拜。据村民告知，安民庵是整个村落里的信仰中心，也是村落里的风水绝佳处，所以在此修建了寺庙，祭祀民间神祇、村落的大小民俗活动都与这座寺庙密切关联。祭拜结束后，各个"犁春牛"队伍便从这里出发，在村落中巡游。笔者参与的队伍情况如下：走在队伍前面的人高举松明火把，后面紧跟着举着吉祥语灯箱的青年；随后是化了装的农夫（妇）牵着披红挂彩的耕牛；耕牛后面跟着戴斗笠、打赤脚的犁手；跟在犁手后面的是挑牛草、送午饭的村姑，以及一群荷锄、挑谷、扛铁器的农妇，再后面就是表现历史典故的人物化装造型。此外还有反映农村社会风貌的渔翁、樵夫、商人、读书人以及装饰华丽的"古事"，最后是锣鼓队、十番队和春牛队的组织指挥者。

整个"犁春牛"队伍按照规划好的路线一路巡游，经常是到了哪户人家的门前，主人家便会鸣放烟花爆竹，以示对于民俗的尊重，同时希望这能给自家带来一年的好运。笔者在长期的田野调查过程中发现，烟花爆竹在芷溪村落里有特殊的象征意义，特别是年节时候，如要去别人家做客，为表示对主人家的尊重，需携带价值不等的烟花、爆竹，并在其家门口燃放，烟花、爆竹的价值与客人对主人家的尊崇成正比。因此，"犁春牛"队伍不论到了哪家门前，那一家都会燃放烟花、爆竹，有时主人家会把整个队伍请到家中，围绕家里的客厅走一圈，这象征把好运带回家中。人、牛一起被请到家中，一般要到主人家客厅处的祖先画像前进行低头问询的祭拜仪式，这时主人家往往显现出很是感激的神情，相应地给个红包，以示答谢。整个队伍三四十人一直这样巡游于村中，四人拿火把走在队伍前，两头牛一牵一驾驭农具，四人在其后，其后跟着拿农具的两人，挑牛草、挑饭的村姑两人，走"古事"即装扮成渔翁、樵夫、商人、读书人的四位，划旱船的三人不等，后面再跟着八人左右的乐队，外加一些后勤协助人员。其间，笔者注意到路线的规划，与整个活动的参与者的家庭密切相关，凡是活动参与者的家庭都得到了相应的照顾，巡游的队伍会从其家或亲属家经过，并会直接进入家中，以表示对参与者及其家庭对活动支持付出的答谢。整个"犁春牛"民俗巡游一直持续到晚上8点多，并重新回到出发地黄晓峰家中，民俗表演活动就此结束。

3.活动后的聚餐及其象征意义

在芷溪地方的风俗中，"犁春牛"活动结束后需要进行集体的聚餐，参加者主要是整个活动演出的人员及后勤人员，笔者因受邀参演了其中一个角色也参加了集体聚餐，地点同样在黄晓峰家中。村落巡游结束后，聚餐的晚宴已相应地准备好，大家直接入席用餐，直到众人酒足饭饱各自离席，整个"犁春牛"的民俗活动宣告完成。在芷溪村落中，聚餐有着特殊的含义，无论大小活动，在活动后均需要集体聚餐。其一，表达主人或活动组织者对参与者的答谢；同时这也是一种社会荣誉、身份的象征，聚餐的人数越多、菜肴越丰盛，则彰显主人的富有及良好的社会关系，并象征家庭兴旺、发达；其二，一种"运势"观念左右着村民的聚餐行为，聚餐的人气代表着其家族未来的好运。

四、芷溪立春民俗保护与传承模式的分析

（一）青年群体的文化自觉，"地方精英"概念的再理解

民俗文化传承与保护的关键在于原住民的文化自觉。费孝通认为，文化自觉的本质是人的自觉，一种文化反思的顿悟，同时要克服认识论上的陷阱：文化优先的文化支配；人被动受文化的规训[1]。借助众多研究者的田野

---

[1]赵旭东：《费孝通对于中国农民生活的认识与文化自觉》，《社会科学》2008年第4期，第58页。

民族志可知，自20世纪80年代初以来，中国乡土社会兴起了自发性的"再造传统"民间运动，宗族、民间宗教、民俗等地方性文化传统在地方精英领导组织下得以传承与保护。正是民众自身的文化自觉意识的回归，加之地方精英的组织，改革开放以来民俗复兴的高潮出现了。民俗文化传承与保护的主体，多数为地方的知识精英、文化精英、经济精英与政治精英等，缺乏对于青年群体的重视。近年来，随着人口的自然更替，对于传统文化有着现实经验的老一辈不断减少，乡土民俗面临着传承性的困境，民俗活动的规模、数量呈现出总体性快速下滑的趋势。在芷溪立春民俗的案例中，笔者发现芷溪村落中的青年群体成了民俗文化保护与传承的主体力量，如案例中的黄晓峰，高中刚毕业便能组织策划复兴"犁春牛"的民俗活动。笔者与他们在长期日常接触中，了解到这群青年有着如下特征：（1）整体的平均年龄为20岁左右，同时，相比于父辈，他们受教育的程度更高，很多还在上学或者刚刚毕业不久，其中有几个正在接受大学本科教育；（2）有着强烈的村落集体身份认同感，热衷于参与家乡的公共活动；（3）私人间的关系比较密切，往往借助个人社会网络关系以及家族、同学关系等来招募成员。正是这群年轻人在原本芷溪村民不看好的情况下，在2015年立春复兴了村落中断了八年的"犁春牛"民俗活动，之后的2016年、2017年，他们又如期组织了"犁春牛"的民俗队伍在村落中巡演。在农村社区，地方文化传统普遍面临着传承性的困境，青年群体的文化自觉，能否扮演原来民间精英在公共活动中的角色，将是各个地方文化传承与保护的可能路径。

（二）结合地方文化实践，重塑社区民俗想象的合法性

民俗文化传统与保护的核心，在于结合地方文化实践，重塑社区民俗想象的合法性。地方文化的实践，根植于社区共同体的集体记忆中，融入了村民的日常生活中。因为历史的因素，地方传统的民俗文化曾遭受"政治"意识形态的绑架，被贴上"污名化"的标签，在日常生活中影响着民众对其合法性的认可。20世纪80年代初，随着人民公社制度的撤销，国家权力也退出了对农村生活"全景式"的控制方式，民俗活动在各个地区得到不同程度的恢复与发展。进入21世纪，在政府、学者、媒体等多方主体的共谋下，"传统文化保护""中国历史文化名村评选""中国传统村落名录""民俗文

发展旅游""非物质文化遗产保护"等公共议题在整个社会中弥散。村落传统民俗在国家主流叙事中的被肯定，使民俗及民俗的认可度得到村民的重新认识，这也逐渐修复了村落原住民地方文化的自信性。芷溪自宋代建村，历史悠久，虽经世事变迁，仍延续了众多的地方传统文化。芷溪村有明清宗祠74座，古民居139幢；有安民庵、白云寺、鹿苑寺等大小寺庙7座，供奉着佛教、妈祖、定光佛、洪福公王等民间信仰的神祇；有芷溪游花灯、红龙缠柱、犁春牛、十番音乐、走古事等民俗活动；2010年，芷溪村入选"中国历史文化名村"名录，2012年入选中国传统村落名录。因此，地方传统文化成为芷溪村民日常生活中的很大一部分，"犁春牛"的民俗活动原本便是村落中流传的民俗活动，因偶然意外中断多年。黄晓峰在与笔者的访谈中告知："家乡的知名度越来越高，但事实上很多老的文化在日益衰败，一直想为家乡做些什么，想起了小时候立春'犁春牛'活动的热闹场景，便决心把它重新弄起来。"事实上，对黄晓峰这群年轻人的想法，芷溪村民都有同感，"犁春牛"不仅是过往生活中的集体记忆，更是一种缺失表达的社区情感。2015年立春"犁春牛"民俗活动重新唤起了村民对于民俗传统的认可。在这之后的立春之日，芷溪村落中又多了几支民众自发组织的"犁春牛"队伍。国家叙事与地方实践内在的关联性，影响了民众对"民俗传统"的道德认识，而各个地方的文化实践，将重塑社区民俗的合法性想象。尊重地方传统，尊重民众对地方传统的情感，结合本土经验，在实践中重塑想象，将作为一种可操作性的技术，有助于民俗文化的保护与乡土生活的融合。

（三）构建网络空间平台，拓展"民俗互动"的实践方式

伴随消费社会、网络社会在中国社会的弥散，加之农村电力、通讯等基础设施的日益完善，在农村社区的生活中，电视、手机、互联网等现代技术产品占据了大量的私人活动时间，它不仅仅是一种娱乐、休闲、联络的技术工具，勾连着村落与外界的信息联系；同时，它已成为多数乡村民众的生活方式，人们利用这些工具来购物、消费、工作。民俗是一种生活实践，当社会存在的基础已变，必然会发生相应的实践变革，以适应现代乡村公共生活方式的变革。在芷溪"犁春牛"民俗活动中，传统民俗借助现代技术得以重新诠释，构建了"芷溪乡愁堂"芷溪公众号的网络空间平台，拓展了基于传

统面对面的"民俗互动"方式，利用微信技术媒介，把民俗的表演内容借助文字、图片与视频等方式进行二次创作表演，并与村民展开积极的网络互动。芷溪村的村民不仅可以在现场目睹整个民俗演出，还可以借助微信等技术媒介观看有关活动的情况，并参与网络虚拟社区的公共互动。据笔者调查得知，"芷溪乡愁堂"微信公众号注册于2016年8月30日，并在当年9月5日刊发了第一篇文章"关于芷溪乡愁堂第一届全体会议内容公告草案（一）"。笔者查阅其在微信公众号上刊发的次数，截至2017年2月17日共计31次；且在其公众号上创办了《乡愁文稿》的刊物，截至2017年1月15日共计发行6期，主要介绍芷溪村的历史人文概况，整个芷溪村的村民可自由投稿；目前主要以黄晓峰等内部成员撰稿为主，而负责整个微信公众号运营维护的同样是这个青年群体。现代性已在整个社会的方方面面发生了不可扭转的变革，技术作为一个关键维度，将全方位地影响人们的生活方式，进而深入人们的思维方式，最终重塑现代社会生活的想象。生活中的民俗与现代技术将在今日农村生活中深化其内在逻辑的变革，能否创造出一套适应村落背景的网络空间平台，民俗地方逻辑与现代生活方式的"互补性"，检验着传统民俗传承与保护的实践深度与地方文化内在的生命力。

（四）创新民俗组织方式，草根组织的现代性叙事

梁漱溟先生于1937年指出，中国乡村建设的关键在于乡村组织的构造，来调和中国固有精神与西洋文化的长处，即可从问题的深微处——中西人生精神的矛盾，寻找一个妥帖点，建设新乡村，新生活，新礼俗、新组织的构造[1]。在今日的中国乡村，问题依旧，传统民俗的传承与保护模式有以下几种路径：（1）借助村落自身内生性的力量民间传统权威宗族、寺庙等来完成；（2）政府主导的模式，外部性力量直接的干预，经济塔台、文化唱戏，恢复和挖掘传统民俗文化活动；（3）市场主导的模式，借助村落自身资源的优势，发展民俗旅游。当然，各地的乡村有着自身的经验实践，在不同程度上促进了乡土民俗的保护。在芷溪"犁春牛"的民俗案例中，这群青年创建了芷溪"乡愁堂"的社团组织，并制定了明确的组织目标、清晰的组织人员框

①梁漱溟.：《乡村建设理论》，商务印书馆2015年版，第144—147页。

架和详细的规章制度，以此为空间平台，招募新成员、组织日常活动和成员内部的公共互动。例如，该组织于2016年9月5日在"芷溪乡愁堂"微信公众号上发布了《芷溪乡愁堂第一届全体会议内容公告草案》，截图如图4所示，从运行、经费、宣传与执行四个方面详细论述了组织自身构建的问题。日常活动信息的公开化处理、规范的财务制度、明确的组织分工、例行的会议方式，犹如一个规范化的现代科层制组织，同时组织的目标使命在于芷溪村落传统民俗文化的保护。芷溪"乡愁堂"的发展也经历了阶段化的过程，最初组织"犁春牛"活动时，自称为"芷溪青年织"，其后改为"芷溪青年自发团体"，2016年才正式使用现在的名称；同时，组织规范化建设也日益完善。乡土中国有着众多的"草根组织"，民俗组织的"现代性"叙事，将从根本上决定传统民俗在新的公共生活中能否得以存续与发展。

关于芷溪乡愁堂第一届全体会议内容公告草案（一）

2016-09-05芷溪乡愁堂芷溪乡愁堂

会议时间：2017年一月份至二月份

会议形式：全体成员面对面参与（非网络会议）

会议内容：讨论并决定关于组织发展的四大基本问题：一、运行问题 二、经费问题 三、宣传问题 四、执行问题

一、运行问题。

该问题包含四个方面的内容:1.审议决定会长会议提交的部门机构改革方案2.审议决定会长会议提交的《三年发展规划（草案）》3.审议决定组织日常运行安排4.审议决定组织的各项平台的创建及运行安排。

二、经费问题。审议决定创建规范化的财务运转体制，审议决定监事制度的创建及运行，审议决定争取社会赞助的形式、方法、以及相关制度的创建。

三、宣传问题。包含网络宣传与实体宣传的解决方案讨论。（包含组织的标志、制服、证件的设计和采购决定等等）

四、执行问题。

建立体系完备、运行高效的执行机制。

关于2017年春节民俗活动的相关行动方略及具体实施方案。

图4　芷溪乡愁堂微信公众号发布的文章

五、结语：本土知识与生活世界

本土知识，即为一种根植于地方社会结构的文化图式，借此人类想象其社会存在的方式，以及在社会互动中如何与人交往并建立联系；同时，它也是人类自身建构的意义网络，在实践中完成知识的再生产过程。生活世界的概念始于胡塞尔，胡塞尔认为近代科学的发展已丧失了它的"生活意义"或"生命意义"，而这种丧失因为近代科学已遗忘了它缘起于"生活世界"这个事实①。受现代性等因素影响的中国社会，正在进行一场整体性社会变革，并将影响到社会的各个角落。如何在这变革之中寻找自身存在的价值，考验着个体的智慧与社会的稳定性机制。立春民俗根植于中国社会结构，本文从立春节气的缘起、历史中的演变及近代以来的现状梳理了其知识的谱系脉络，同时借助福建闽西的立春民俗保护案例，叙述了地方性的"犁春牛"民俗在乡土社会的存续情况，并从立春民俗保护的行为主体及其文化自觉、地方文化实践与社区的文化认可、民俗与现代技术及其民俗互动的方式、现代性的民俗组织方式四个方面阐述了地方实践的经验。笔者认为，立春民俗及其传承与保护，不仅仅是某个地区的实践或经验，更需要一场广泛深入的文化反思，来重新审视本土性知识在新的意义背景中的应用与价值，由此需要凭借各地自身的经验、历史传统以及可操作性的社会实践。

---

① 朱刚：《胡塞尔生活世界的两种含义——兼谈欧洲科学与人的危机及其克服》，《江苏社会科学》2003年第3期，第40页。

二十四节气源于太极、历法文化之探究

韩 鹏 李 利[①]

（中国开封古都学会）

摘 要：二十四节气是华夏先民在长期生活、劳作实践中，效法自然、尊重自然所取得的人文成果。它是华夏人文始祖伏羲肇始太极八卦文化和中国历法文化的重要组成部分。伏羲时期，在黄河、济水支流濮水、沮水交汇的中原中东部流域，古人仰观天象，俯察地形，近思万物，参透天地宇宙自然规律，用太极八卦学说，为华夏民族创造了道法大自然物质发展规律的历法雏形，教化华夏先民认识和遵循阴阳之道、八方八节、二十四节气，形成了唯物、象形的世界观和创世观，是中国华夏历史文明和中华优秀传统文化之始。

关键词：二十四节气 立春 古代历法 濮沮 古陈留 自然规律 唯物象形观

国内学者一般认为，二十四节气最早形成于黄河流域，是古人在"天人合一"观指导下，从古代中国历法基础上发展起来的人文知识，是关于一年季节气候变化的学说。所谓"历法"，就是根据天象变化的自然规律，计量较长的时间间隔，判断天地气候的变化，预示季节来临的法则。简单地说，就是用年、月、日计算时间的方法。

---

①作者简介：韩鹏，开封市文化广电新闻出版局原调研员、中国传统文化研究院专家委员会副主任暨中上古传统文化顾问、河南省孔子学会顾问、中国开封古都学会副会长，研究领域为中原华夏历史文明发源，出版了《荒古开封》《帝称开封》《鸿荒开封·穆天子传新解》等8部学术专著；李利，开封市实验中学原副校长、古籍研究员、中国开封古都学会理事，曾在国内发表多篇中原华夏历史文化论文，出版中原古籍著作1部。

同时认为，二十四节气最早大致以战国时期秦国宰相吕不韦《吕氏春秋》"十二月纪"①中提出的立春、春分、立夏、夏至、立秋、秋分、立冬、冬至等"八个节气"为基础，到西汉时期，淮南王刘安在《淮南子》"天文训"中，最早提出了二十四节气②的完整学说。

但是，从我们对二十四节气的形成和传承研究的全过程来看，上述观点虽有值得肯定之处，却也存在一些令人质疑的问题。无论是战国吕不韦《吕氏春秋》中的"八个节气"，还是西汉刘安《淮南子》提出的二十四节气，都不是全新知识的横空出世，而是在前人基础上的总结传承。而这个"前人"，最早可追溯到上古时期伏羲肇始的先天太极八卦文化。

太极八卦文化才是对上古中国天象地形和原始历法根本规律最早的记载、传承。因此，本文就伏羲太极八卦文化与二十四节气的对应关系谈一些看法。

一、伏羲在澧沮流域肇始太极八卦是中国节气的基础

伏羲太极八卦，也称先天太极八卦，是华夏民族人文历史形成之初的原始文化，是阐明宇宙从无极到太极以至万物化生过程的世界观、象形观学说。太极，为华夏先民思维处于不开化状态、人文天地混沌、阴阳两仪未分之前的状态。如图1所示，战国时期解说和发挥商末姬昌《周易》的论文集《易传·系辞上传》认为："易与天地准，故能弥纶天地之道。""一阴一阳之谓易。"又认为："易有太极，是生两仪，两仪生四象，四象生八卦。"③"易""太极""（阴阳）两仪""四象""八卦"都是华夏人文始祖伏羲肇始太极文化的不同表达形式，是古代华夏（汉）民族唯物象形观的基本哲学概念，是从不同角度对阴阳和合之太极理论做出具体阐述的学说。

天地、日月、阴阳变化之道为"易"。在"易"的不断变化中，华夏先民的思维进化到了混沌时期，即太极时期，进而对日月、阴阳、昼夜交替，

①［战国］吕不韦、［汉］刘安著，［汉］高诱注，杨坚点校：《吕氏春秋·淮南子》，岳麓书社2006年版。

②同上。

③刘震：《长江学术文献大系·周易导读：帛书〈易传〉》，上海科学技术文献出版社2016年版。

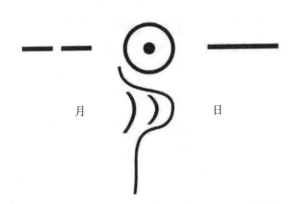

图1　日月、阴阳之易图

四象、四方、四季轮回，八卦、八方、八节方位等自然界万事万物运行规律有了感知，形成了以遵循自然、日月、天地、阴阳规律为根本理念的唯物象形世界观。在人文始祖伏羲的带领下，华夏先民通过不断实践、认识和总结，创造了反映"道法自然""天地人合一"根本规律的太极八卦文化学说，这既是指导华夏先民认识自然、天地、社会运行规律的世界观，也是华夏先民创建人文世界、推动社会发展的实践论。

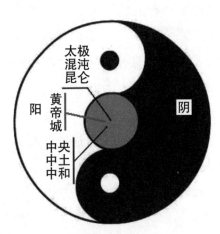

图2　太极混沌昆仑阴阳位置图

伏羲居住、建都于太极八卦的肇始地，也是"天地人合一"于"天地人之中"的太极、混沌、混沦、昆仑之地，如图2所示。东汉经学大师郑玄在《周礼》中注释："混沦，即昆仑。"①而太极，就是华夏民族思维处于朦胧时期的混沌状态，也就是阴阳和合未分的太极状态。

华夏先民以太极文化为基点，认知了阴阳两仪、四象、八卦等天地间的万事万物，居住在阴阳两仪、四象、八卦等天地万事万物的太极，即中央核心之位。

在太极之位称皇者为太一伏羲，故东汉著名文学家王逸注《楚辞·九歌·东

①［汉］郑玄注、［唐］贾公彦疏、彭林整理：《周礼注疏》，上海古籍出版社2010年版。

皇太一》时认为："太一,星名,天之尊神,词在楚东,以配东帝,故曰东皇。"①东帝、东皇,即指伏羲。

在太极中央之位称帝者为中央帝,即黄帝,故战国哲学家庄周在《庄子》中记载:"南海之帝为倏,北海之帝为忽,中央之帝为浑沌。"②"中央之帝""浑沌",即居住在太极之地中央的黄帝,如图3所示。

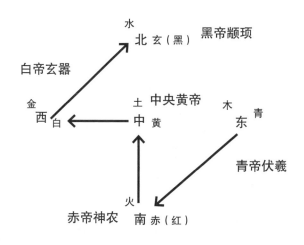

图3 太极之地五帝方位图

据汉代礼学家戴德的《礼记·月令》记载:"中央土,其日戊己,其帝黄帝。"③中央黄帝居住太极、昆仑,即天地的中央核心之位,也称"地之中",按照"天人合一"的理念,也称"天地之中"或"天地人之中"。

所以,汉代易学著作《河图括地象》记载:"地中央曰昆仑。"④西汉淮南王刘安的《淮南子·天文训》也记载:"昆仑者地之中也。"⑤地中央、地之中、昆仑、太极与中央黄帝居住、建都为同一含义,也同在一地。

①[汉]王逸:《楚辞章句》(线装本),中华书局2014年版。
②[春秋]李耳、[战国]庄周等:《老子·庄子·墨子·列子》,远方出版社2002年版。
③[汉]戴德、戴圣著,杨靖、李昆仑编:《礼记》,敦煌文艺出版社2015年版。
④[日]安居香山、中村璋八辑:《纬书集成·河图括地象》,河北人民出版社1994年版。
⑤[战国]吕不韦、[汉]刘安著,[汉]高诱注,杨坚点校:《吕氏春秋·淮南子》,岳麓书社2006年版。

伏羲时期肇始了太极八卦文化，即河图洛书文化、河洛文化，其中包含着极为丰富的天文地理、日月交替、季节气候、符号文字、育化先民等文化知识，如图4所示。所以，华夏民族也称伏羲为人文始祖，太极八卦是中国文字、文化、文明历史的起点。而中国古代历法的产生和传承，也起始于伏羲肇始的太极八卦文化。

图4　伏羲之先天八卦图

在太极初分的阴阳地理文化中，伏羲居住在太极之左位的阳地，是一日太阳初生、蒸蒸向上的状态，是一年天气由寒变暖、再由暖转热的阳盛时期。因而，伏羲是日、阳、男、考父的象征。

在阴阳又分的四象地理文化中，伏羲居住在四象的青龙之宿，四方的东方之地，四季的春天之位。因而，伏羲是青龙、东方、春季的象征。

在四象再分的八卦地理文化中，伏羲居住在八卦离火、雷震的东正之位，八节的春分之地，八风的明庶（婴儿）起处。因而，伏羲是雷震、木卯、青阳的象征。

在洛书九宫图、九州地理文化中，伏羲居住在九宫仓门宫，理数三宫，九州青州之地。因而，伏羲是龙宫、东皇、青帝的象征。

归纳起来说，伏羲是太极、昆仑东方、青龙的象征，居住在太极、昆仑东方的青龙、仓（龙）门、卯、震之地。在八个节气中为春分气节，在五行、五德中为东方木、仁之德，在三皇中为东（天）皇太皞（昊、晧），如图5所示。

同时，伏羲肇始太极八卦文化的昆仑山居住地，本在上古时期河南荥阳东部的河水、济（洛）水流域。河水，古称河、西河等，其分支为灉水，也称浪荡渠、鸿沟、汴（汳）水；济水，古称沇、北济（姬、若）等，其分支为沮水，也称渠水、睢水。

所谓八卦就是指八个卦相，是由太昊氏伏羲日观地形、夜观天象，近观万物千姿百态，运用唯物象形法则画出的历法雏形。故商末姬昌《周易·系辞下》记载，伏羲氏"仰则观象于天，俯则观法于地，观鸟兽之文与地之宜，近取诸身，远取诸物，于是始做八卦"[①]。伏羲始做的八卦是在上古天文学基础上发展起来的原始天文历法。

八卦的卦相符号，是对上古时期天体日月星辰运行规律的真实反映，也是对天地之间气候时节变化规律的总结概括。据南朝刘宋时期历史学家范晔《后汉书》记载："日月之行，则有冬有夏；冬夏之间，则有春有秋。是故日行北陆谓之冬，西陆谓之春，南陆谓之夏，东陆谓之秋……是故日以实之，月以闰之，时以分之，岁以周之。"[②]所以，伏羲太极八卦文化的本质，反映的是华夏先民对大自然客观变化规律所形成的主观认识和历史总结。

二、二十四节气历法文化肇始于中原灉沮流域

伏羲太极八卦，又是华夏民族最早创造的符号书契、文字。自此，上古中国的文籍由此而生，助后世百官以治，教天下万民以察。它与太极阴阳、四象、五行一起，在华夏民族文化中起着推演人文世界空间、时间、方位、地理、节气等各类事物关系的工具作用，是指导华夏先民创造人文世界的象形观和方法论。

---

① [上古]伏羲，[商]姬昌、何喜明著：《周易》，万卷出版公司2010年版。
② [南朝·宋]范晔：《后汉书》，中华书局2007年版。

伏羲太极八卦文化肇始于所居住、建都的河济流域。河水的分支为灉水，济水的分支为沮水。灉水与沮水在开封古陈留北部会合，形成雷泽，又称华胥之渚（渊）、雷夏泽、负夏、震泽、龙泽、太湖、青龙湖等等，今为封丘曹岗乡青龙湖。

雷泽之水东流为汴（获）水，东南流为睢水，南流为沙（蔡）水、涡水等。雷泽在中国人文历史上具有崇高的神圣地位，是孕育华夏人文先祖伏羲的生命之泽。

雷泽、雷夏泽位于灉水、沮水交汇之地。据秦代博士伏生所传《尚书·禹贡》记载："雷夏即泽，雍、沮会同。"①会同于雷夏泽的灉水，也称浪荡渠、鸿沟、汳水、汴水；沮水，也称睢水、濉河。对此，元朝学者董鼎在《书传辑录纂注》引中国辞书之祖说："《尔雅》云，自河出为灉，济出为濊。求之于韵，沮有楚音，二水河济之别也。"又引东汉地理学家桑钦《水经》："汳（汴）水出阴沟，东至蒙为狙獾，则灉水即汳水也。灉之下流入于睢水沮水。"②灉水、沮水在开封、封丘之间的雷泽交会后分流，成为下游汴水、睢水、涡水、蔡水、沙水等豫东河水的源头，也成为伏羲肇始太极八卦和华夏文字、文化、文明的源头。

华夏人文始祖伏羲，就出生在灉水、沮水交会的雷泽一带。对此，西汉史学家司马迁在《史记·三皇本纪》中记载："太皞庖（包、伏）羲氏，风姓，代燧人氏继天而王，母曰华胥，履大人迹于雷泽而生庖羲于成纪，蛇身人首，有圣德，仰则观象于天，俯则观法于地，旁观鸟兽之文，与地之宜，近取诸身，远取诸物，始画八卦，以通神明之德，以类万物之情，造书契，以代结绳之政，于是始制嫁娶，以俪皮为礼，结网罟，以教佃渔，故曰宓羲氏。"③

雷泽与成纪同地，是灉水、汳（汴）水和沮水、睢水会同的开封古陈留雷夏泽，也地处八卦的艮位、八方的东北方雷位、二十四节气的立春之位，是伏羲开辟人文天地和一年之始的成纪之地，如图5所示。成纪作为地名，

①［秦汉］伏胜撰、［汉］郑玄注、［清］陈寿祺辑校：《尚书大传》，商务印书馆1937年版。
②［元］董鼎：《书传辑录纂注》，吉林出版集团有限责任公司2005年版。
③［汉］司马迁撰、［宋］裴骃集解、［唐］司马贞索隐、［唐］张守节、顾颉刚领衔点校、赵生群主持修订：《点校本二十四史修订本〈史记〉》，中华书局2014年版。

还具有"成其纪纲,合乎法度"的文化含义。纪纲、法度是指法则、规律,而自然法则、自然规律是华夏先民繁衍发展所遵循的根本大法,也就是上古伏羲效法自然所肇始的太极八卦、原始历法。故伏羲肇始太极八卦、原始历法,与成纪同义同地。

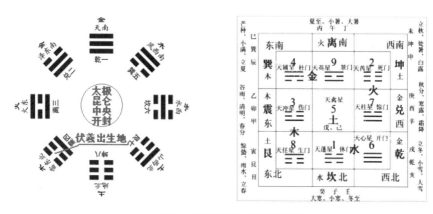

图5　八卦方位、节气参考图

濉水、汳(汴)水的发源地在河南荥阳东北部的河水,古称浪荡渠。后改道于荥阳西北,古称鸿沟。此水流经荥阳东部古陈留地区的荥泽、圃田、官渡、开封一线后,也称荥河、荥水。而鸿沟、荥河、荥水正是伏羲画八卦之地。据明初考古学家赵撝谦《六书本义》记载:"天地自然之图,伏羲氏龙马负之出于荥河,八卦所由以画也。"[①]天地自然之图,就是伏羲在荥河、鸿沟所画的太极八卦图。由于鸿沟、荥河流经开封古陈留伏羲建都之地,所以后人在开封陈留镇古鸿沟、汴河岸边留下了"河图庄"村名,传承至今。

对此,宋代学者罗泌的《路史·后纪一》记载:"天皇伏羲都陈留。"[②]元代高僧念常《佛祖历代通载》也记载:"太昊伏羲氏木德都陈留,在位一百一十年,始画八卦。"[③]"木德"是指按照伏羲居住、建都的昆仑山东方、青龙之地与太极五行、五方、五德之位相对应的"仁德"。"仁德"即"木德",为儒家"仁、义、礼、智、信"五德之首。据魏晋时期著名医家

①张书才主编:《纂修四库全书档案·〈六书本义〉十二卷》,上海古籍出版社1997年版。
②[宋]罗泌:《路史》,国家图书馆出版社2003年版。
③[元]念常:《佛祖历代通载》,中州古籍出版社2015年版。

二十四节气源于太极、历法文化之探究

皇甫谧《帝王世纪》记载：伏羲"继天而生，首德于木，为百王先。帝出于震，未有所因，故位在东方。主春，象日之明，是称太昊"①。"首德于木"，即五德之首的"木德""仁德"；"帝出于震"，是指天帝伏羲出生于昆仑山、太极八卦东方的"震"卦之位；"都陈留"，是指伏羲在开封昆仑山东部皇伯山（黄柏山）建立皇都，此地也称"陈留""陈仓""陈（附）宝""陈逢（丰、锋）""陈都""都陈"等，一直延续到炎帝、黄帝时期，仍以"都陈"相称。

魏晋时期皇甫谧的《帝王世纪》也记载："炎帝。初都陈，又徙鲁。又曰魁隗氏，又曰连山氏，又曰烈山氏。"②建都开封古陈留杞县空桑的炎帝"神农氏"也称"连山氏"。"连山氏"曾居住在开封祥符区罗王乡连山庄一带。连山庄东部约1.5千米的虎丘寺遗址，有伏羲、炎帝时期距今约6500—4500年的大汶口文化遗迹、遗物为凭证。

继承炎帝帝位的黄帝，也建都于战国时期的魏国国都大梁，也就是开封古陈留"都陈"。据唐代医学家王鹳《广黄帝本纪》、北宋著作佐郎张君房《云笈七签》、南宋无名氏《轩辕黄帝传》等记载："黄帝娶西陵氏于大梁，曰嫘祖，为元妃。生二子玄嚣、昌意。初喜天下之戴己也。"③大梁即开封古陈留伏羲、炎帝的"陈都"之地，也是黄帝娶炎帝孙女元妃嫘祖、"天下之戴己"的"陈都"之地。故北魏地理学家郦道元在《水经·渭水注》中注解：东汉南安郡"姚睦曰：黄帝都陈，言在此。荣氏《开山图》注曰：伏牺生成纪，徙治陈仓也"④。"成纪"与"陈仓"相距不过几十里，本为上古陈留"陈都"一地。

对此，中华民族史专家何光岳在《炎黄源流史》中阐述的观点是："陈，为伏牺（羲）、神农、黄帝所都，他们起源于甘青高原，这个陈应是陕西宝鸡县之陈仓（今为宝鸡市），不是河南淮阳县的陈国，淮阳之陈乃太

①［晋］皇甫谧：《帝王世纪》，辽宁教育出版社1997年版。
②［晋］皇甫谧：《帝王世纪》，辽宁教育出版社1997年版。
③《道藏》载［唐］王瓘：《轩辕本纪》，文物出版社、上海书店、天津古籍出版社联合重新印影涵芬楼本1988年版。
④［北魏］郦道元：《水经注》，华夏出版社2006年版。

吴氏由陈仓东迁后所居地。"[①]

我们赞同何光岳先生关于伏牺（羲）、神农、黄帝共同建都于"陈"不是河南淮阳县陈国的观点，但其关于"陈应是陕西宝鸡县之陈仓"的观点我们不敢苟同，因为这与伏羲肇始太极八卦、九宫图的文化内涵不符。

从伏羲肇始的太极八卦文化分析，"陈留"之"留""陈仓"之"仓"，都具有伏羲为昆仑山东方仓精、苍梧（牙）、苍龙、青龙和主春、主土艮、主木震之位的天留、仓门文化之义，代表四象、四方、四季春天万物发育、生长的地理方位和自然现象，如图6所示。虽然陕西宝鸡陈仓、河南淮阳陈国等地都有陈

东南 阴洛宫 辰巳	炎帝建都地 女弱 风 木巽四 立夏	南上天宫 丙丁午	中女大弱风 火离九 夏至	西玄委宫 未申	母谋 风 土坤二 立秋
东仓门宫 甲乙卯	伏羲建都地 长男婴儿风 木震三 春分	黄帝建都地 招摇宫 戊己	中 央土 五戌 太极昆仑山 丑未	西仓果宫 庚辛	少女金刚分 金兑七 秋分
东北 天留宫 寅丑	伏羲出生地 少男凶 风 土艮八 立春	北叶蛰宫 壬子癸	中男大刚风 水坎一 冬至	西北 新洛宫 戊亥	父折 风 金乾六 立冬

图6 太极九宫图伏羲出生建都位置图

仓、陈宝、太吴（昊、暤）、都陈等地名文化记载，但所反映的均应为发源于开封古陈留的太极四象八卦文化，也均由开封古陈留伏羲、炎帝、黄帝"都陈"的"陈（东）、留（卯）、仓（苍）"文化传承而去。

"陈"与"留""仓"，都具有太极昆仑山东方和四象青（苍）龙、四季春天之位的文化内涵，是伏羲被称作"东皇（王）公""苍（仓）牙""苍梧""东宫大帝""扶桑大君""青（苍、木）帝""东华帝君""东皇太一""司春之神"诸多名称的地理方位所在。如果地形、河流、方位、节气不符合太极八卦文化和历法规范，只能被认为是三皇五帝文化的传承地，而不是发源地。

太极八卦文化，也称河图洛书文化。河图洛书是天地自然和人类社会出现吉利、祥瑞、和合、太平景象的标志，故又称"天书""祥符"，这一文化直到北宋仍在开封传承。如宋真宗时期，有人仿效上古伏羲等文化圣人"以神道设教"的做法，人为策划了"天书""祥瑞"造假闹剧。大约公元

[①]何光岳：《炎黄源流史》，江西教育出版社1992年版。

1001年，又在开封皇宫会庆殿西侧设立了龙图阁。公元1004年末，宋真宗新置龙图阁侍（侍）制，置学士、直学士等职，就是受当地河图洛书文化影响的结果。伏羲也称包羲，北宋知开封府包拯是包羲的后裔，也被授予龙图阁学士之称，故有"包龙图打坐在开封府"的名剧《铡美案》传承至今。包拯上任之初，为祭祀先祖包羲在开封古陈留肇始太极八卦文化，即龙（河）图龟（洛）书文化的历史功绩，为开封象形文字，即图书始祖仓颉（王）庙撰刻了"龙马负图处"石碑一通，如图7所示，至今仍完整地保留在开封北大寺内，印证了伏羲在开封古陈留肇始太极八卦，即龙（河）图龟（洛）书文化的历史事实。

图7　北宋龙图阁学士包拯"龙马负图处"图

这说明伏羲出生瀍沮合会的古陈留封丘雷夏泽，画八卦的鸿沟、荥河，建东皇都的都陈，三者本在上古时期的开封一地，远离中原的多地之说与中国传统文化、华夏历史文明之道之理不通。

三、伏羲八卦与二十四节气的对应关系

（一）八卦、二十四节气代表着年月日循环变化的时间周期

伏羲在开封古陈留肇始的太极八卦文化，把八卦所代表的天地、风雷、山泽、水火八类物象分为对应的四组，体现了阴阳的对应关系。商末姬昌在《周易·说卦传》中，将乾坤两卦对应，称为天地定位；将震巽两卦对应，称为雷风相薄；将艮兑两卦对应，称为山泽通气；将坎离两卦对应，称为水火不相射，以表示这些不同事物之间的相对相称关系，如图8所示。

图8　八卦一阳生位置图

按上述对应关系所画图式的内容，伏羲太极八卦可分为三个循环周期。

第一周期：从坤卦左行，表示冬至后一阳初生，起于北方子位；从乾卦右行，表示夏至后一阴初生，起于南方午位。本周期指的先天八卦图的最内圈，即由卦的初爻组成。这一寒一暑的循环变化，表示太阳在一年中运动的周期图像。

第二周期：由卦之中爻组成，半圈阳爻表示白昼太阳从东方升起，经中天而到西方；半圈阴爻表示太阳落山后的黑夜，这是表示太阳运行一日的周期图像。

第三周期：由卦之上爻组成，半圈阴爻表示月亮运行的上半月，即朔；半圈阳爻表示月亮运行的下半月，是为弦，表示月亮运行一月的周期图像。

由此可见，这一图像是代表年、月、日时间定位的周期图像。

年、月、日时间定位变化的周期循环，表示大自然阴阳之间的依存性与互根性，四象五行相生的关系，也表示天地之间万物生、长、收、藏所遵循的大自然规律。从商末姬昌《周易·说卦传》可以看出，万物的春生、夏长、秋收、冬藏分为四季。四季中的春生分为立春、春分，夏长分为立夏、夏至，秋收分为立秋、秋分，冬藏分为立冬、冬至，合计八节。每四季八节循环一个周期称作一周天（年、岁），一周天（年）有360日有余。八卦、八节用事各主45日，其转换点就表现在四个正方、四个隅方，合计八方。因对应二十四节气中八个主要节气，也称八节，如图9所示。

图9　八卦八节九宫图

八节构成了按顺时针方向运转的太极八卦图。八卦卦符的基本符号由爻组成，每卦有三爻，每爻对应一个节气，三八合计二十四爻对应二十四节气。八卦、八节也与一周天（年）、二十四节气整体相对应。

（二）太极八卦、节气、年、季、月之间存在对应关系

太极、阴阳、四象、八卦与周天（年）、四季、十二月、二十四节气的对应关系是：

1.太极

太极对应一周天（年），对应四个季节，对应十二个月，对应二十四个节气。

2.阴阳

阴阳之阴，对应下半年，对应秋冬，对应六月至十一月，对应小暑、大暑、立秋、处暑、白露、秋分、寒露、霜降、立冬、小雪、大雪、冬至十二个节气。

阴阳之阳，对应上半年，对应春夏，对应十二月至五月，对应小寒、大寒、立春、雨水、惊蛰、春分、清明、谷雨、立夏、小满、芒种、夏至十二

个节气。

3.四象

四象之青龙，对应四方的东方，对应四季的春季，对应一月至三月，对应立春、雨水、惊蛰、春分、清明、谷雨六个节气。

四象之朱雀，对应四方的南方，对应四季的夏季，对应四月至六月，对应立夏、小满、芒种、夏至、小暑、大暑六个节气。

四象之白虎，对应四方的西方，对应四季的秋季，对应七月至九月，对应立秋、处暑、白露、秋分、寒露、霜降六个节气。

四象之玄武，对应四方的北方，对应四季的冬季，对应十月至十二月，对应立冬、小雪、大雪、冬至、小寒、大寒六个节气。

4.八卦

八卦的坎卦对应八方的北方至东北方，对应四季的冬季后半季，对应月份的十一月下半月至十二月，对应二十四节气的冬至、小寒、大寒三个节气。

八卦的艮卦对应八方的东北方至东方，对应四季的春季前半季，对应月份的一月至二月上半月，对应二十四节气的立春、雨水、惊蛰三个节气。

八卦的震卦对应八方的东方至东南方，对应四季的春季后半季，对应月份的二月下半月至三月，对应二十四节气的春分、清明、谷雨三个节气。

八卦的巽卦对应八方的东南方至南方，对应四季的夏季上半季，对应月份的四月至五月上半月，对应二十四节气的立夏、小满、芒种三个节气。

八卦的离卦对应八方的南方至西南方，对应四季的夏季下半季，对应月份的五月下半月至六月，对应二十四节气的夏至、小暑、大暑三个节气。

八卦的坤卦对应八方的西南方至西方，对应四季的秋季上半季，对应月份的七月至八月上半月，对应二十四节气的立秋、处暑、白露三个节气。

八卦的兑卦对应八方的西方至西北方，对应四季的秋季下半季，对应月份的八月下半月至九月，对应二十四节气的秋分、寒露、霜降三个节气。

八卦的乾卦对应八方的西北方至北方，对应四季的冬季上半季，对应月份的十月至十一月上半月，对应二十四节气的立冬、小雪、大雪三个节气。

在二十四节气与四季、五行、八卦对应关系中，四季中的每季分属一

"正卦"，即春属木震、夏属火离、秋属金兑、冬属水坎。"正卦"的每卦中对应有六爻卦符，与四季中的二十四节气相对应。二十四节气中的每一节气又分上中下"三候"，一年共七十二候。七十二候每候为5天（日），计360天（日）加上闰月，正好为365天（日），即一周天，如图10所示。

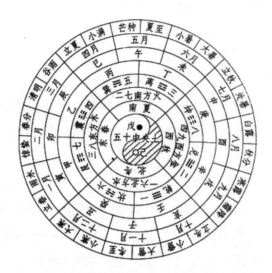

图10　太极八卦与四季、月、二十四节气对应图

一周天为一年，一年有春、夏、秋、冬四季。古代中国历法以立春、立夏、立秋、立冬各为四季之始；春分、夏至、秋分、冬至各为四季的中间。四季按照开始和中间划分形成立春、春分、立夏、夏至、立秋、秋分、立冬、冬至八节。八节每节内分为三个节气，共二十四节气。现在通用的阳历，以春分、夏至、秋分、冬至各为四季的始日。为了在应用上简明方便，以三至五月为春季，六至八月为夏季，九至十一月为秋季，十二月和次年一、二月为冬季。

（三）二十四节气的规律和作用

1.二十四节气有每一节气对应15天（日）的规律

在古代历法中，每隔15天（日）为一个节或一个气，这是固定的规律。如2017年2月3日的节气为立春，15日后的2月18日，节气为雨水。这个与太阳照射赤道的变化规律有关。太阳从黄经0度的春分点出发，每行15度便是一个角度的变化，也是大自然运动导致时节气温变化的转折点，故也称"运气"。从时间点来说，大自然节气每15日一小变，每个月为一中变，每一年为一大变，也称"一轮回"。这是大自然客观规律的一种表现形式，也是人类社会效法和遵循的自然发展规律。

2.二十四节气有以序而行的规律

二十四节气本是效法大自然阴阳之道即阴阳规律衍生而来，阴阳规律就是阴、阳各半，交替运行，以至无穷。阴阳规律也包括二十四节气变化规律在内，符合阴阳变化的基本特征，如图11所示。阴阳、二十四节交替轮回的运行之道是顺应自然、因循天序、公道而行的，不因任何因素而改变，是天地无私、大道为公的一种体现形式。

图11　太极阴阳二十四节气对应图

3.二十四节气有一年之始在立春、一年之末在大寒的规律

二十四节气的变化规律不仅博大精深，而且客观实用，是指导华夏先民适应自然发展、安排生活劳作繁衍、创造人文世界的重要法则，二十四节气为华夏民族规范了年年岁岁、生生息息所遵循的起点、过程和终点，就是以立春始点到大寒终点作为一个循环周期，即周天、年、岁。由此，教化华夏先民认识、遵循一年起止的变化规律。

4.二十四节气有四季之中每季六个节气的规律

一年之中有四季，一季之中有六个节气，四季合计二十四节气，如图12所示。如春季，包含立春、雨水、惊蛰、春分、清明、谷雨六个节气。春天始于立春而终于谷雨，夏天始于立夏而终于大暑，秋天始于立秋而终于霜降，冬天始于立冬而终于大寒。从上古以来节气与地理对应的准确性来看，只有位于中原开封古陈留之地的昆仑山即"天地之中"，才具有四季、二十四节气最为分明、时间最为准确的对应关系。因为这里为上古时期华夏先民最早观测日月运行的天文台，伏羲正是根据对日月、天地、季节、气候变化的长期观察准确推断自然的、人类生活的变化规律，肇始出太极八卦文化的。此后，这里成为三皇五帝世代传承的制定上古中国历法之地。

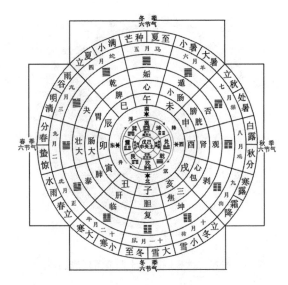

图12　四季（象）各六节气图

5.二十四节气是大自然规律真实、生动体现

俗话说："一元复始，万象更新"。据战国公羊高《公羊传·隐公元年》记载："元者何？君之始年也。春者何？岁之始也。"[1]说明"元、始"本在旧年冬末、新年春首，故称"辞旧迎新"为"春节"。随着一年四季有

---

[1] [战国]公羊高：《春秋公羊传》，辽宁教育出版社1997年版。

规律的循环变化，万物也随其有规律地循环变化。如立春前树枝干枯，立春后树枝发芽生叶。又如立秋之后天气转凉，立冬之后天气寒冷。自然世界如此丰富多彩的变化，正是遵循二十四节气变化规律的必然结果，而二十四节气的客观规律则是遵循大自然客观规律的一种体现。

这是古今中国唯物观、象形观、创世观、世界观，即哲学观的文化基因和最高境界。正如老子所言"人法地，地法天，天法道，道法自然"[①]，二十四节气之道就是二十四节气随着大自然变化所遵循的法则、规律，由上古时期的华夏人文始祖伏羲效法大自然规律、画太极八卦而创造产生。

6.二十四节气反映了一年之中气温变化的特点

一年之中，气温的变化是有规律的。如立春之后，寒极似暖，说明最冷节气即将过去，因为大寒之后是立春，大寒就是寒到了一年太阴的极点，是阴阳交替、物极必反自然辩证观的表现形式。又如立夏之后，是气温由温开始进入热的节气。大暑节气，气温达到了一年太阳的极点，是阴阳交替、物极必反自然辩证观表现的又一形式。再如立秋之后，气温开始转凉，霜降凉到了极点。到立冬气温转寒，如图13所示。年年岁岁，气温随着二十四节气中每一个节气的变化而变化。而气温的变化，则直接影响着世界上万事万物的生长、生活。气温的变化还形成了风雨雷电，关乎着人类的运势流转、吉凶福祸。

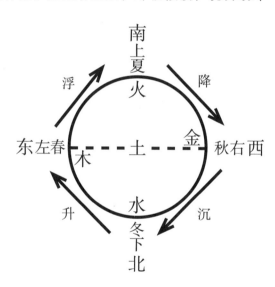

图13　四季气温升降图

7.二十四节气影响着太极五行兴旺衰弱运势的变化

伏羲太极八卦文化的产生，与二十四节气密切相关。作为自然孕育而生的人类，无时无刻不受天时、地利、节气的影响。伏羲认为，人受孕、出生

---

①［魏］王弼注：《老子道德经注》，中华书局2011年版。

的季节、温度、光线，对其皮肤、性格、健康、寿命有着一定影响，是决定个人命运、主宰人生的重要因素。科学证明，二十四节气不同，太阳光线、人体温度也不同，对人类孕育、生长是有直接影响的。

在太极五行中，春天季节木最旺，次火旺，水无力，金被困，土最弱。五行的兴旺衰弱变化，受二十四节气温度、光线等方面影响，彼此也存在着对应关系。

8.二十四节气直接关乎古人择地而居

人类在生息繁衍的过程中，历来十分重视"择地而居"，故民间选宅有负阴抱阳、枕山面水、左水右道、前池后丘之说，如图14所示。凡都省府县其基阔大，凡城市地基贵高，凡乡村大屋要河港盘旋，沙头捧揖。这说明古人早就懂得居住的自然环境条件如阳光、水流、山丘、藏风、聚气等对人类生存、健康、福祸有着直接影响，其实就是居住的自然环境条件与太阳照射、地表温度、风雨雷电、人身安全等有直接关系。而太阳照射、地表温度、风雨雷电、人身安全等，也受二十四节气变化影响。

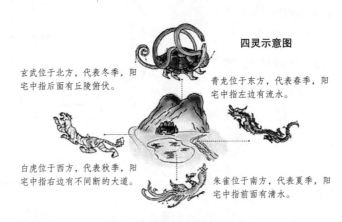

四灵示意图

玄武位于北方，代表冬季，阳宅中指后面有丘陵俯伏。

青龙位于东方，代表春季，阳宅中指左边有流水。

白虎位于西方，代表秋季，阳宅中指右边有不间断的大道。

朱雀位于南方，代表夏季，阳宅中指前面有清水。

图14　四象风水居室图

9.二十四节气是上古人类掌握时间的标记

六十甲子是中国古人最早、最伟大的发明创造之一。它是用天干地支纪年、纪月、纪日、纪时的古老方法，又称六十花甲子。二十四节气同样具有计时的作用。至今，很多书画家每每在落款处题写"丁酉年立春""丁酉年清明""丁酉年冬至"等等，其中的"立春""清明""冬至"等等，都是以二十四节气作为计时实用的范例。

总之，二十四节气变化反映了太阳周期性运动对地球的影响，二十四节气命名反映了一年季节、物候现象、气候变化三种客观现象。其中反映季节现象的是立春、春分、立夏、夏至、立秋、秋分、立冬、冬至，又称八位；反映物候现象的是惊蛰、清明、小满、芒种；反映气候现象的是雨水、谷雨、小暑、大暑、处暑、白露、寒露、霜降、小雪、大雪、小寒、大寒。

早在上古伏羲时期，华夏先民就学会利用土圭实测日晷、绘画太极八卦的方法。土圭是最古老的天文测量和计时仪器，是用直立地上的杆子观察太阳投影移动规律、长短，以定年岁、季节、气候、方位等历法的天文工具。八卦之八，代表八个方向的地理方位、八个时节气候等；八卦之卦，是通过测量太阳位置而知季节气候变化，掌握劳作规律的手段。

四、结语

纵观伏羲太极八卦文化和中国古代历法，其所包含的内容十分丰富，大致有推算朔望日月、二十四节气、安置闰月以及日食、月食和行星位置的计算等。因此，伏羲太极八卦不仅是华夏民族文字、文化、文明的起点，是上古以来中国人世界观、价值观、创世观形成的基点，也是中国古代历法、节气、方向的始点。发掘二十四节气和伏羲太极八卦文化，对于深刻认识中国优秀传统文化的本源，增强中华民族凝聚力自豪感，弘扬中华民族精神都具有无可取代的重要意义。

《节气作业》："再创造"的二十四节气文化创意产品案例分析

王晓涛　朱　吏[①]

（嘉兴市非物质文化遗产保护中心，嘉兴市文化馆）

摘　要： 二十四节气已入选联合国教科文组织人类非物质文化遗产代表作名录，为致力于二十四节气的传承、保护和发展，各相关社区和单位均做了大量的工作，成果也颇为丰硕。而作为至今仍具有极强现实意义的一项非物质文化遗产，二十四节气文化产品的"再创造"也理应成为其不可避免的重要词汇之一。《节气作业》这个与二十四节气直接相关的文化创意产品，也成了近两年较为经典的案例之一，它在一个笔记本大小的空间内，几乎完美展现了节气应有的所有表现形式，引起了媒体与国人的共鸣。该作品的火爆，引发了笔者关于节气传承发展的一定思考，如节气文化创意产品的多种模式、利弊及对策等。

关键词： 二十四节气　文化创意　节气作业　再创造

2016年11月30日，中国申报的"二十四节气——中国人通过观察太阳周年运动而形成的时间知识体系及其实践"（以下简称"二十四节气"）被正式列入联合国教科文组织人类非物质文化遗产代表作名录。此后，二十四节气便强势进入了国人的视野。2017年1月，《关于实施中华优秀传统文化传承

---

①作者简介：王晓涛，嘉兴市非物质文化遗产保护中心，群文馆员，中国民俗学会会员，民俗学硕士，研究方向为"非遗"保护、区域民俗；朱吏，嘉兴市文化馆群文馆员，研究方向为"非遗"保护、群众文化。

发展工程的意见》正式发布，全国上下又掀起了新一轮传统文化传播高潮。与此同时，社会各界对于"初露锋芒"的二十四节气的关注度也日渐提升，其中不得不提的便是对于二十四节气的"再创造"。

一、节气的现实意义及"再创造"的可行性分析

当今社会，二十四节气对人们来说，究竟还有没有现实意义呢？先看民谚：

种田无定例，全靠看节气。立春阳气转，雨水沿河边。惊蛰乌鸦叫，春分滴水干。清明忙种粟，谷雨种大田。立夏鹅毛住，小满雀来全。芒种大家乐，夏至不着棉。小暑不算热，大暑在伏天。立秋忙打垫，处暑动刀镰。白露快割地，秋分无生田。寒露不算冷，霜降变了天。立冬先封地，小雪河封严。大雪交冬月，冬至数九天。小寒忙买办，大寒要过年[①]。

这则民谚完美地体现了节气对古代农业生产生活的重要性。然而，二十四节气并非适用于全国，其指导意义仅限于古代黄河流域。尽管现代农业气象预报准确程度已经很高，农业气候分析也越来越客观，但是流传千年的物候现象仍旧可以作为农事操作的重要依据。目前，中国传统的农历与二十四节气已经融为一体。节气是按太阳的运行规律确定的，它的存在使得人们既可以利用农历去判断日数、潮汐、动植物生长周期等，又可以根据节气判断长时间范围的农牧业季节情况[②]。几千年来，我国广大的劳动人民就是根据二十四节气与七十二候成功地安排农事活动的。因此，从农业发展与生产生活的角度来说，二十四节气的存在依旧有着重要的现实意义。

正是二十四节气的应用，使人类增强了认识自然、利用自然的能力，加速了世界文明发展的进程。不仅如此，人们还将指导生产的节气与文化生活相结合，形成节气、岁时文化，并随着历史长河的演进，不断丰富和发展，既形成了谚语、歌谣传说等非物质（文化）遗产，又产生了传统生产工具、

①高倩艺：《二十四节气民俗》，中国社会出版社2010年版，第45页。
②金传达：《细说二十四节气》，气象出版社2016年版，第22页。

生活器具、工艺品、书画等艺术作品，还有与节气密切相关的节日文化、生产仪式和民间风俗①。在此，十分值得一提的便是工艺品和书画等艺术作品。在众多已出版、上线或举办的二十四节气普及读物、视频、展览中，鲜有将该类作品纳入节气文化体系的。而工艺品和书画等艺术作品作为二十四节气传承保护的重要内容，显然具有不可或缺的地位，尤其是在文化遗产的文化创意设计方面，不仅具有极大的操作可行性，更具有非同凡响的艺术地位。因此，从民俗文化与艺术"再创造"的角度来说，二十四节气的存在依旧有着强烈的现实意义。

那么，二十四节气是否具有被"再创造"的可行性呢？答案是肯定的。《二十四节气国画图册》（中、英文版）②便是一个经典案例，该图册曾于二十四节气入选"人类非遗"的当日完美亮相于联合国教科文组织申遗现场，艳惊四座，被誉为"最美图册"。该图册采用了中国传统的竖排书法写作模式，自左向右翻是中文版，自右向左翻是英文版，中英文内容相互呼应。文字部分由中国民俗学会与中国农业博物馆合作完成，两套国画分别由国内两位知名画家完成并无偿授权。此外，与图册共同出现在现场的还有《二十四节气台历》（中、英文版），该台历文案为七十二候，图案为二十四番花信风。《图册》和《台历》二者合力，完美覆盖了二十四节气应有的丰富文化内涵，以简单直观的图文形式讲述了二十四节气的"中国故事"。在此之前，国内对于二十四节气的"再创造"较少。从某种意义上我们甚至可以说，是该套《图册》和《台历》开启了二十四节气"再创造"的大门，使得二十四节气逐渐走向了文化产业之路，让更多的文创企业、设计师多了一种设计思路和途径，让更多的国人多了一种体验、体会二十四节气的方式和方法。

二、《节气作业》涂色手账及其特色分析

在众多已被"再创造"的二十四节气产品之中，有一种产品一出现便获

---

①董学玉、肖克之主编：《二十四节气》，中国农业出版社2012年版，第8页。

②王晓涛：《〈二十四节气国画图册〉惊艳亮相申遗现场——保护非物质文化遗产政府间委员会第十一届常会侧记》，中国社会科学网，2016年12月8日，http://edu.cssn.cn/wh/tpxw/201612/t20161208_3306491.shtml。

得了许多自媒体和个人的极大赞誉，那就是——《节气作业》涂色手账。

什么是手账？据百度百科词条介绍，手账指的是用于记事的本子，同时也是记录生活的一种方式，在其主要流行地区日本几乎人手一册。而提起涂色，想必读者或多或少都会有一定了解，尤其是曾于2015年火爆全球的《秘密花园》成人涂色书。涂色在当年度无疑成了一个十分重要的关键词，在中国风靡了一年后，2016年《节气作业》随即问世。在网络上搜索可发现，其实市面上的《节气作业》有多种，而本文所指的《节气作业》为"有礼有节"[①]品牌下的系列产品之一，之所以将其作为案例，是因为它具有较高的社会影响力和市场占有率。

《节气作业》是一本以二十四节气为主题的涂色手账，号称"造价500万"[②]，被誉为"中国版《秘密花园》""国民生活手账"等，甚至被誉为"现代人的节气生活指南"。与我们看到的其他手账几乎"空白"的内页不同的是，该手账试图用完整而丰富的内容体系去指引人们顺着节气的方向生活，并且力求让人们在有趣的阅读、书写和涂色中找到生活的闲情逸致。据官方介绍，该手账系30多人用时300多天，画了9000张画稿，并从中精心挑选出48幅超精细的涂色线稿、1000多张不重复的小插画，并整体保留20000多字内容而成。该手账拥有五大板块，分别是"节气新说""时间餐桌""乐不宜迟""生活笔记""绘生活"，囊括了民俗文化、养生饮食、生活娱乐等方面。"节气新说"部分重在知识普及，该手账采用了24张节气主题插画，并配上了少量暖心的文字进行全新阐述，且在插画方面植入了惊艳的AR效果，真正体现了用现代人的方式诠释古老的节气智慧。"乐不宜迟"部分重在娱乐生活，该手账试图时刻提醒我们，每个节气都会有一定的"仪式感"，应在恰当的时间做恰当的事情，用娱乐精神化解生活的心结。"时间餐桌"部分重在时令美食，该手账告诉我们，即便在忙碌的日子里也

---

① "有礼有节"：它是一个中式美学品牌，以 "礼" 为核心美学研发概念，开发具有东方生活风格的美学用品，隶属于深圳市质感生活商贸有限公司全资品牌。
②2018节气作业：《2018〈节气作业〉，颜值逆天，灵魂有趣，一本拿起来就放不下的国民手账》，新浪微博"有礼有节"，2017年10月26日，https://weibo.com/ttarticle/p/show?id=2309404167058328793991。

要及时品尝餐桌上那些缓慢生长的节令味道。"生活笔记"部分重在记忆留存，该手账的留白位置目的是让我们以文字或涂鸦的形式留下自己的生活记忆。"绘生活"部分重在压力释放，是手账的点睛之笔，工作生活之余，人们可在绘本上亲自涂色、手绘，创造自己的"秘密花园"。该绘本兼具了可读、可写、可画、好玩、好看、好用等多重特点，将二十四节气丰富的文化内涵，以一种极为有趣、简易的方式进行了集中展现，十分讨喜。

整个手账中，笔者认为最亮眼的当数黑科技AR的融入。试想，只要拿手机一扫，手账上原本定格的二十四节气美图一下子就"活了"，伴随着美妙音效，瞬间在手机上"跃动"起来，就像一个动态剪影一般。当然，想要体会AR效果需要先下载专属App，该团队将专属App和惊艳的AR同步推出，使得该手账不仅可读、可写、可涂，还可以通过App制作专属的传家日历，变身"掌上节气手账""掌上传家日历"。从某种程度上来说，它确实能被赞为"现代人的节气生活指南"。

三、现存的节气"再创造"模式及其利弊分析

目前，市面上能够看到的有关二十四节气的产品类型并不多，主要可概括为图书音像、文化创意和艺术创作三类。而在二十四节气实际"再创造"的过程中，也存在诸多问题和利弊。

（一）图书音像：建议以知识普及为终极目标

严格来说，图书出版并算不上"再创造"之列，然而该类作品也时有创新之举。该类传统的节气作品已无须赘言，如《二十四节气民俗》（中国社会出版社）、《二十四节气》（中国农业出版社）、《这就是二十四节气》[①]（海豚出版社）、《时间之书：余世存说二十四节气》（中国友谊出版公司）、《二十四节气志》（中信出版社）和《时光知味：24节气养生速查速用》（吉林科学技术出版社）等。音像类包括网络直播或视频节目，如短视频《二十四节气美食》（2014）、国语动漫《二十四节气的故事》

[①]《这就是二十四节气》：该书由中国社科院地理资源研究所研究人员策划编撰，共4册，曾被评为"文津图书奖获奖图书""中国科普作家协会优秀科普作品奖获奖图书"和国家新闻出版广电总局"2017年向全国青少年推荐百种优秀出版物"。

（2015）、短视频《二十四节气》（2016）等，以及光明网的《致非遗 敬匠心》（2017）大型"非遗"直播活动。关于图书音像，比较值得一提的是，近些年许多地区都在努力采用不同的校本课程在校园中传承二十四节气。如早在2014年，上海市松江区九亭第四小学组织老师精心编撰了全市首本《二十四节气诵读》的校本教材[①]；2017年，武汉市江岸区鄱阳街小学将绘本《这就是二十四节气》上的内容编印成纸质学案发给学生[②]；嘉兴市秀洲区曾举办"二十四节气我来画"（秀洲农民画主题，分为成人组、中学组和小学组）活动，试图通过全社会的参与将二十四节气融入人们生活之中。此外，华东师范大学于2016年至2017年连续举办了一整年的节气茶会，带领该校部分师生以茶为媒感知自然的节奏，体会传统中国人的天时观念，切身体验中国传统的民俗文化。

毫无疑问，图书出版和音像视频这类传统保护模式对二十四节气保护来说依旧意义重大，尤其是在知识普及这一方面，甚至在很长一段时间内都是其他形式所无法取代的。然而，其弊端也非常鲜明——传承能力非常有限。综观该类书籍和音像我们会发现，作品虽多，但真正的"大众普及读物或视频"却是少之又少，在众多已出版读物中多为节气体验、节气美食、节气养生、节气绘本类，鲜有针对民俗文化类的读物。因此，笔者建议，进行区域性的先行试点，开设独具特色的校本课程，是一个比较不错的途径，而《这就是二十四节气》类型的科普读物也是小学生非常不错的课外或课堂读物选择。此外，在固定节气开展相应的民俗文化、美食体验、物候问答等多种形式的课程活动，让学生们切身体会到节气的文化内涵和艺术魅力。

（二）文化创意：建议以艺术熏陶为主要目的

文创产品的发展势头如今如雨后春笋般生机勃勃，笔者目前了解到的主要有手账、明信片、日历、书签、胶带、贴纸、丝巾、陶瓷杯等。由于文创产品较多，现仅简要介绍其中较知名产品。手账如《节气作业》涂色手账（有礼有节）、《从前慢》节气手账（有礼有节）、《时令如花：七十二

①许沁：《课本中，培养中小学生诗词"童子功"》，《解放日报》2017年2月21日第1版。
②邓小龙：《"二十四节气"课程进入小学课堂》，环球网，2017年4月14日，http://china.huanqiu.com/hot/2017-04/10474308.html。

《节气作业》：「再创造」的二十四节气文化创意产品案例分析

候·花信风》①（中国画报出版社）、《这就是二十四节气自然笔记本》（海豚出版社）、《时间之书：余世存说二十四节气》②（中国友谊出版公司）礼盒版和2017《桃花扇》主题二十四节气手账（石小梅昆曲工作室）等。明信片如《中国二十四节气（汉英明信片）》（五洲传播出版社）以及网上售卖的各类二十四节气明信片（主要包括国画、美景、美食、动漫、动植物及地域性图片等）。日历如《二十四节气台历》（中英文版）、《思无邪：物候历2018》（上海古籍出版社）、《二十四节气诗画日历（2018）》（中国农业博物馆）、《二十四节气文化知识日历》（华东师范大学出版社）和《2018年传统文化年历笔记》（辽宁教育出版社）等。书签如二十四节气锦色书签套装（中国国家博物馆）及各类节气主题的书签，胶带、贴纸如文创故宫胶带（统领衙门），以节气为主题的特种邮票、首日封（春、夏）、丝巾、陶瓷杯等也已上市。

在二十四节气"再创造"的路上，文化创意是永远无法被绕过的，这也是本文探讨的重点。从国内现有的"再创造"模式和已存的创意产品综合来说，其主旨在于体现"简单实用""文艺生活""感情维系"和"记忆唤醒"几方面的功能。形式多种多样的节气日历，内容丰富多彩的节气手账，文艺气息浓厚的节气明信片，无一不是节气文化创意的典型案例。当然，这也有一定弊端。比如，设计师对节气文化理解不够透彻、深入，作品的文化内涵往往不够，容易产生"变形"，甚至出现"畸形"。因此，笔者建议，在节气"再创造"之前，首先应该对设计师进行一定的节气文化知识普及和进阶培训，让其在认知水平上得到一定的提升。"再创造"之时，应注意适当保留传统文化元素、积极提取节气元素。与此同时，积极拓宽互联网思维，增加人们与产品之间的交互，适当增加科技成分占比，将节气文化创意发挥到极致。

---

①《时令如花：七十二候·花信风》：该书由日本著名画家巨势小石编著，作品以七十二候为主线，每一候里选一种花与物候对应，辅以对时令习俗的介绍，描写时令景物的古诗、民谚等，让读者在欣赏精美画作的同时，亦对与时令有关的文化有所了解。
②《时间之书：余世存说二十四节气》：该书所用二十四节气插图为老树（刘树勇）所作，礼盒装含《时间之书》（节气国民读本）、《时间印象》（节气画片）和《时间笔记》（节气手账）。

（三）艺术创作：建议以文化产业为重点方向

艺术作品主要有书画、摄影、木板水印、设计、剪纸等。书画类作品主要有《二十四节气国画图册》（朱樵、林帝浣）、《江宏伟画二十四节气》（江宏伟）、《二十四节气》（老树）等，摄影作品主要有《二十四节气》（青简）等，木板水印主要为《二十四节气木板水印》（魏立中），设计类有《二十四节气动图》（石昌鸿）、二十四节气标识系统设计（北京国际设计周）和二十四节气文化图谱（四川文化产业职业学院"非遗"学院）等。此外，还有众多有关节气的艺术体现，包括与剪纸、服饰、丝绸、美食等艺术形式的结合。综观二十四节气相关的艺术作品，鲜有将"七十二候""二十四番花信风"纳入其中的，而这两项又是构成二十四节气最重要的组成部分。一年有二十四个节气，每个节气又分为三候，共有七十二候。自小寒起至次年谷雨止，共八个节气，分二十四候，每一候中，人们挑选一种花期最准确的花为代表，叫作这一节气中的花信风，意即带来开花音讯的风候，称二十四番花信风。因此，除二十四节气本身，与其相关的候应、花信也应被列入艺术创作计划之中。

在二十四节气入选人类"非遗"之前，有关节气的艺术创作在网络上并不如现在如此火爆。而今的二十四节气已经逐渐迈步走上了文化产业的道路。毫无疑问，二十四节气俨然已成为一个"文化IP"，越来越多的文艺工作者、行业设计师甚至企业家都在积极主动地靠近它。艺术创作的弊端也异常鲜明，即作品价格相对偏高。走文化产业之路，无法避免的便是"涉商"。众所周知，要成为艺术家，伴随他的一定是满满的家国情怀、过人的文化涵养和高超的艺术造诣。因此，笔者建议，在艺术创作未来极有可能成为二十四节气跻身文化产业的重要途径之前，对于相关艺术家的"苛刻要求"一定要持续下去，力争让更多的艺术家涌现，让更好的作品问世。

四、结语

无论是从农业生产来说，还是从文化娱乐来说，目前的二十四节气存在的现实意义依然重大，全国上下均在不遗余力地对节气进行传承、保护，其方式多种多样，其内容丰富多彩，其成果极其丰硕。二十四节气的传承保护是一个极其漫长的过程，如何对其进行有益的"再创造"是一个十分艰难的过程。

《节气作业》的火爆引发了笔者的一些简单思考，我们是否应该未雨绸缪，力争让这艘飞速运行的"二十四节气号"飞船永不偏离这条"文化轨道"？究竟应采用何种"再创造"模式？"再创造"过程中应注意哪些要素？对此，笔者做了一定的利弊分析并提出了一些建议，希望能够对二十四节气的"再创造"起到抛砖引玉的作用。

怀旧旅游与二十四节气的传承发展

林敏霞①

（浙江师范大学文化创意与传播学院）

摘　要： 作为形成于农耕社会并有效指导农事生产和生活的时间制度，二十四节气在现代社会的传承和发展中面临形式和功能上的转化问题；与此同时，现代社会所表现出的诸种"现代性"问题，又倒逼人们对过去、传统、家园产生怀旧情绪，从而催生出各种"怀旧消费"，怀旧旅游便是其中最为重要的一种形式。二十四节气之于现代社会具有特殊的、无与伦比的怀旧意蕴，怀旧旅游的开发一方面提供了与二十四节气文化相关的"怀旧产品"，救治了现代社会人们的焦虑与断裂感；另一方面，它使二十四节气在现代社会中得到传承和发展，凸显了二十四节气除指导农事生产和生活之外的更多功能。

关键词： 现代性　怀旧　乡愁　乡村旅游　九华立春祭

一、前言

形成于中国农耕文明的二十四节气，不仅是"中国人的时间制度"②，也"承载着天文气象、农桑工艺、自然博物、幼学算术、饮馔养生等传统知识和民间智慧的代际传承，同时也是信仰礼仪、诗词歌赋、说唱戏文、时令谚语、民间美术、棋艺书画等文化表达形式得以广泛传播的重要载

---

①作者简介：林敏霞，人类学博士，浙江师范大学文化创意与传播学院讲师，人类学高级论坛青年学术委员会副主席。
②刘魁立：《中国人的时间制度——值得骄傲的二十四节气》，《人民政协报》2016年12月12日。

体"①。在现代社会中，二十四节气在"民众的日常生活、休闲娱乐、饮食养生以及民族认同、生态文明建设等方面的功用与价值"②也得到了学者们的广泛认同。然而，在工业化、城市化加速的过程中，如何把二十四节气的上述功能和价值发挥出来，需要在理论上进行分析探讨，也需要在形式和功能转化的具体方法和途径上进行思考和探究。

刘宗迪先生曾指出，在现代都市化和工业化的条件下，二十四节气文化所需要的是"再创造"，需要根据现代人的生活和精神需要，用新的表达形式和传播方式，借以寻回日益远离自然的现代人失落的 "精神家园"，安顿现代人的 "文化乡愁"③。刘先生的观点正好包含了二十四节气传承发展的理论探究和具体方法途径探索的双重关怀：就理论而言，二十四节气的现代传承发展必然涉及现代性以及与之相联系的怀旧问题；就方法而言，二十四节气要想在现代社会传承发展，需要运用现代文化创意产业等新的形式进行传承、传播和发展。

换言之，现代社会所表现出的诸种"现代性"问题，倒逼人们对过去、传统、家园产生怀旧情绪，从而催生出各种"怀旧消费"，本文所探讨的怀旧旅游便是其最为重要的方式。二十四节气之于现代社会具有特殊的、无与伦比的怀旧意蕴，怀旧旅游的开发，一方面提供了与二十四节气文化相关"怀旧产品"，救治了现代社会人们的焦虑与断裂感；另一方面，它使二十四节气在现代社会中得到传承和发展，凸显了二十四节气除指导农事生产和生活之外的更多功能。本文拟在相关理论、内在关系以及具体应用三方面来阐述该问题。

二、现代性催生的怀旧与怀旧旅游

现代性从其产生伊始便充满了二元悖论：一面是代表现代性力量的科

---

①刘晓萍、肖克之：《二十四节气的精神财富》，《农村·农业·农民》2017年第10期，第57—58页。

②王加华：《节点性与生活化：作为民俗系统的二十四节气》，《文化遗产》2017年第2期。

③刘宗迪：《二十四节气制度的历史及其现代传承》，《文化遗产》2017年第2期，第31—32页。

技、理性、技术、工业、都市、自由等因素的不断胜利和加冕，另一面是伴随而来的生态破坏、人际关系疏离、精神信仰缺失以及对被其抛弃的原有的传统、风俗、习惯、家园的不断寻找——即现代性怀旧的滋生。

现代性肇始于18世纪西方的启蒙运动，宗教改革运动使人逐渐脱离神性的统治，西方世界开始朝着"祛魅化"、世俗化、自由化发展，"昔日神圣的价值被祛除魅力"[①]。在人们的日常生活中，宗教之根逐渐枯萎，同时人们也开始失去"诗意栖居"精神家园的痛苦之旅。

19世纪工业革命进一步揭开了人类现代性"理性化""技术化"生存与发展的序幕，人类社会也进一步"异化"[②]"物化""工具理性压倒了一切"[③]。最后，人们生活在一个"断裂或非延续性"[④]和"流动的现代性"[⑤]的社会中。

旅游业的兴起与上述现代性的成长密不可分。正如吉登斯指出的，一方面，现代性以某种方式打破了从前的一切。现代性是生态环境破坏、人际关系冷漠、人的片面发展以及各种社会冲突的深层根源，它给现代人带来了巨大的精神黑洞，现代人幻想或者相信只有避开现代社会到前现代社会中去，才能找到失落的精神家园。因此，现代性的力量使旅游成为人们逃离现代生活的有效方式。另一方面，现代性外在结构，比如便捷的交通系统、移动通信、酒店设施、各种行业部门的链接配合等，为现代旅游提供了充分的物质条件[⑥]。

"避开现代社会到前现代社会中去，才能找到失落的精神家园"这句话自身就涵盖了现代性怀旧。怀旧原指一种思乡的痛苦，属于心理学内涵，在17世纪被医生诊断为一种致命的疾病，增加了病理学内涵。但自从20世纪五六十年代以来，加剧的现代性、急速的社会变迁，催生了更为普遍性的一

①马克斯·韦伯：《新教伦理与资本主义精神》，于晓、陈维纲等译，生活·读书·新知三联书店1987年版。
②卡尔·马克思：《1844年经济学哲学手稿》，人民出版社2000年版。
③文军：《西方社会学理论》，上海人民出版社2006年版，第248页。
④吉登斯：《现代性的后果》，田禾译，译林出版社2000年版。
⑤齐格蒙特·鲍曼：《流动的现代性》，欧阳景根译，生活·读书·新知三联书店2002年版。
⑥吉登斯：《现代性的后果》，田禾译，译林出版社2000年版。

种对过去事情的失落感。至此，社会学、人类学意义上的怀旧凸显了出来。[①]

麦肯内尔是最早将现代性、旅游与怀旧联系在一起的人类学家。他指出，在都市生活的人们深感自己处于一个异化的世界中，现代人自己的世界是不稳定和不真实的。"对现代人而言，现实和真实在别的地方才能找到：在别的历史时期，在别的文化中，在较简单的生活方式中。"在麦肯内尔看来，现代人的这种怀旧心理并不是一种简单的颓废，"也不只是对被破坏的文化和失去的时代的依恋，更是现代性的征服精神的构成要素，是统一意识的基础。"[②]换言之，"怀旧作为一种行动方式，渗透到了旅游现象世界中，成为现代旅游者最为重要的旅游动机之一，使得现代旅游的诸多形式都被赋予了极强的怀旧色彩。怀旧形式的旅游也成为人们走出现代性困境的一种有效手段。"[③]由此可见，现代人面对现代性的危机，都不约而同纷纷转向过去、历史、民族的传统和文化中，去寻找"美好"来弥补现实的缺失和断裂。从这个意义上而言，怀旧旅游是基于现代社会中现代性基础上必然存在的"永恒的文化乡愁和必然的文化情结"[④]，人们需要从时间（过去、传统）和空间（乡村、故乡）去寻求一种确定文化的归属感。因此，现代性怀旧是各种文化遗产或者文化资源的怀旧旅游开发的社会基础和情感基础。

三、二十四节气之于现代社会的怀旧意蕴

如上所述，以断裂、不连续和流动为特征的现代性导致了人们对自己所生活的环境和社会产生认同危机，催生了集体性的怀旧与怀旧旅游。后者本身又反过来成为解决现代性危机的途径和方法。国内怀旧研究专家赵静蓉女士指出，"从时间维度上讲，怀旧就是保持自我在时间、历史、传统和社会中的'深度'；从空间维度上讲，怀旧就是寻找'在家感'，重建'本土

---

①赵静蓉：《在传统失落的世界里重返家园——论现代性视域下的怀旧情结》，《文艺理论与批评》2004年第4期，第77-78页。

②［美］Dean MacCannell：《旅游者：休闲阶层新论》，张晓萍等译，广西师范大学出版社2008年版，第3页。

③董培海、李伟：《旅游、现代性与怀旧——旅游社会学的理论探索》，《旅游学刊》2013年第4期，第111页。

④熊剑峰、王峰、明庆忠：《怀旧旅游解析》，《旅游科学》2012年第5期，第34页。

感'"①。换言之，成功的怀旧旅游的开发应该在时间、空间、归属上满足上述的要求。

显而易见，二十四节气与现代怀旧三个维度存在着结构性关系，它之于现代社会的怀旧意蕴，在时间、空间、文化归属上都有明显的表现。

（一）二十四节气在时间上的怀旧意蕴

高速度、快节奏是现代社会最为明显的特征之一。机器代替手工，人们按照工业社会机械运转的速度安排自己的工作和生活，进入一个讲求速度和效率的时代。速度催生着现代社会和文化的急速变迁，人们追求速度，速度就是效率，速度就是胜利，但速度也把人们带入快节奏和紧张惶恐的生活中。正如赵静蓉所指出的："对速度利益的享用是以丧失对生命情绪的细腻感受为代价的，而缺乏后者，现代人就难以在瞬息即逝的生活表象背后寻找到意义、价值和信念的归宿，从而无法确切地把握生活或把握自我。"②

但人们越是被速度主宰，便越是想摆脱这种主宰。

二十四节气对现代人而言，之所以充满怀旧的意蕴，在于它给人们提供了一种稳定的、诗意的、按照自然规律和节奏而运行的节奏感。"节气是中国人的岁月之歌，年轮之叹。"③中国的古人用立春、雨水、惊蛰、春分、清明、谷雨、立夏、小满、芒种、夏至、小暑、大暑、立秋、处暑、白露、秋分、寒露、霜降、立冬、小雪、大雪、冬至、小寒、大寒这二十四个节气标注了一年的四季轮回，拨动了在都市中生活的人们被工业性时间制度安排机械化了的心弦。

这种时间制度，把人与天地、自然紧紧联系在一起，二十四节气建构了一个鲜活的世界，"那里面收藏着古典中国人雕刻过的时光，包含着浸润食物滋味和生命汗水的'存在与时间'哲学，不仅是生存的时间坐标，更演化成气节、德行，时时提醒我们有守有为。……在传统社会，人们对天地时空的感受是细腻的，时间从农民那里转移，抽象升华，为圣贤才士深究研思，

①赵静蓉：《现代人的认同危机与怀旧情结》，《暨南学报》（哲学社会版）2006年第5期。
②赵静蓉：《在传统失落的世界里重返家园——论现代性视域下的怀旧情结》，《文艺理论与批评》2004年第4期，第77—78页。
③祝亚平：《润物的歌咏 中国节气》，北京教育出版社2013年版，第4页。

既是获得当下幸福的源泉，也是获得人生意义的源泉。"①

雨水"柳发芽"，惊蛰"动物醒"，春分"燕归来"，白露"燕南去"，这是一种顺应自然四时变化的生活节奏，是现代人因难以企及而向往的一种精致讲究的悠然有序的慢生活。正如木心的诗《从前慢》所描述的："从前的日色变得慢，车马邮件都慢……"那正是前现代时间感的展现，与现代社会的"快速"截然相反的悠然。在二十四节气所构筑的时间节奏里，人们能够相对从容地"进入"一个事件，可以让自己和外在物或者景观相互勾缠，反复体会其中的韵味，从而得到一种自在和稳定。

（二）二十四节气在空间上的怀旧意蕴

现代社会的另一个特征是在空间上的距离感。工业化和都市化的日益发展，造成了人们与"原乡"意义上的乡土分离。人们与土地分离、与风水天象分离，与混融在原乡土地上的血缘、信仰、景观分离。现代人在空间上与乡土的断裂，也造就了无时无处不在的"生活在别处"的漂泊感。

每个人都是中心，却不知道边缘在哪里。每个人都是在空间流动着的孤独的原子。"生活在别处"的现代人无时无刻不在向往和寻找"原乡意义上"的空间。因此，现代怀旧在空间上指向富有乡土意蕴的空间和景观。

二十四节气的奇妙之处在于，因其是农耕社会的时间制度，并用于指导农业生产与生活，与之相关的空间意蕴自然而然地与乡土景观联系在一起，从而为现代人提供了一个逃避现代性空间的怀旧之所。

二十四节气是一套时间制度，但又不是单纯的纯粹现代数字形式的时间表现方式，通过对其命名形制的直观分析，便可看到它综合了一年四季中的季节、天文、气候、物候等变化。如"四立"是划分春夏秋冬的季节表达，"二分二至"是太阳高度变化转折的天文现象的表达，"三暑两寒"和"两露一霜"是气温的变化及其程度的表达，"二雨二雪"是对降水现象的表达，惊蛰、清明反映的是自然物候，小满、芒种则是人工作物之物候表达。

几乎每个节气的名称，都是一幅诗意的空间景观，与乡土、空气、温

---

①冻凤秋：《现代人应找到属于自己的时间感——学者余世存谈"二十四节气"》，《河南日报》2017年5月12日第13版。

度、湿度、植物、动物、作物紧密相连，在意境悠远中展现。就如"惊蛰"一称，便唤起天上春雷初响、地下蛰虫的复苏、春日迎面而来的景象。二十四节气所指向的空间是人体与天地、日月星辰、草木花果的变化紧密相连的空间。由此可见，二十四节气更多地与乡土生活联系在一起。因此，乡村是一个更加能承载二十四节气文化的空间。

在现代性向全球的迈进过程中，乡村日渐萎缩和消亡；但作为"乡愁"的乡村却始终萦绕着，成为现代人怀旧的空间中万物相连的生机的意象：是乡土风光，是村口的风水树，是乡村野趣，是田间劳作，是袅袅升起的炊烟，是质朴而亲密的人际关系，是悠然的田间漫步。二十四节气文化展现给人们的就是这种意象性的空间景象，提供给人们怀旧的想象空间。

（三）二十四节气在文化上的怀旧意蕴

伴随时间上的快速变迁和空间上的距离，人们的日常生活呈一种碎片化、非本真的状态，围绕其周遭的文化是流动、无序和瞬间性的。人与人之间不再是亲密的"共同体"，而只是机械的聚合。于是乎，人们试图从个人成长经历、民族传统乃至人类历程中去寻找更为真实的美好记忆，来弥补现实的不完整。

二十四节气在漫长的历史发展过程中，结合各地的风俗，不仅仅指导农业生产，还内化在祭祀、游戏、养生、占岁、谚语、诗歌中，成为生活的有机组成部分，提供了一幅生机勃勃的生活场景："种田无定例，全靠看节气。立春阳气转，雨水沿河边。惊蛰乌鸦叫，春分滴水干。清明忙种粟，谷雨种大田。立夏鹅毛住，小满雀来全。芒种大家乐，夏至不着棉。小暑不算热，大暑在伏天。立秋忙打靛，处暑动刀镰。白露快割地，秋分无生田。寒露不算冷，霜降变了天。立冬先封地，小雪河封严。大雪交冬月，冬至数九天。小寒忙买办，大寒要过年。"[1]

诸如清明、冬至这样的重要节气，更是与民俗活动紧密结合成为节日。清明时节，阳春三月，天气清明，万物萌生，人们纷纷外出踏青、春游，同

---

[1] 胡波、胡全：《循环与守望：中国传统节日文化诠释与解读》，广东人民出版社2015年版，第26页。

时祭扫，也在这个时节展办歌会，演化出具有丰富而鲜活文化内涵的节气制度，形成了人与大自然交相辉映的生动景象。其他诸如冬至吃饺子、祭祖、大雪堆雪人等等，在此不一一赘述。

这些鲜活的生活场景还被文人墨客用诗词记录与描绘下来，进一步融入了中国人的精神世界中，深厚了文化积淀。"二月立春人七日，盘蔬饼饵逐时新"（白居易《六年立春日人日作》）、"时雨及芒种，四野皆插秧。家家麦饭香，处处菱歌长"（陆游《时雨》）、"几枝新叶萧萧竹，数笔横皴淡淡山。正好清明连谷雨，一杯香茗坐其间"（郑板桥《七言诗》）、"露从今夜白，月是故乡明"（杜甫《月夜忆舍弟》）、"萧疏桐叶上，月白露初团"（戴桑《月夜梧桐叶上见寒露》）、"青女素娥俱耐冷，月中霜里斗婵娟"（李商隐）、"子月生一气，阳景极南端。已怀时节感，更抱别离酸"（韦应物《冬至夜寄京师诸弟谦怀崔都水》）、"今日日南至，吾门方寂然。家贫轻过节，身老怯增年"（陆游《辛酉冬至》）[1]，这些诗词或是描述农家生产生活场景，或是描写时节变化的自然之景，或者是随景寄情、四时感怀，表达了丰富多彩的有机的生活世界。

正如张西昌所言："从一个民族的文化、宗教和艺术的根性角度而言，工业文明并非我们的情感来源和身份标示，……农业文明传统体系中所包含的生活细节和审美情感仍能唤起我们的回忆。"[2]

二十四节气承载了乡土社会的各种生活细节以及温度，能唤起人们在身份、情感和文化上的认同。二十四节气提供给人们的恰好是一种完好的家的归属感、家园感。从谚语、诗词中表现出来的那种人与物、人与时间、人与空间、人与人亲密的一体感、共同体、完整性，恰恰是碎片化的现代人所渴望拥有的。

根据上述分析，二十四节气文化遗产在时间、空间、文化属性上都带有怀旧意蕴，或者说为现代人暂时逃离现代性提供了一个彼时彼处的认同和归属的文化空间。因而，通过营造与二十四节气相关的怀旧旅游，不仅是有

---

① 王景科主编：《中国二十四节气诗词鉴赏》，山东友谊出版社1998年版。
② 温小娟：《申遗成功后——"二十四节气"如何活化与传承》，《河南日报》2016年12月28日第13版。

效缓解现代性焦虑、孤独和断裂的手段和方式，也是现代社会传承和发展二十四节气文化的途径。

四、二十四节气在怀旧旅游中的具体开发与传承发展：以九华立春祭为例

根据现代怀旧的三种属性，各类怀旧旅游的开发中需要尊重一些共同点，如"突出地方文化""注重怀旧旅游情境与氛围的营造""注重人文关怀"等[①]，二十四节气的怀旧旅游开发，无疑也需遵从上述基本要点。除此之外，在二十四节气的怀旧旅游开发中，应该合理地运用故事与情境的具身体验[②]，营造"家园感"。

（一）突出与二十四节气相关的地方性文化

虽然二十四节气可以有多种多样的现代传承和发展的方式，但是具体到怀旧旅游上而言，却在"地方感""地方性"上有更为突出的要求和强调：唯有相较具有本真之所，才能提供现代人抗衡"现代性"的怀旧场域。因此，目前已经作为二十四节气的非物质文化遗产扩展名录的九华立春祭、班春劝农、石阡说春、三门祭冬、壮族霜降节、苗族赶秋、安仁赶分社都应该突出自己最核心的部分，围绕该节气，强化和突出其特色，一方面使它们"见人见物见生活"，在当地人的生活中活态地延续下来；另一方面，这些相对远离都市、保存比较完好的与二十四节气相关的民俗活动，本身就是旅游吸引物，是现代人怀旧的对象。所以，当地适当地对二十四节气进行旅游开发，是对二十四节气文化的传承和推广，也满足了现代人的怀旧需求。

以九华立春祭为例，它在空间上位于浙江西部山区，是相对远离大都市的偏远乡村，扮芒神、鞭春牛、吃春饼（春卷或者生菜）等习俗也相对保持得比较完整，要对这些文化资源进行整理和进一步的复原，在九华乃至衢州当地人心目中形成文化认知和认同。在此基础上，形成一年一度的九华立春

---

①熊剑峰、王峰、明庆忠：《怀旧旅游解析》，《旅游科学》2012年第5期，第35—36页。
②所谓"具身性"具身认知，也称"具体化"，是心理学中一个新兴的研究领域。具身认知理论主要指生理体验与心理状态之间有着强烈的联系。生理体验"激活"心理感觉，反之亦然。简言之，就是人在开心的时候会微笑，而如果微笑，人也会趋向于变得更开心。与"身体化"有相类似的内涵。

祭的怀旧旅游节日活动。

至于诸如衢州九华村等拥有某一非常突出节气民俗文化的地方是否要全面对二十四节气中其他重要的节俗进行怀旧旅游开发，还需要对此进行谨慎的调查和论证。但基本的原则是要依托"地方文化"，展示精品，避免"天天泼水节度日如年"的民俗旅游悲剧重演。

（二）注重怀旧空间和景观的营造

怀旧景观并非一味纯粹的"原生态"，实质上它是一种"通过各种现场和非现场的处理，仔细去污除垢后的'历史'，以及精挑细选的高雅的'自然'"①。只有这样，才能营造出"更加美丽如画"的现代性乡村怀旧旅游目的地，它要求在材质、元素、意境、氛围以及人文气息上做"新"如旧，并且适当地加以"舞台真实"②的处理。

所有的现场和非现场的标志，要通过视觉（如道路、建筑、器具、服装、装饰）、听觉（如乡村中的乡音、乡村环境中的声音或者寂静）、触觉（如河水、微风）、嗅觉（如村落中植物的香气、自然的芬芳）、味觉（如乡村的食物）向现代人传达一种理想的传统的怀旧氛围③。

在一定意义上而言，游客所能体验到的怀旧感，不仅取决于他们的怀旧情感需求，还取决于怀旧客体或者说旅游目的地所包含的怀旧感以怎样的面目和方式呈现给人们。

就九华立春祭而言，一方面，保持村落原有的梧桐峰、清流等自然景观；另一方面，要根据怀旧旅游的"完美性"的想象需求，在宏观和微观上，在物质形态和文化形态上，"控制性"地将其进行整合，"以确信它自

---

① [美] Nelson Graburn：《人类学与旅游时代》，赵红梅等译，广西师范大学出版社2009年版，第153页。

② 麦肯内尔提出的"舞台真实"理论阐明，一方面，现代人因为生活在异化的世界中而企图到"他方"寻找真实；另一方面，伴随旅游业的发展，东道主社会总是会设置"舞台前台"。但是这并不代表真实性就不存在，因为"舞台真实"也是一种真实，它是一种旅游背景下的真实性，"并不是所有的旅游者都会关注旅游地场景的背后有些什么"，甚至认为"眼不见为净"。参见 [美] Dean MacCannell：《旅游者：休闲阶层新论》，张晓萍等译，广西师范大学出版社2008年版，第101—121页。

③ [美] Nelson Graburn：《人类学与旅游时代》，赵红梅等译，广西师范大学出版社2009年版，第157页。

己的映像是一种完美的形式"①。这便是对村落的外在景观和立春祭民俗文化进行适当的"舞台化"真实性的展示。

（三）合理地运用相关故事，提供给游客有关二十四节气的情境化、具身性的怀旧体验

一个好的怀旧之所，除了在物态景观上营造良好的怀旧氛围之外，还需要有主题。二十四节气自身就是主题，但主题的展开需要故事来丰富，为游客提供"具身性""多感官"的深度参与和体验。正如已有的研究指出的，旅游情境由故事或叙事建构，前者建构了旅游想象，后者刺激和唤起了旅游想象②。

比如类似于大观园这种影视基地的怀旧旅游开发。参观大观园的人们一般都对《红楼梦》小说和影视人物以及故事带有一定的怀旧情感。《红楼梦》中本身有许多和二十四节气节俗相关的场景和故事的描述，因此在大观园的旅游开发中，结合时节，把其中与二十四节气节俗相关的小说情节进行故事化、具身性、交互性的体验开发，使得人们在大观园旅游影视和小说的故事化情境中，体验和感受到与之相关的二十四节气文化与氛围，此为一例。

具体就九华立春祭而言，需要更好地把地方性故事讲好，通过地方性叙事，营造出更精致的历史感，句芒神的故事、梧桐树的传说以及与立春相关的地方性或者地域性的故事都应该被加以梳理运用。然后，在故事基础上，提供立春祭仪式参与的体验情节。这样，游客除了观看立春祭仪式，还可以获得更加具身性的体验，也在怀旧旅游体验中接受了二十四节气文化。

（四）深耕人文关怀，营造"家园感"，借助时节的周期性，使得旅游地成为人们每年想去的怀旧朝圣之地

如前所述，现代人在钢筋水泥的都市中生活，试图在支离破碎、异化、虚假和不稳定中寻找家园，寻找一种完整的归属感。因此，以怀旧作为一种"买卖"的旅游目的地，应该注重给游客营造一种"家园感"。不仅要提供"民宿式"的"家"的感受，还要尽可能提供质朴和真诚的"好客"方式，

①Umberto Eco：Travels in Hyper Reality. Harcourt Trade Publishers, 1986.
②屈册：《旅游情境感知及其对旅游体验质量的影响研究》，东北财经大学2013年博士论文。

令游客感到"宾至如归",像是回到了故乡或者是家乡。并且在每一次(尤其是第一次)的旅游体验中,用照片、影像以及文字叙述等方式记录旅游者与旅游者、旅游者与东道主之间的交流,深耕游客与地方之间共同的记忆,使得"怀旧旅游目的地"成为其更真实的"家园"。

就九华立春祭的怀旧旅游开发而言,除了上述提供"家园感"民俗、累积具有温情的"好客体验"的记忆和经验,如何在立春祭的仪式中让游客感到这不仅仅是别人的仪式,也是"我"的仪式,能大大提升游客与地方社会的亲密度,也能使九华这个村落成为周期性可以回去过节的世俗朝圣之所。

五、结语

现代性、怀旧与旅游之间有着社会学意义上的交织和结构关系,怀旧旅游是三者交织的结果,人们从过去(时间)、乡村(空间)、传统(文化归属)去寻找怀旧体验。二十四节气文化自身富有丰富的怀旧意蕴,在现代传承上,以乡村怀旧旅游方式进行不失为一种有效的形式。

作为一项民俗与文化,当它进行旅游开发的时候,也不得不面临一个"文化商品化"或者"文化本真性"(文化失真)的讨论。关于此,笔者梳理了以下几点看法,以供探讨:

第一,旅游开发并不是一味地使文化商品化,它也是文化复兴和文化创新的动力,一味地批判文化商品化或者文化本真性的缺失没有建设性的意义。

第二,文化本真性取决于主客之间的互动,以及游客自身的评价和体验。"舞台真实"也是一种真实,它是一种旅游背景下的真实性,并且为现代旅游或者现代怀旧旅游所需要。

第三,允许一定程度的"舞台真实"并不等于任由文化的过度失真。实际上,文化本真性的保持在很大程度上取决于开发者的"利"与"义"的抉择。当过度消费节俗文化的时候,其所带来的商业效益往往是虚火,会破坏文化的本真感受,也会降低怀旧感的获得,从而最终破坏旅游存在的根基。

如果能把握好上述原则,那么二十四节气文化的怀旧旅游开发,不仅能满足现代人的怀旧需求,为其提供怀旧体验,同时也能在一定程度上推进了二十四节气文化的现代传播、传承和发展。

湖州地区清明文化内涵及其在现代背景下的重构

沈月华①

（浙江省湖州市非物质文化遗产保护中心）

摘　要： 二十四节气是我国民众在长期生活、生产实践中总结出来的气候规律。其中，由于清明时节气温转暖，降雨增多，人们开始春耕、养蚕，故传统蚕桑生产之地湖州尤为重视这一节气，当地有"清明大似年"之说。人们期待用一系列的行为习俗换来一年农耕及蚕事的好运，包括退白虎、食螺挑青、祛蚕祟、妇人做客、轧蚕花等。但当下，随着传统农耕生活的逐渐淡出，最初源于节气而形成的民俗活动，又以其独特的方式在地方性文化的独特逻辑下得以延续与传承。

关键词： 节气　清明　蚕桑　民俗事项　传承

　　二十四节气是我国民众在长期生活、生产实践中总结出来的气候规律，反映了一年四季气温、物候、降雨等方面的变化。而这一系列变化对人们依时安排农耕、蚕桑等活动有着不可或缺的指导作用。清明为二十四节气之一，《历书》云："春分后十五日，斗指丁，为清明，时万物皆洁齐而清明，盖时当气清景明，万物皆显，因此得名。"到了清明，降雨增多，气温转暖，人们开始春耕、养蚕，谚云"清明前后，点瓜种豆""清明节，命蚕妾，治蚕室"。但在往后的历史发展中，清明又融汇了寒食节、上巳节两大

①作者简介：沈月华，湖州"非遗"保护中心办公室副主任，湖州市民间文艺家协会副秘书长、湖州市农业文化遗产保护与发展研究特聘专家、中国民俗学会会员、《湖州市非物质文化遗产名录集成》主编。

传统节日，踏青、祭祖、扫墓、禁火等诸多民俗事项均蕴含其中。清明本身也由纯粹的节气转变为节日。也正因如此，它所传达的内涵变得非常丰富。

尽管二十四节气作为时气变化的坐标，在传统农耕经济时代是人们对天气、时令变化最敏感的体验和最精细的认知。但即便如此，人们也无法预测未来。在传统农耕劳作中，尚存在诸多不确定因素。因此，人们转而通过一些方式来祈愿，或以此来推动农事往更好的方向发展。而清明又恰巧属于新一轮农事劳作的开始。于百姓来说，凡事的开头往往尤为重要，人们期盼这一轮的农事能得大丰收。所以，在长期的历史中，清明当日逐渐出现了一定的人事活动，形成了特定的岁时习俗。而这些习俗紧紧围绕节气、围绕传统的农耕，与寒食节无关，与上巳节无关。

湖州，尤其是东部水乡平原区，以传统的农耕养蚕业为主，而且养蚕收入在很长一段时间内是村民的主要收入来源，所谓"养蚕用白银，种田吃白米"。清明作为关键时日，于当地百姓来说几乎等同于过年，俗称"清明大似年"。在时间维度上，湖州地区也以清明为基点向前后扩延。清明前数日，人们就陆陆续续开始祭神。清明当日称正清明（头清明）、后两日分别为二清明、三清明。人们谨慎甚至惶恐地度过这个特殊时刻，期待用一系列的行为习俗换来一年的农耕及蚕事的好运。

从某种程度上来说，在湖州，清明作为节气所赋予的内涵远远大于其他。清《（同治）湖州府志》中详尽记载了当地的清明风俗，包括后来融入的上巳节、寒食节等各类民俗事项。但其中大量文字均与农事蚕桑有关：

清明前数日，各村率一二十人为一社会，屠牲醵酒，焚香张乐，以祀土谷之神，谓之春福。装扮师巫台阁，击鼓鸣锣，插刀曳锁，叫嚣詙突，如颠如狂。……其日农夫浸谷种，晚则育蚕之。家设祭以禳白虎。门前用石灰画弯弓之状，盖祛蚕祟也。……又食螺，谓之挑青，云可明目。以其壳撒于屋上，谓之赶白虎。爆竹之声略如除夜。庶民之家以粉作白虎，老幼出门抛弃于道，谓之送白虎。士人争先攘攫得之者以为通达之兆。

——《（同治）湖州府志》①

---

① [清] 宗源瀚等修，周学濬撰：《（同治）湖州府志》卷二十九，第16页。

清光绪八年（1882）的《归安县志》基本沿用《（同治）湖州府志》，内容上增加了一句"翌日锹沟筑岸"[1]，亦是与农事相关。

直至民国时期，一系列源于节气、服务于蚕事的各类清明民俗活动依然在当地广为流传。

谚云"寒食过了无时节，娘养蚕花郎种田"。前一夕食螺蛳，谓之挑食。以壳撒屋瓦。乡农于大门换贴门神，是日祭赛甚忙。以米粉蒸熟作虎形送门外曰退白虎，或于门外用灰画地作弓弩形以祛祟，皆为养蚕计也。乡间禁忌甚多……

——民国六年《双林镇志》[2]

清明作为时间节点，一方面，人们扮成巫师，击鼓鸣锣，祭祀土谷之神，祈祷农事。农夫浸谷种，锹沟筑岸，带着美好的期盼于清明后开启新一轮的农事活动。另一方面，人们开展更为繁复的蚕事活动，主要包括：

一、退白虎[3]

在蚕乡，蚕农对白虎尤为厌恶，清明期间"禳白虎""赶白虎""送白虎"，或设祭，或以螺蛳壳撒于屋顶，或以粉作白虎并弃于道，等等，均为退白虎求丰收之义。

二、食螺挑青

人们将螺蛳（不剪去螺蛳尾端）用针挑取螺蛳肉烹食，称为"挑青"。"青"寓意"青娘"（一种病蚕），人们以此形象地将"青娘"挑出，寓为养蚕过程中无病无灾。而食用过后的螺蛳壳则抛向屋顶：一来，谓之赶白虎；二来，屋顶上发出的滚动声音能吓跑躲在瓦楞里的老鼠。养蚕农家最恨老鼠啮咬蚕和蚕茧，对其深恶痛绝。

三、祛蚕祟

人们在门前用石灰画弯弓之状，张贴门神，以此来祛除蚕祟，并以蚕猫避鼠患，当地多见各类蚕猫剪纸、泥塑，或贴于蚕房梁柱、门窗或摆设于家

---

① [清]李昱修，陆心源纂：《（光绪）归安县志·卷十二·风俗》，第10页。
② 蔡蓉升：《双林镇志》卷十五，民国六年（1917），第11页。
③ 当地蚕农把"白虎"当作一种蚕祟。蚕农把有害于蚕的"白虎"之类的鬼邪和病毒、虫害之灾称为蚕祟。

中，甚至有视蚕猫为门神者。

四、妇人做客[①]

在湖州地区，民间有在清明时节做客的习俗。颇有意思的是，清明做客一般只针对女性。除性别禁忌之外，其他一切做客礼俗待遇均等同于过年期间的做客。互赠礼品数以偶数为宜，以4件、6件者居多。这一习俗的形成与蚕事有关。清明后，人们开始养蚕，一旦进入养蚕的关键时刻，哪怕是亲朋好友都得严格遵守"禁往来"的乡规，俗称"关蚕门"。蚕房需避免一切闲杂人群的闯入，以免外人带来的晦气影响蚕宝宝的生长。届时，家家闭户，门口张贴"蚕月免进"等纸条，甚至官府的征收也停止，谓之"蚕禁"。人们以此来保障蚕事顺利，不受外界干扰。清明期间，人们趁进入大忙和高度紧张时期之前走亲访友，大家聚集在一起聊聊天，放松放松，倒也合情合理。而女性性别的特指，与蚕事的行为主体有关。无论是民间流传的"娘养蚕花郎种田"等谚语，还是"马鸣王""西施送蚕花"等传说故事，或是"蚕娘""蚕姑""马头娘""蚕皇老太""蚕花姑娘""蚕花娘娘"诸如此类的称谓，在民间，养蚕似乎自古就与妇人联系在一起。从某种程度上来说，"妇人做客"也是妇人进入蚕忙前的一次集体狂欢。

五、轧蚕花

清明在当地还有一项不可或缺的民俗活动，便是上含山轧蚕花，但这一活动并不是伴随清明节气的开始而形成的，它相对晚于其他民俗事项。据记载，含山轧蚕花始于宋治平年间（1064—1067），历经元、明两代，在清代进入鼎盛时期。含山被视为蚕神的发祥地，相传蚕花娘娘会在清明期间化作村姑踏遍含山，留下蚕花喜气，于是村民们纷纷上含山把喜气带回家。轧蚕花活动在清明期间的兴起与兴盛，一是取清明踏青之义；二是体现了蚕乡人民对蚕事的祈祷与祝愿。由于涉及蚕事，又兼顾清明踏青，这两者的融合，更使该活动在当地一年又一年、一代又一代地备受推崇，经久不衰。

当下传统农耕生活逐渐淡出，人们对天气、蚕事的祈求不如先前这般迫切，但最初源于节气而形成的民俗活动并未彻底退出村民的社会生活，而是

---

①钟伟今：《湖州风俗志》，浙江省湖州市群众艺术馆民间文艺研究会（筹）1986年版。

在地方性文化的独特逻辑下得以延续与传承,其所赋予的文化内涵在现代背景下得以重构。

"清明大似年"依然在湖州地区以其自身的特殊含义演绎着。

一、群体认同在现代化进程中的再现

尽管养蚕业在传统农村日渐衰弱,但清明蚕忙前妇人们做客的习俗却被世代沿袭,且所指对象也由妇女扩展到全体村民。清明前一晚为"清明饭",届时,全部在外的子女需回家团聚吃"清明饭",如同除夕夜。"清明饭"后,亲戚间开始走动,一般持续三天。

当下人们更看重由此带来的群体认同及人与人之间的交流,亲人们"聚集""认同"的功能更为彰显。一方面,随着生活节奏的加快,平常人们忙于工作,亲友之间的走动相对比较少。相邻之间的互知性、彼此的了解随着从业结构的多重性而缩小。另一方面,随着通婚圈范围的不断扩大,有些亲属之间因为姻缘相隔甚远。清明做客这一民俗事项刚好从功能上填补了这一空白。尤其是清明已被认定为法定节假日,从某种程度上来说,这也更为这一风俗的延续从时间上提供了保障。

倘若将清明与春节相比,两者在功能上都包含了祭祀、团聚两大主题,且两者的时间间隔并不是很久。在相邻的一段时间内,两次聚集似乎是多此一举。但非常有意思的是,民间在它自成的一套体系中将两者合理地加以解释与安排。在湖州民间有不成文的规定,清明做客对象一般分为两类:一类是近亲,包括父母、兄弟姐妹等;另一类是春节期间来不及拜访的亲戚朋友。这一区分,极为巧妙地使清明与春节两者达到相辅相成。也正因如此,在湖州,清明的地位一直可与春节相提并论。

二、节令食物象征功能的转变

清明,除了前文提及的食螺蛳习俗之外,在湖州地区还有一系列节令性食物,比如发芽蚕豆(象征蚕业有发头)、藕(象征蚕茧丝长)、长粉丝(蚕宝宝吐丝白又长)、马兰头(明目,蚕娘吃后眼明心细看得好蚕)、剥壳鸡蛋(寓意蚕茧大如蛋)和蚕茧形清明圆子(茧子多又大)等。可以说,这些都是过去湖州地区人家清明餐桌上的必备食物,且每一样都有美好的寓意,均与养蚕有关。

但随着养蚕业的衰减，人们对蚕事的期盼也逐渐减弱，围绕蚕事形成的清明特有的节令食物也在无形中被忽视与淡忘。同时，随着生活水平的提高，大部分的节令食品已被常态化地摆上餐桌。人们根本不需要借助任何节日或者岁时习俗来愉快地享用特定食品。过去，物质的匮乏让人们对于节令性的食物充满期待与记忆。而现今，这种局面显然已经不复存在。

清明节令食物一旦失去了原有的象征意义，人们对食物的选择便来自于味蕾的挑剔。"清明螺，赛过鹅""麦熟螺蛳稻熟蟹"，清明是食螺最好的季节，螺肉肥美。在当地，清明时节的螺蛳依然成为家家户户少不了的一道美食。在做法上也不再遵循先前用于"挑青"而不剪螺蛳尾端只挑取螺肉的特殊处理方法。人们剪去螺蛳尾端后作清蒸、爆炒等处理，口味因人而异。

三、传统民俗活动功能的转变

清明时节上含山轧蚕花的习俗，兼具祈祷与踏青两种功能。从轧蚕花内容上来看，祭蚕神、买蚕花、摸蚕花奶奶、水上竞技等都是为蚕事而祈祷，应该说即便是踏青，也服务于蚕事。但伴随信仰的衰弱、蚕事的衰弱，轧蚕花民俗活动的功能意义也发生了一定的转变。娱神功能更多地转向娱人，活动内容更侧重于游艺。以轧蚕花活动中最具代表的蚕花为例：原先人们轧蚕花，最主要的是将象征蚕事丰收的蚕花带回家。今天我们依然可见不少农民设摊于道路边卖蚕花，人们同样争相购买。但此时，蚕花作为特殊含义的象征物，其内涵从蚕事的祝愿扩展到一般意义上的吉祥纪念物。

当下轧蚕花活动的参与者在职业、年龄等各方面均从单一性走向多元化。每年清明期间，轧蚕花活动也成为当地人们在特定时空下共同的狂欢。对于当地人来说，这无疑是大家的共同记忆。人们重复着"过去"，并将此纳入自己的社会秩序中，使之合法化，以此来证明当下生存方式的合法性，及此地有别于彼地之处①。

---

①保罗·康纳顿著，纳日碧日戈译：《社会如何记忆》，上海人民出版社2002年版。

时空观念与信仰生活

——立春文化空间的建构

袁　瑾①

（杭州师范大学学术期刊社）

摘　要：立春位于二十四节气之首，它源于农耕社会民众对自然节律的感受，是人们顺应自然时序而主动进行的文化创造。立春以阴阳合历的历法时间作为人事活动的时间标志，并将信仰、社交、审美活动、生活习俗聚集到这一时间点上，从而形成了一个融合自然、信仰与生活的文化空间。当这一空间体系被置于现代多元化的诉求语境中时，它能否在一个整合的社会文化结构中显示其自身与当代社会文化的协调性，关系到其整体文化空间的传承与自我更新。

关键词：立春　二十四节气　文化空间

立春位于二十四节气之首，被视作春季到来的标志。从天文学意义上来看，它是地球在绕太阳公转的轨道——"黄道"平面上不同的24个位置之一。从民众生活世界来看，它是农耕社会中人们通过观察太阳周年运动，对一年内物候、天文和农事规律认知所形成的知识体系，表达的是人们对自然时序、生产节律的感知。正如《周易·节卦》所言："当位以节，中正以通。天地节而四时成，节以制度，不伤财，不害民。"

人生活在自然之中，自然万物周期性的循环变化使人们产生了最初的时

---

①作者简介：袁瑾，杭州师范大学学术期刊社副教授，民俗学博士，主要从事民俗学、非物质文化遗产保护研究。

间意识，从采集、渔猎到农耕文明的到来，人从完全依附于自然的赐予走向以自身力量利用、改变自然条件，获取生存物，生存空间不断扩大。在此过程中，人们运用自身的智慧将自然的运行节律与自身生产实践的需要相对应、相调和，在自然的时序中投射人文的光辉。二十四节气正是这一漫长历史过程中凝结的产物，人们通过有意识地划分节气来规划农事，避免灾害，取得丰收。作为开年第一节气的立春尤其重要，"阳和起蛰，品物皆春"，过了这一天，万物复苏，生机勃勃，一年的农事生产由此开始。

然而立春不仅仅是单纯的自然节点，还带有深厚的人文色彩，充满了人事活动的身影与意蕴。人们在自身社会生产活动中为了适应、促进物质资料的生产以及精神活动的需要，形成了一套特有的规划、支配时间的习俗惯制。它以自然岁时季节为基本依据，以阴阳合历的历法时间作为人事活动的时间标志，并将信仰、历史、神话传说、社交审美活动聚集到这一时间点上，从而形成了一个融合自然、信仰与生活的文化空间。

根据联合国《人类口头及非物质文化遗产代表作宣言》的定义，文化空间是"具有特殊价值的非物质文化遗产的集中表现。它是一个集中举行流行和传统文化活动的场所，也可定义为一段通常定期举行特定活动的时间。这一时间和自然空间因空间中传统文化表现形式的存在而存在"。由此可见，文化空间既是自然的存在，也是人及其文化意义存在的场所。人是空间的建构者，也是空间的承载者，它通过人类的活动空间内自然的、物质的、精神的、行为的各类要素相互勾连，形成一定的情感指向并表达一致的文化意义，同时它被作为整体性的文化存在纳入民众的日常生活中，并由此在社会结构中获得一席之地，得以稳定地传承。

一、节气历法：自然与农事的联系

人类自诞生以来，经历了漫长的采集和渔猎阶段，其间人作为自然的依附物，主要依赖自然的馈予而生存，人对自然时序的感知也是笼统而概括的。这一点从史籍上对尚处采集游牧状态的民族生活状态描绘中就可以窥知一二，如《隋书》说当时的流求人"望月亏盈以纪时节，候草荣枯以为年岁"；《魏书》中说岩昌羌族"俗无文字，但候草木荣落，记其岁时"。彼时，燧人氏只能钻木取火以御严寒、以祛食物腥臊，还不能对气候进行划分。农耕生产方式的到来，则标志着人依靠自身力量对自然进行改造与标记的开始。春播夏种、秋收冬藏，农作物生长的周期性、季节性要求人们对时序进行更加细致地划分，从而改变了人们对时间感知的态度，先民们开始寻求农耕生产节律与自然时序之间和谐一致的对应，完成的显著标志就是包括立春在内的二十四节气的形成。

二十四节气的形成同样经历了一个漫长的过程，由最初的春秋二分，发展到春分、夏至、秋分、冬至"四时"，再到包括两分、两至、四立的"八节"，直到秦汉之际，二十四节气才基本定型。二十四节气为农业生产提供了切实的指导和有效的气象服务。节气数量不断增加与最终的长期稳定，显示了民众对自然时序的认知不断精细化，并在农事生产、社会生活与自然之间建立起了稳定的关系。这是他们苦心探索的智慧结晶，在历史上表现为节气观测物与标记物的变化。

最初，人们主要以物候变化来标记季节流转。寒暑易节、草木枯荣、飞鸟往返、虫鱼律动等物候周期性的变化最能直观地表现出季节时序的流转，生活其中的人们自然而然地对时间产生了既有间隔又周而复始、循环往复的感知，自然产生了用物候纪年的方式。是以"黄帝氏以云纪""炎帝氏以火纪""共工氏以水纪""太皞氏以龙纪"，少皞挚"之立也，凤鸟适至，故纪于鸟"。被用来纪事划年的物候分别是"云""火""水""龙""鸟"。这些物候不仅用于划分季节，还被用以命名官职。《左传·昭公十七年》记载郯子讲述祖先少昊的神话时提及少皞挚初登大位，飞来了代表祥瑞的凤鸟，因此以鸟纪年，并"为鸟师而鸟名"。其中"凤鸟氏为历正"主管历法，"玄鸟氏司分者也，伯赵氏司至者也，青鸟氏司启者也，丹鸟氏司闭者也"。"分""至""启""闭"指四时，"分"即春分、秋分，"至"为夏至、冬至，"启"指立春、立夏，"闭"是立秋、立冬。这里除了凤鸟以外，其余都是当时可见的季节性鸟儿，人们以之作为四时的标志：玄鸟即燕子，春分来、秋分去，故司分；伯赵即伯劳鸟，夏至鸣、冬至止，故司至；青鸟一名鸧鹒，立春鸣、立夏止，故司启；丹鸟立秋来、立冬去，故司闭。此外还有司徒、司刑等官职，共涉及24种鸟。

随后，在长期的观察实践经验基础上，人们逐渐注意到天象与物候之间的对应关系，自然界的季节转换、时间流转与浩瀚天空的日月星辰位置变化有密切的关系。《史记·五帝本纪》记载颛顼"载时以象天"，以南正司天，立起竹竿，观测太阳的日影，并以火正司地，观测大火（即心宿二），以指导农事生产。通过对天文星辰的观测，确定"孟春正月为元，其时正月朔旦立春，五星会于庙，营室也"。此后又有帝喾高辛氏"序三辰以固民"。《尚书·尧典》中以四仲中星对照四时，作为农事指南。"日中星鸟，以殷仲春""日永星火，以正仲夏""宵中星虚，以殷仲秋""日短星昴，以正仲冬"。日中、日永、宵中、日短相当于春分、夏至、秋分、冬至。《尚书·考灵曜》中记载："主春者鸟星昏中，可以种稷；主夏者火星昏中，可以种黍；主秋者虚星昏中，可以种麦；主冬者昴星昏中，则入山可以斩伐，具器械。"可见，当时人们已经使用记录星象位置的方法来把握季节轮转更替。又有"三百有六旬有六日，以闰月定四时成岁"的记载，说明当时人们已经能够通过测量日影之法，确定一个回归年为366天，置闰月调节纪年。《周礼·春官宗伯》又有记载："冯相氏掌十有二岁，十有二月，十有二辰，十日，二十有八星之位，辨其叙事，以会天位。冬夏致日，春秋致月，以辨四时之叙。"周代设有专门的官员负责测定星象、确定四时以备农事。

时序、节气的观点来自人们对自然现象变化的长期感知、观察与思考，已知最早的物候历书《夏小正》就是古人对自然时序的经验总结，将物候、天文、农事融为一体。《夏小正》的经文载于《大戴礼记》中的《夏小正传》。它采用夏历月份，分别记载了十二个月份中物候、天文、气象和农事。其中是这样描述正月情形的：

"正月：启蛰；雁北乡；雉震响；鱼陟负冰；农纬厥耒；囿有见韭；时有俊风；寒日涤冻涂；田鼠出；农率均田；獭祭鱼；鹰则为鸠；采芸；鞠则见；初昏参中；斗柄悬在下；柳稊，梅、杏、桃则华；缇缟；鸡桴粥。"①

这里提到的"启蛰"后来成了惊蛰节气。这段文字描述了正月的物候、天文与农事。正月里，雁群向北迁徙，野鸡振动翅膀而啼叫，鱼儿由水底升

---

①夏玮瑛：《夏小正经文校释》，农业出版社1981年版，第80页。

到了结冰的水层游动，和煦的东南风吹来，土地里的冰霜消融，韭菜生长，水獭捕鱼，鹰去鸠来，田鼠出洞，柳树生花，梅桃李繁华茂盛，莎草长出花朵，鸡开始产卵。星辰天文的变化包括二十八星宿之一的"鞠"宿，南方的"参"宿都出现在人们的视野中，北斗的斗柄悬在下方。与之相应的农事有修理耕田用的工具、除田、采摘芸菜。

《夏小正》"这本书虽然为后人所作，但其中的天象和某些物候的记载可能反映了夏代的实际情况"[①]。这本书共记载了物候、天象、农事等118项内容，是一部混合历书。此后的《周礼·月令》《吕氏春秋·十二纪》《淮南子·时则训》都转录过其中的部分内容并根据气候变化对物候等进行调整。

随着天文观测能力的增强，人们对星空的划分更加细致，时序与星辰相对应，并以八卦排序。到商周时期，人们确定节气的方法已经包括动、植物及其他物候，恒星昏、中天位置，行星二十八宿星空运行，日影长度等，四时八节逐渐固定下来，并在此基础上更加细化，形成立春在内的二十四节气。

二、信仰仪式：时序空间的人文投射

人们通过天文历法将外在于人的自然时序与生活活动联系起来，并将之视为影响人们生活的客观力量。节气代表自然四季运行的周期性变化，节气变化交接时，日照、气温、降水等气候条件都不尽相同，而这些都会直接影响农作物的生长。在农耕生产技术尚不发达、知识蒙昧的时代，四时节气在农人看来就代表了一种神秘的力量，将他们置于自然时序的控制之下。于是民众将自身的情感与心愿意识投射到四时节序中，创造了一整套的祭祀仪式，沟通神灵，调节人、神、自然的关系，以期应对自然变化、调适社会生活。二十四节气，特别是"四立与二分"，成了重要的岁时祭祀节点，每到此时，人们从事的活动主要是祭祀活动。

岁首的立春祭祀活动尤为丰富。祭祀的核心在于崇拜的对象，各地立春

---

① 《中国天文学简史》编辑组：《中国天文学简史》，天津科学技术出版社1979年版，第9页。

祭祀神灵不尽相同，但多有"官祀芒神，行鞭春礼，家设酒肴，祭祀土神"之俗。

（一）官祀芒神

"芒神"即句芒。《礼记·月令》载："其帝太皞，其神句芒。"郑玄注曰："句芒，少皞氏之子，曰重，为木官。"朱熹注曰："大皞①伏牺，木德之君。句芒，少皞氏之子，曰重，木官之臣。圣神继天立极，先有功德于民，故后王于春祀之。"可见，句芒为少皞之子，名"重"，为伏羲氏臣时勉于政事，颇有功德，死后被奉为"木神"，掌管树木发芽生长。木生于春，句芒同样也是春神。

浙江省衢州市柯城区九华乡妙源村外陈自然村的梧桐祖殿供奉的主神为句芒神。殿内句芒神依据《山海经·海外东经》中"东方句芒，鸟身人面，乘两龙"的描述，被雕刻成张开双翼的人鸟混合体，右手"执规而治春"。"规"即如今所用的圆规，用以画图、测量图像。在上古，它便是巫师观测天象的工具，因而带有神秘的色彩，是通天的神器。《史记·夏本纪》记载大禹治水时也是左手持准绳、右手拿规矩，因此规又成为帝王治世的象征。《汉书·律历志》又有"少阳者，东方。东，动也，阳气动物，于时为春。春，蠢也，物蠢生，乃动运。木曲直。仁者生，生者圜（圆），故为规也"的说法。于是，"规"也就成了作为东方之主佐神的句芒的神器。

农耕社会中，每到立春之日，历代帝王、各地官府都要举行一系列的迎春仪式，祭祀芒神，劝导农桑。有关天子迎春的记载先秦就已有之。《周礼·春官·大宗伯》载："以血祭祭社稷、五祀、五岳。"郑玄注释为："此五祀者，五官之神在四郊，四时迎五行之气于四郊，而祭五德之帝，亦食此神焉。少昊之子曰重，为句芒，食于木。"到了东汉，"迎春"礼仪更加完整，并出现了由男童扮演的"芒神"。《后汉书·祭祀下》记载："立春之日，皆青幡帻，迎春于东郭外。令一童男冒男巾，衣青衣，先在东郭外野中，迎春至者，自野中出，则迎者拜之而还，弗祭。三时不迎。"明清两代是迎春仪式的高潮，《大明会典》明确规定了祭祀的礼仪规范：

---

①大皞、太皞均指东方天帝青帝。

"每岁有司预期塑造春牛芒神。立春前一日，各官常服舆，迎至府县门外。土牛南向，芒神向东西。至日清晨，陈设香烛、酒果，各官俱朝服，赞排班，班齐，赞鞠躬。四拜，兴，平身。班首诣前跪，众官皆跪。赞奠酒，凡三。赞俯伏，兴，复位，有四拜。毕，各官执续彩杖，排列于土牛两旁。赞长官击鼓三声，擂鼓。各官环击土牛者三，赞礼毕。"

此礼制奠定了明清两代官方祭祀的基本礼仪框架，强化了句芒春神的地位。明代《帝京景物略》则简要记载了迎春仪式的历史源流：

"考汉郊祀志：迎春，祭青帝句芒，青车旗服，歌青阳，舞云翘，立青幡，百官衣皆青，郡国县官下至令史，服青帻。今者朱衣。唐制，立春日，郎官御史长二以上，赐春罗幡胜，宰臣亲王近臣赐金银幡胜，入贺，带归私第；民间剪彩为春幡簪首。今惟元旦日，小民以鬏穿乌金纸，画彩为闹蛾，簪之。"

可见，当时祭春已经成为从上至下全民性的节日习俗，祭祀的世俗化色彩也日趋浓重。

（二）行鞭春礼

官方的祭祀礼仪通常由"迎春"与"鞭春"两部分组成，"鞭春"即鞭打土牛。清《（嘉庆）嘉兴府志》载："立春前一日，官府迎春于东塔寺，居人竞以米豆撒春牛背，曰'打春'。立春日，有司率诸执事祭芒神，各执彩仗鞭土牛，曰'鞭春'。"

牛与农业生产的关系密切，农家人对牛向来十分珍惜，由此产生了崇拜。在民间故事中，传说牛本是天上大神，因为同情人类而被天帝贬下凡间。旧时，浙江各地乡间都有牛王庙，供奉牛王。习俗以农历四月初八为牛生日，牛主人在这一天要让牛吃好喝好，并让其休息。在金华，稻谷收获后还要先给牛尝新，人才可以吃。杭州旧俗在立春日迎请春神句芒，俗称"太岁上山"。迎句芒神时必用纸牛、活牛各一头，或抬或牵，组成迎春队伍，敲锣打鼓，游行队伍上城隍山，在山上太岁庙举行祭祀活动。一路上鞭打春牛，即所谓"太岁上山"。人们在街道两旁观看，称为"看春"。

鞭春仪式中的土牛有用健壮的活牛，也有特制的牛塑像，整个过程充满浓浓的象征意味，预示农耕开始、劝勉农人勤劳。在建德梅城，人们在立春前一天抬着一头陶土制成的土牛从府门口出发，一个乞丐扮成"春官"，手拿五色线编成的牛鞭，边走边轻打春牛。春官的位置要根据当年节气而定，如果年后开春，农事不紧，春官就走在牛后边；如果年内立春，农事吃紧，春官就走在牛前边。春官与春牛后边是县衙官员、仪仗队、各界民众，队伍浩浩荡荡。

鞭打春牛也有祛邪祈福的象征意义。据吉林《海龙县志》载鞭春时有颂词曰："一打风调雨顺，二打国泰民安，三打大人连升三级，四打四季平安，五打五谷丰收，六打合属官民人等一体鞭春。"[1]春牛和鞭子在仪式完毕后也被赋予了祛邪的意义，由此产生了"抢春"的习俗。浙江杭州一带，民众会将鞭春后的碎土拿回家放在牛栏里，认为此举可以保佑牛不得瘟病。有人也会去向扮春官的乞丐讨五彩丝线用来给小孩子辟邪。

仪式是一个充满象征符号的过程，它会赋予某一段时间内发生的事件与众不同的意义。立春仪式是四季轮转、农事交替过程中一个特殊的时刻，人们在此时序交接点上从自身需求出发，运用各种象征物去协调人事与自然、个人与社会的关系，从而赋予自然空间深刻的人文意蕴。

三、习俗惯制：日常生活世界的纳入

在农耕社会中，种地耕田与民众的生活息息相关，是他们安身立命之所在。因此，除了顺应时序安排农事之外，民众会从自身出发主动去求取神灵赐福、祛除祸害灾难。加之官方祭祀的引导，民众更以积极开放的姿态将"立春祭祀"纳入他们的日常生活中，使"立春祭祀"成为他们生活中重要的时间点。由此，立春祭祀从官方的行为进入民众日常生活的层面。

明清以降，民众纷纷参与到官府的"迎春鞭春"活动中，赋予了这项古老的祭祀活动以鲜活的世俗色彩。以下引述几条地方志记载，其中满城欢腾、求吉纳福、游冶娱乐的气氛可见一斑：

立春日，府县先日以彩仗迎春，至日祭芒神，试耕种。各家作春盘、春

①徐燕琳：《牡丹亭·劝农的民俗意蕴和仪式意义》，《民俗学刊》2005年第7期。

饼，饮春酒。清康熙《钱塘县志》记载杭城有立春"迎春看春"习俗，文云："立春前一日，官府迎春，老幼填集衢路，谓之'迎春'。所过处，各设香烛、楮币，并用五谷抛掷之，以祈丰年。"（迎春后，农民争取春牛之土，谓宜蚕桑。妇女各以春幡、春胜，镂金错彩为燕蝶之属，以相馈遗。治七种菜以供宾。）

——《（乾隆）宁波府志》

立春前一日，官府迎春，各官轿前分列故事、优戏，殿以春牛，士女纵观。（按，又设芒神，俗名"太岁"。）至日五鼓，郡守率僚属鞭春牛而碎之，人皆争取其土以为宜田蚕。（《乌程刘志》。按，是日奉芒神供入府城隍庙。）立春，延客用春饼。儿童竞放纸鸢。谚曰："杨柳青，放风筝。"（《乌青文献》）又有抛球、踢毽诸戏。（《南浔志》）妇女以芦相夹，谓之'召芦姑、厕姑'，以卜一年休咎。（《双林志》）

——《（乾隆）湖州府志》

事实上，对春神等超自然神灵的依赖，更多来自民众对当下生活、生产状态的焦虑和迫切感。其中充满了现实的诉求和愿望，它代表着当地民众普遍的情感倾向和态度，并对围绕在它周围的各类文化要素起到修正、整合、凝聚的作用。这样的选择和整合是无意识的，也是偶然的。当行为顺从意图时，它就被强化了，被纳入当地的文化脉络，稳固下来，成为带有当地文化特质的习俗。民间的立春风俗自明清以来相当活跃，以立春为时序空间载体，民众将游艺艺术、体育竞技、节日饮食、社交往来、占卜求吉等纳入其中，立春祭祀已经从单纯的祝祷农事开端的仪式向日常生活的方方面面延伸开去，从而建立起自然时序、信仰祭祀与世俗生活之间紧密互融的关系。

民间立春习俗多含表达迎春接福、吉兆当年的美好愿望。比如各地有接春习俗，以浙江龙游为例，立春前家家门口放一张大桌子，披红纸，上书"迎春接福"四字，桌上放一碗盛得极满的饭，以示"春神万万（饭饭）年"之意。饭碗左右各置新鲜青菜、豆腐干，插梅花、松柏、翠竹，象征长青、富足。待立春时刻来临，放鞭炮，行祭拜之礼。温州一带有制春茶的习俗。立春日，家家用红豆、红枣、柑橘、桂花和红糖合煮，煨得烂熟，称为"春茶"。习俗以为，吃了春茶可明目益智、大吉大利、升官富贵。此日，家家门前贴红纸，写"迎春接福"四字，也有写"重春"二字。清代方子颖的《温州竹枝词》有云："炉烧榾拙竞煨春，梅柳先开物候新。粗妆粉餐争利市，双声爆竹闹比邻。"①写的就是这样的情形。

立春日各地有送春牛图的习俗。春牛图，是旧时民间通用的农事年历表，印有十二生肖，以及一年二十四节气的日期排列。图中间有一头牛，牛背上坐一吹笛的牧童，也有画成牧童手执柳枝站在牛边上的。旧时，农家必在立春日张贴此图，称"春牛图"。一般都是由当地的乞丐，或是从事吹鼓手一类职业的人，在立春前几天里巡行村巷间，挨门上户分送春牛图。届时，农家必赠送钱物以示酬谢。

立春之后春回大地，是万物复苏、生机勃发的时节，民众也通过一系列的习俗活动赋予它气象更新的生活意味。衢州一带民众外出祭拜春神，双脚踏在萌生的嫩草上，谓之"踏春"；在野外采集青竹枝、松柏、野菜，谓之"采春"；春游中把柳条、竹枝编成环状，戴在孩子头上，称为"戴春"，习俗认为这样可以保四季清明健康；将采集来的青竹枝、松柏等插在门上，就是"插春"。立春当日的早餐和午餐必得吃青菜，民间称为"尝春"或者"咬春"。民国《衢县志》载：立春日，"小儿各以豆七粒（或六粒）系牛角以禳痘灾。富家作春饼，设夜筵，男女欢宴，谓之享春福。"

四、结语

立春是一个自然时序，更是人文时序。人是自然的孩子，在懵懂的童年，朦胧地感知着自然的节律与律动。随着生产实践的发展，观测思维能力的提高，人们通过立春等二十四节气，为难以捉摸的季节轮替打上人为的记号标志，从而将不可控制的四时流转纳入自己有限的生活世界中，为自身赢得更广阔的生存空间。在这周期往复的时序体系中，岁时节气点逐渐成为民众民俗心理的凝聚点，它承载着民众祈福纳吉、趋利避害的质朴心愿，并以

---

① 浙江民俗学会编：《浙江风俗简志》，浙江人民出版社1986年版，第212页。

祭祀仪式、生活习俗等方式实实在在地作用于民众的日常生活，在生活和生产中发挥着实际的指导意义、协调作用。民众通过自己的行为活动，包括生产、认知、信仰、艺术、社会生活等诸多方面，将时间、空间、物质、精神联结起来，在历史上形成由自然、地域社会共同孕育出来的文化空间，并奠定了它在民众生活中的稳定传承。

立春文化空间形成了农耕社会，长久以来形成了与之相符的稳定结构、价值观念与情感指向。当下，当这一空间体系被置于现代多元化的诉求语境中时，我们必须探讨这一结构自我更新、自我再生的能力，而不仅仅是简单地保持一个已经定型的结构体系不变。事实上，对立春习俗的传承、立春文化空间保护的诉求也是现实社会体系中众多不同行动者的价值取向之一，它必须被整合在一个共同的社会体系中，而不是孤立地存在。只有将传统的观念、信仰、文化符号与现代价值取向连接起来时，空间才能确保系统协调的永存，获得自我更新的活力。这也是我们在传统文化保护工作中应当重视和思考的一个问题。

后　记

　　为更好地研究、传承与发展中国立春文化，2017年2月3日立春日，衢州市柯城区人民政府在中国儒学馆举办了中国首届立春文化传承保护研讨会。海内外20余名专家、学者参加会议，在会上成立了中国立春文化研究中心。中国社会科学院学部委员、中国民俗学会名誉会长刘魁立和柯城区区委书记徐利水为中国立春文化研究中心揭牌，并为中国立春文化研究中心双方主任陈华文、贵丽青颁发聘书。中国民俗学会副会长兼秘书长、中国社会科学院研究员叶涛与区长方庆建签订了"中国立春文化研究中心共建协议书"。

　　中国立春文化研究中心是中国民俗学会和衢州市柯城区政府共建的专业性学术机构，其主要工作是进一步深入调查研究全国范围内的立春文化，包括立春文献、立春祭祀、立春习俗、立春与民间文艺、立春与农业生产、立春与二十四节气、立春与地方历史、立春与文化旅游的开展等方面的调查与研究，从而更好地促进中国立春文化的发展，进一步传承与发展二十四节气。

　　中国立春文化研究中心自2017年2月成立以来，一直开展相应的学术活动，并组织筹划了2018年中国立春文化与二十四节气学术研讨会。2017年10月，中国立春文化研究中心会同中国民俗学会、衢州市柯城区人民政府通过中国民俗学网联合发布全国征文通知。征文要求围绕立春文化与二十四节气主题撰写相关论文，每篇论文字数在5000—20000字之间，要求作者遵守学术规范，而且应征论文须是未在正式期刊上发表过的原创作品。中国立春文化中心作为专业的学术机构，主要负责本次征文的发布与会议论文的遴选，确保本次会议论文集的学术质量。经专家审查，最后选定20篇论文为会议交流论文，并发出邀请函，邀请20位论文作者参加中国立春文化与二十四节气学术研讨会。2018年2月4日立春日，浙江省衢州市柯城区召开了中国立春文化与二十四节气学术研讨会，会上交流了入选论文。来自中国社会科学院研究生院、东华大学、首都师范大学、上海外国语大学、南通大学、华东师范大学、厦门大学、浙江师范大学、南京师范大学、赣南师范大学、南京农业大学、台州学院等高校与湖州市"非遗"保护中心、嘉兴市"非遗"保护中心、中国开封古都学会等机构的专家、学者参加本次研讨活动。

本次中国立春文化与二十四节气学术研究文集收录的学术论文主要分为两类：第一类是关于立春的研究，主要集中在立春的起源、立春习俗与禁忌、立春服饰、立春礼仪、立春文艺、立春的文化空间、立春习俗的保护与传承方面；第二类是关于二十四节气的研究，主要集中在对清明、大暑、立秋节气的个案研究，以及二十四节气的起源与发展、二十四节气与农耕文化、二十四节气与怀旧旅游、二十四节气开发的经典案例分析方面。总体而言，文集学术论文主题明确，学术界积极参与，体现了以中国民俗学学会为主体的学者的智慧与力量；同时，文集的出版对中国立春文化的传承与弘扬将起到积极的推进作用。

《立春文化与二十四节气研究文集》的出版得到了中国农业博物馆、中国民俗学会、衢州市柯城区人民政府、浙江工商大学出版社的大力支持和鼎力相助，编者心存感激。由于立春文化专业性强，编者才疏学浅，如有谬误和不妥之处，敬请读者批评指正。

余仁洪

2019年3月

后
记

传承和保护"人类非物质文化遗产"二十四节气
倡 议 书

2016年11月30日，联合国教科文组织保护非物质文化遗产政府间委员会第十一届常委会正式将"二十四节气——中国人通过观察太阳周年运动而形成的时间知识体系及其实践"列入联合国教科文组织人类非物质文化遗产代表作名录。

二十四节气是中国人通过观察太阳周年运动，认知一年中时令、气候、物候等方面变化规律所形成的知识体系和社会实践，是农耕社会生产生活的时季指南，是民族生存发展的文化时间。作为中国人特有的时间认知体系，二十四节气深刻影响着人们的生产方式、生活方式、思维方式和行为准则，是中华民族文化认同的重要载体，是全人类共同的文化财富。

二十四节气作为人类非物质文化遗产，是中国五千年灿烂文明及非凡创造力的集中体现与智慧结晶，是中国农耕历史发展和人类社会进步的永恒记忆，更是我们传承历史、继往开来、发扬光大的文化渊源和动力。我们要像保护好我们的眼睛一样保护好这项人类"非遗"，动员全社会力量，采取更加有组织、有计划、有针对性的措施，通过我们的科学保护和有效传承，使二十四节气知识体系和系列文化得到更好的弘扬，使我国这一优秀传统文化得到更多国人的关注，成为国人日常生活的重要组成部分，并成为人类共享的重要载体。

为传承五千年灿烂文明，保护和继承先民的智慧结晶，推进二十四节气区域间文化和信息的协作与共享，中国农业博物馆、中国民俗学会与浙江省衢州市柯城区等十二个相关群体、社区借助衢州市柯城区九华立春祭之契机，共同向社会各界和广大民众发出如下倡议：

一、进一步了解和学习二十四节气传统文化相关知识，从中体悟古代中国人探索自然奥秘、实现人与自然和谐统一的求知精神和生活智慧。

二、亲历和参与家乡二十四节气民间风俗，记录关于节气的民谣农谚、传说故事等口头文学样式，记录关于节气的生活礼仪、饮食文化样式，记录当地关于节气的时令养生、生活宜忌等习惯，了解并记录与节气有关的相关器物等，使这些民俗文化样式以文字、图片、视频等形式得以留存。

三、向后代、晚辈讲解二十四节气的相关知识、风俗文化等，促进代际传承。

四、向境外友人推介以二十四节气为代表的中国智慧。

让我们共同携手，在继承的基础上将先民文化遗产发扬光大，让中华文明的结晶在当代和将来迸发出更加灿烂、耀眼的光华！为建设社会主义文化强国、增强国家文化软实力、实现中华民族伟大复兴的中国梦共同努力！